한 권으로
끝 내 는
임신출산육☺아

일러두기

- 이 책은 《부모가 의사라도 아이는 아프다》(엔자임, 2015)의 개정판으로 구성을 새롭게 정리하고, 내용을 보강하여 펴낸 책이다.

산부인과 의사 엄마와 한의사 아빠가 함께 쓴
임 · 출 · 육 완벽 가이드

한 권으로 끝내는 임신 출산 육아

박은성 · 이혜란 지음

카시오페아
Cassiopeia

건강하고 안전하며 행복한
당신의 생애 첫 임신·출산·육아를 응원합니다

한의사 남편과 산부인과 의사 아내인 저희 부부는 각자 다른 성격과 특징을 가진 4명의 아이들을 키우고 있습니다. 4번의 임신과 출산을 경험하고 육아를 하는 동안 처음에는 아무것도 몰라 좌충우돌 다양한 사건 사고를 경험했습니다. 그 과정에서 앞선 경험을 가진 부모님들의 지혜에 큰 도움을 받았음은 물론입니다. 시간이 지남에 따라 처음보다 많이 익숙해지긴 했지만 육아란 정말 많은 배움이 필요한 일임을 늘 깨닫습니다. 특히 아이가 힘들거나 곤란한 상황에 처할 때면 '육아는 부모의 인생에서 항상 커다란 숙제구나' 하는 생각이 들곤 합니다. 아이가 아프거나 다치는 순간은 모든 부모님들에게 그런 상황 중 하나일 것입니다.

아이가 아프면 우리 부부는 대한민국에서 가장 많이 싸우는 부부 중 하나가 아닐까 하는 생각이 들 정도로 치열하게 싸웠습니다. 젊은 한의사 아빠와 산부인과 의사 엄마라서 더욱 충돌했던 것 같습니다. 아이의 건강에 대한 문제이다 보니 의료인으로서 자신이 전공한 분야의 의학 지식이 더 옳다고 생각했던 것이지요. 특히 첫아이를 키울 무렵에는 우리 부부 역시 지금보다는 덜 성숙했던, 초보 부모였기에 다툼이 더 잦았습니다. 의학과 한의학은 두 학문이 발생한 지역을 비롯해 문화와 철학 등 학문적 배경이 다르기 때문에 질병을 바라보는 관점이 근본적으로 매우 다릅니다. 두 사람 모두 평소에는 이런 부분에 대해 충분히 잘 이해하고 포용적인 관점을 가진 의료인의 자세를 갖고 일을 해왔습니다. 하지만 아이가 아프기 시작하면 그때는 '부모'라는 입장이 더해지면서 각자의 방법을 주장하며 예민하고 첨예하게 맞붙곤 했습니다.

첫아이를 키울 때 특히 더 그랬습니다. 아이가 빨리 회복할 수 있는 안전하고 좋은 치료법을 함께 고민하고 적용해보다가도 그 처치나 방법으로 아이가 잘 낫지 않으면 "더 안 좋아지는 것 아니냐?", "그건 근거가 있는 방법이냐?"라고 말하면서 각자의 의학 지식에 기대어 상대방이 제시한 치료법을 불신하고 트집을 잡곤 했지요. 하지만 첫째를 낳고 키우던 시절로부터 꽤 많은 시간이 지난 지금, 우리 부부는 더 이상 아픈 아이를 어떻게 치료하는 게 더 나은지를 두고 다투지 않게 됐습니다. 이후에 3명의 아이를 더 낳고 키우면서 경험이 쌓이고 마음의 여유가 생긴 덕분입니다.

의사라고 하면 임신과 출산의 과정이 덜 두렵고, 아이들도 자라면서 병치레를 덜 할 것 같지만 사실 그렇지도 않습니다. 우리 부부의 임신, 출산, 육아 과정을 돌이켜보면 정말 그랬습니다. 임신 과정도 녹록지 않았고 네 아이 모두 대부분의 아이들처럼 크고 작은 병치레를 했습니다. 그때마다 우리 부부도 여느 부모님들처럼 아이가 잠을 잘 못 자면 곁에서 밤을 꼬박 지새우고, 아파서 잘 먹지 못하면 속상해서 일이 손에 잡히지 않는 날들을 겪었습니다. 이 책을 쓰는 동안 그때의 안타깝고 힘들었던 마음들을 떠올리며 예비 부모님들에게 최대한 도움이 되는 정보를 전달하려고 노력했습니다.

　요즘은 그 어느 때보다 아이를 잘 키우는 방법에 대한 부모님들의 관심이 높은 것 같습니다. 키우는 과정에서는 물론이고, 임신과 출산의 과정에서부터 준비된 부모가 되고자 노력하는 부모님들이 많음을 체감합니다. 옛날처럼 아이를 많이 낳지 않는 추세이기도 하고, 다양한 매체를 통해 질병과 치료법에 대한 정보들을 쉽게 접할 수 있어서 그런 듯도 합니다. 하지만 전문 지식에 대한 진입 장벽이 낮아진 만큼 부정확하고 사실과 다른 정보, 지엽적인 정보들이 넘쳐나는 것이 현실입니다. 문제는 임신과 출산, 육아에 관한 정보는 엄마와 아이의 건강과 직결되는 정보들이기에 잘못된 내용을 알고 적용하면 몸과 마음에 해를 끼칠 수 있다는 사실입니다.

　이 책은 4남매를 키우는 동안 겪었던 우리 부부의 시행착오나 경험들이 임신과 출산을 처음 맞이하는 예비 부모님들께 조금이라도 도움이 되기를 바라는 마음에서 쓰기 시작한 책입니다. 한의사와 산부인과 의사로서의 전문성을 바탕으로 임신·출산·육아 과정에서 꼭 알아두면 좋을 필수 정보들을 꼼꼼하게 정리하고자 했습니다. 특히 어린아이들이 자주 겪는 질환의 근본적인 이유를 설명하고 예비 부모님들이 꼭 알아야 하는 기본적인 조치 방법을 설명하는 데 중점을 두었습니다. 아이가 아픈 원인에 관심을 기울이고 그 이유를 알고 나면 비슷한 상황이 생겼을 때 겉으로 드러나는 아이의 증상에 겁먹지 않고 침착하게 대응할 수 있기 때문입니다. 또한, 생활 습관을 교정해 미리 질병을 예방할 수도 있어 아이를 건강하게 키우는 데 근본적으로 도움이 됩니다.

필수적이고 근본적인 정보의 정확한 전달 외에 우리 부부가 이 책을 쓰면서 목표한 바가 한 가지 더 있습니다. 바로 4번의 임신·출산·육아를 거치면서 겪었던 부모로서의 마음을 고스란히 담아 예비 부모님들의 마음을 어루만져줄 수 있는 책이면 좋겠다고 생각했습니다. 어떤 일이든 누구에게나 처음은 당황스럽고 걱정스러운 일투성이입니다. 하물며 임신·출산·육아는 새로운 생명을 잉태하고 10달간 품었다가 세상 밖으로 내보내고 키우는 과정입니다. 어렵고 힘들고 두렵지 않을 도리가 없는 일입니다. 우리 부부가 먼저 겪었던 경험과 그 과정에서의 깨달음을 나눈 이 책을 통해 예비 부모님들과 이미 어린 자녀를 낳고 키우고 계신 부모님들에게 도움이 될 수 있다면 저자로서 큰 기쁨일 것 같습니다.

2023년 4월
박은성, 이혜란

아빠와 엄마

아빠는 경희대학교 한의과대학과 같은 대학교 한의과대학원을 졸업했습니다. 이후 경희의료원 부속한방병원에서 인턴을 한 후 한방소아청소년과를 전공했습니다. 지금은 개원을 하여 아이들뿐만 아니라 어른과 할머니, 할아버지까지 다양한 연령을 진료하는 한의사로 일하고 있습니다. 엄마는 경희대학교 의과대학과 성균관대학교 의과대학원을 졸업했습니다. 이후 삼성서울병원 산부인과를 거쳐 지금은 서울의 한 산부인과 병원에서 산모들을 진료하고 있습니다. 우리 부부는 대학교 시절 만나 결혼 후 각각 2살 터울인 4남매를 키우는 중입니다.

저희 아이들의 사진을 본 분들이 가장 많이 하시는 말씀은 "자녀분들이 정말 4명이세요?"라는 질문과 "엄마가 정말 대단하세요!"라는 감탄입니다. 엄마는 힘든 수련 과정을 거치는 동안 동시에 4명의 아이들을 낳고 키운 대단한 사람입니다. 물론 양가 부모님들의 도움 없이는 불가능한 일이지만 엄마가 꼭 나서서 해야 하는, 누구도 도와주기 힘든 일은 정말 산더미처럼 많습니다.

일과 육아를 모두 해내려다 보니 부족한 부분도 많지만 그래도 엄마로서의 역할을 기꺼이 즐겁게 받아들이며 감당해나가는 중입니다. 첫째와 둘째를 출산하고 전공의 과정을 시작한 데다 이후 또 셋째와 넷째를 출산하고 잠시 일을 쉬다 보니 다른 동료들에 비해 의사로서의 진로는 많이 늦었지만, 사랑스러운

4남매와 함께하는 삶이 늘 감사하고 행복합니다.

아빠는 혼자서도 4명의 아이들을 데리고 마트도 가고, 영화도 보고, 식당에서 밥도 먹일 수 있는 '육아 슈퍼맨'이 됐습니다. 아빠 혼자 4명의 아이들을 데리고 다니면 종종 사람들이 힐끔힐끔 쳐다보기도 하지만 이제는 그런 일에 익숙해져서 크게 신경 쓰이지 않습니다.

첫째 하진이(중1, 딸)

첫째 딸 하진이는 엄마를 닮아서 당당하고 자신만만합니다. 어릴 때는 인사를 너무 잘해 종종 식당에서 공짜 메뉴를 얻어먹을 정도였지요. 피아노도 잘 치고, 그림도 잘 그리고 운동도 잘하는 다재다능한 아이입니다. 하지만 하진이는 우리 아이들 중 가장 건강이 안 좋았던 아이입니다. 두세 살 무렵에는 한 달에 한 번꼴로 감기를 달고 살았습니다. 쉽게 고열이 나고 감기에 걸리면 꼭 중이염을 앓았던 데다 여러 가지 잔병치레를 하는 바람에 아이도 부모도 고생을 많이 했습니다. 키도 너무 작았고 밥 먹기를 싫어하는 편이었고요.

하진이는 아기 때부터 잠이 없어 엄마 아빠가 매우 키우기가 힘든 아이였습니다. 보통 아이들은 낮잠을 자야 오후에도 즐겁게 놀고 짜증도 덜한 법인데 하진이는 낮잠을 거의 자지 않고 밤에도 잘 안 자려고 해서 수면 습관을 들이는

데 애를 많이 먹었지요. 어린이집에서도 낮잠을 안 자고 혼자 놀 때가 많았고, 밤 10시쯤 자려고 불을 꺼도 11~12시쯤 잠드는 것이 예삿일이었습니다.

말은 빠른 편이었는데 18개월이 됐을 때부터 말을 제법 잘해 주위의 부러움을 샀습니다. 12개월이 지나서부터 책에 관심을 많이 보였고, 읽는 것을 좋아한 덕분인지 말이 좀 다른 아이들보다 빨랐던 것 같습니다. 엄마 아빠가 특별히 무얼 가르쳤던 것은 아닌데 글을 읽고 쓰는 것도 4살 때부터 자연스럽게 시작했었습니다.

지금은 중학교를 다니고 있는 사춘기를 겪는 청소년으로 훌쩍 커서 그런지 혼자 있는 것을 좋아하고 가끔 반항기를 보이기도 하지만 여전히 사랑스러운 딸입니다.

둘째 하준이(초5, 아들)

둘째 아들 하준이는 우리 집에서 가장 천하무적입니다. 하고 싶은 대로 온 집을 휘젓고 다니고 누나가 하는 것은 무조건 따라 해야만 직성이 풀리기 때문에 늘 누나를 쫓아다닙니다. 장난을 좋아하고 손으로 하는 일에 재능이 있으며 요리에 관심이 많습니다. 부끄러움을 많이 타지만 마음이 따뜻하고 온순하며 친구들과 잘 어울립니다.

누나와는 달리 밥도 잘 먹고, 몇 가지 야채만 빼면 반찬 투정도 거의 하지 않습니다. 심지어 한약도 꿀꺽꿀꺽 물을 마시듯 잘 마십니다. 하지만 음식 알레르기가 있으며 콧물이 자주 나고 아직도 비염이 있습니다. 어린이집을 다닐 때는 낮에 꼬박꼬박 1~2시간씩 낮잠도 잘 자서 덕분에 밥 먹이고 재우는 것이 수월한 아이였습니다.

남자아이들은 여자아이들에 비해 말도 느리고 한글을 읽고 쓰는 것도 느려서인지 하준이는 초등학교에 들어가서도 한글을 정확하게 읽고 쓰는 데 시간이 오래 걸렸습니다. 초등학교 고학년인 지금도 가끔씩 맞춤법을 틀려서 엄마 아빠가 뒷목을 잡게 합니다. 영어 공부를 하자고 하면 가능한 한 멀리 도망가려고 하고, 하루 종일 동생들과 장난감을 가지고 노는 것이 가장 큰 즐거움인 유쾌한 아이입니다.

셋째 하민이(초3, 아들)

셋째 아들인 하민이는 매일 떠들고 싸우는 누나와 형 때문에 조용히 잠을 자본 적이 없습니다. 또한, 형이 감기에 걸려 콜록거리며 다니는 바람에 태어난지 몇 개월도 안 되어서 감기에 옮아 기침과 콧물로 어려움을 겪기도 했지요. 형과 누나가 서로 번갈아가며 귀엽다고 만져대는 바람에 몸이 가만할 날이 없었던 아이입니다.

늘 씩씩하고 목소리도 우렁차 경비 아저씨나 학교 보안관 아저씨들 중 하민이를 모르는 분이 없으실 정도이고, 말을 재미있게 하고 재치가 있어 어딜 가나 여러 사람의 사랑을 받습니다. 새로운 것을 배우는 걸 좋아하고 매사에 적극적이며 늘 열심히 하려고 해 칭찬을 받곤 합니다.

하민이는 어렸을 때 아침에 따뜻한 방에서 쌀쌀한 거실로 나오면 어김없이 콧물과 기침을 하는 등 온도와 습도에 민감하고 호흡기가 약했습니다. 밥도 잘 먹고 변도 잘 보았지만 트림을 시키지 않으면 잘 토하는 편이었고, 조금만 맛이 달라지면 우유나 물 종류를 잘 먹지 않으려고 해서 약 먹이기가 쉽지 않았습니다. 하지만 지금은 무엇이든 가리는 것 없이 너무 잘 먹는 덕분에 키와 몸무게 백분위가 90%를 넘을 정도로 덩치가 크고 듬직합니다. 막내 동생에게 유독 엄격하고 누나와 형에게 지기 싫어해서 늘 싸우는 것만 뺀다면 나무랄 데가 없는 아들입니다.

넷째 하윤이(초1, 딸)

넷째 딸인 하윤이는 패셔니스타입니다. 유치원을 가거나 외출을 할 때 옷, 신발, 가방을 모두 직접 고를 뿐만 아니라 헤어스타일까지 손수 매만집니다. 겨울에도 계절과 상관없이 핫한 패션을 고집해 엄마 아빠를 힘들게 할 때가 있습니다. 귀걸이, 반지 등을 보면 눈을 떼지 못하고 어린이용 매니큐어나 립글로스, 손톱 꾸미기 세트 등을 유치원에 가져가 친구들을 꾸며주기도 했습니다,

없어서 못 먹는 오빠들에 비해 우리 집에서 가장 잘 안 먹는 아이로 밥을 늦게 먹고 편식이 심해 밥을 먹일 때마다 식탁 앞에서 전쟁을 치르곤 합니다. 하지만 그 덕분인지 우리 집에서 가장 날씬한 몸매를 유지하고 있으며 키가 크고 팔다리가 길어 무엇을 입어도 잘 어울립니다. 이제 초등학교에 갓 입학했는데 아침잠이 많아 아침에 일어나는 것을 힘들어해서 새로운 환경에 잘 적응할 수 있을지 걱정이 되기도 합니다. 하윤이는 어릴 때부터 잔병치레도 안 하고 특별히 아픈 곳이 없어서 병원에 간 적이 없을 정도로 건강한 편입니다.

막내로서 공주처럼 대접받기보다는 거친 오빠들 사이에서 이리 치이고 저리 치여서인지 강인하게 컸습니다. 허스키한 목소리에 처음 보는 사람들이 깜짝 놀라기도 하지만 예쁘고 사랑스러운 막내딸입니다.

Part 1 임신

임신 초기(1~14주) 엄마가 되었어요

임신 중기(15~27주) 임신, 또 다른 행복

임신 중기 캘린더

임신 후기(28~40주) 아기를 위해, 엄마를 위해

임신 후기 캘린더

Part 2   출산

출산 실전 순산으로 만날 건강한 아이를 위해

산후조리 엄마의 평생 건강이 좌우되는 시점

Part 3   육아

출산 후~12개월 처음은 누구나 힘들다

13~36개월 이것이 아이 키우는 재미

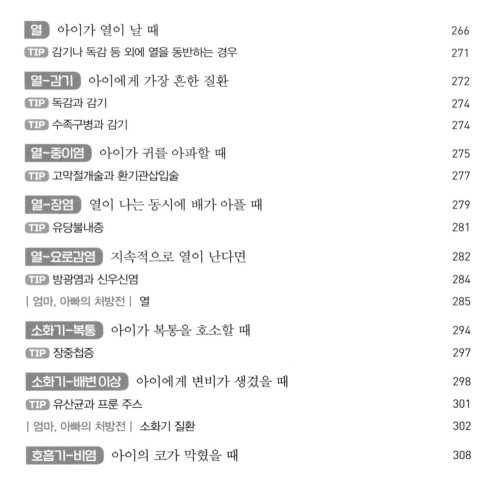

Plus **육아 119**

부록 시기별 성장 발달 가이드

Part

1

임신

엄마가 되었어요

임신 초기 캘린더

주차별	태아의 성장	엄마의 변화	생활 수칙
1~5주	• 3주에는 혈관이 생성된다. • 4주에는 심혈관계가 형성된다.	• 이 시기에는 임신이 된 줄 모른다. • 예민한 경우 감기와 비슷한 증상이 나타나기도 한다.	• 유산의 위험이 있으니 무리한 행동은 피한다. • 담배나 술은 피하고, 약물 복용이나 엑스레이 촬영을 피한다.
6~10주	• 6주에는 태아의 크기가 2.2~2.4cm 정도 된다. • 심장이 완성되고 손가락과 발가락이 생긴다. • 윗입술이 완성되고 귀도 나타난다.	• 메스꺼움과 구토가 나타나며 본격적인 입덧이 시작된다. • 소변이 자주 마렵고, 변비가 생기기 쉽다.	• 태아의 성장을 위해 단백질 섭취는 물론이고 섬유소, 엽산 섭취에 신경을 쓴다. • 등을 곧게 펴고 호흡을 가다듬으며 바른 자세를 유지한다. • 스트레스를 받지 않도록 마음을 편안하게 갖는다.
11~14주	• 대부분의 뼈가 생성되며, 손가락과 발가락이 구분된다. • 피부와 손톱이 생성되고 솜털이 보인다. • 남녀의 생식기가 발달한다. • 태아의 움직임이 활발해진다.	• 입덧이 사라져 입맛이 돌아오면서 체중이 더욱 증가한다.	• 비만은 고혈압이나 당뇨를 유발하므로 체중 조절을 한다. • 배를 따뜻하게 하고 갑작스러운 움직임은 피한다.

임신 초기의 영양 섭취

- 임신 초기에는 자궁을 튼튼하게 하고 태아의 성장과 발달을 도울 수 있는 식단과 엽산 섭취가 중요합니다. 특히 입덧으로 인해 영양 섭취에 소홀해지지 않도록 신경 써야 합니다.

- 과일의 비타민은 면역 기능을 높여주며 임신으로 인한 불안과 불면증, 입덧을 예방해줍니다. 또한, 섬유소를 포함하고 있어 변비 예방에도 효과가 있습니다.

- 입덧이 심한 경우에는 소량씩 자주 식사를 하고 소화가 쉽게 되는 식품을 먹는 것이 좋습니다. 특히 공복에 입덧이 더 심해지는 경우가 많으니 공복을 피하고 끼니를 잘 챙겨 먹습니다.

- 태아의 중요 부위가 만들어지는 임신 초기에는 엽산을 복용해야 합니다. 임신부에게 엽산이 결핍되면 조산, 저체중아, 태아 성장 지연의 위험이 있고, 아기가 신경계 기형(신경관 결손증)을 안고 태어날 수 있기 때문입니다. 임신한 여성은 1일 400㎍ 이상의 엽산을 지속적으로 섭취해야 합니다(일반 여성의 1일 섭취량의 2배가량). 하지만 식사를 통해 1일 권장량을 충분히 섭취하기는 어려우므로 임신 초기부터 임신 후 14주까지 엽산제를 꾸준히 복용하는 것이 좋습니다.

- 엽산이 풍부한 식품과 과일을 섭취하는 것도 좋습니다. 엽산이 풍부한 과일에는 딸기, 키위, 바나나, 귤 등이 있으며, 엽산이 풍부한 식품에는 쑥갓, 메추리알, 시금치, 깻잎, 부추, 총각김치 등이 있습니다. 오렌지 주스에도 엽산이 풍부하니 간식으로 드시는 것을 추천합니다.

임신 초기에 받아야 할 검사

초음파 검사와 몇 가지 혈청 검사가 있습니다. 초음파 검사는 처음 진찰 시에는 배아의 자궁 내 정상적 착상 여부를 확인해줍니다. 이후 정기 검진 시에는 태아의 심박동이 관찰되는지 확인해주고, 태아의 크기를 측정하여 태아의 크기로 임신 주수를 결정합니다. 초음파 검사 외에도 임신 초기에는 요도 방광 및 신장의 감염 여부를 확인하는 소변 검사, 일반 혈액 검사, 간염이나 후천성 면역 결핍증, 매독 등에 대한 혈청 검사, 풍진 항체 검사 등을 받습니다.

처음 얻는
'엄마'라는 이름

"왜 이렇게 속이 안 좋지? 몸도 너무 피곤하고 힘들어."

"당신 요즘 들어 좀 이상해. 며칠 전부터 계속 그런 것 같은데?"

"출근하기도 싫고, 그냥 집에서 잠이나 잤으면 좋겠어."

"혹시 요즘 춥고 그렇지는 않았어? 그러고 보니 생리 예정일이 지난 것 같은데?"

"그게 지난달 25일이었으니까. 그러고 보니 오늘이 벌써 35일째인데…… 설마?"

"……."

"아니야, 아닐 거야. 그러면 큰일 나는데…… 그냥 요즘 당직이 많아서 피곤해서 그런 걸 거야."

동갑내기인 우리 부부는 스물여덟 살에 첫아이를 가졌습니다. 임신을 하기에 이른 나이는 아니지만 결혼한 지 3개월 만에 임신을 한 터라 당시에 많이 당

29

황했던 기억이 납니다. 지금 생각해보면 6년간의 대학 생활, 1년의 인턴 생활을 막 끝낸 직후여서 결혼만 했을 뿐이지 사회생활을 제대로 해본 적도 없고, 부모가 될 것이라고는 생각지도 못한 상태였기 때문에 더 놀라고 당황했던 것 같습니다.

'원치 않는 임신Unwanted pregnancy'과 '계획하지 않은 임신Unplanned pregnancy'은 다릅니다. 우리 부부의 경우, 원치 않았던 임신은 아니었습니다. 하지만 계획 임신은 아니었습니다. 언젠가는 하려는 일이었지만, 당장에 하고자 했던 일은 아니었던 것이지요. 그래서 아이가 생겼다는 사실을 알았을 때 우리 부부가 가장 먼저 느꼈던 감정은 놀라움과 두려움이었습니다. 임신 사실은 그 자체만으로도 소중하고 축복받을 만한 일이지만, 그때는 전혀 준비가 되지 않은 상태였던 데다가 의사가 되기 위해 세워놓은 계획들이 어그러질 수도 있다는 생각 때문에 임신의 기쁨을 누릴 여유가 없었습니다. 육아에 대한 두려움도 있었고요.

계획 임신은 단순히 '언제 출산할지 계획하는 것'이라기보다 '부모가 될 마음의 준비를 하고, 부부가 서로 이에 대해 충분히 대화를 하며, 건강한 출산을 위해 노력하는 것'으로 정의하는 편이 더 적절합니다. 우리 부부는 준비되지 않은 상태에서 첫째를 맞이한 후, '몇 년도 몇 월에 둘째 아이를 낳겠다'라고 계획하지는 않았습니다. 그 대신 아이는 몇 명을 낳고 기르기를 바라는지, 아이는 누가 양육할 수 있을지, 우리 가정의 분위기는 어땠으면 하는지 등에 대해 충분히 이야기를 나눈 상태에서 둘째, 셋째, 넷째를 맞이했습니다. 마음의 준비를 하고 서로의 입장과 생각에 충분히 공감한 후에 맞이하는 임신은 당황스러움과 걱정보다는 감사와 기쁨이 가득했습니다.

계획 임신이 중요할까?

계획 임신이란 쉽게 말해 '부부의 몸과 마음을 최상의 상태로 만든 다음에 임신하는 것'을 말합니다. 계획 임신은 태아뿐만 아니라 임신부의 건강에도 무리를 주지 않기 때문에 많은 전문가들이 계획 임신의 중요성을 강조합니다. 꼼꼼하게 준비하고, 마음의 준비를 한 부부가 건강하고 튼튼한 아이를 낳을 수 있습니다. 부부 모두 충분한 수면을 취하고, 운동을 통해 기초 체력을 꾸준하게 기르면 임신 중 나타나는 여러 질병을 예방할 수 있습니다. 또한, 평소 영양소가 골고루 함유된 식품을 섭취하고 늘 편안한 마음을 유지한다면 임신부뿐 아니라 태아도 튼튼하게 잘 자랄 수 있습니다.

계획 임신은 경제적·사회적으로 안정이 됐을 때 임신하는 것을 추천합니다. 계획에 없던 임신으로 인해 경제적인 부담이 생긴다면 임신은 기쁨이라기보다 걱정거리가 될 수 있습니다. 계획하지 않은 임신이 직장 생활이나 커리어에 영향을 준다면 후에 갈등이 생길 수도 있습니다. 특히 맞벌이 부부라면 누구에게 아기를 맡길지가 출산 이후 가장 큰 문제이므로 이에 대해서도 출산 전 대비가 필요합니다. 그 외에도 이사나 이직 등 중요한 일들을 앞두고 있다면 계획 임신을 통해 임신 기간 중 몸에 무리가 가지 않도록 시기를 조율하는 편이 좋습니다.

임신을 계획하고 아이를 가졌을 경우, 아이를 기대하는 마음과 부모가 되고자 하는 마음을 품은 상태이기 때문에 임신 소식을 확인하고 나면 진심으로 아이를 반기고 기뻐합니다. 하지만 주위를 둘러보면 우리 부부의 경우처럼 계획하지 않은 상태에서 임신을 하는 부부가 생각보다 많습니다. 계획하지 않은 임신인 경우, 직장 문제나 양육 스트레스, 부모가 되는 것에 대한 두려움, 불안정한 경제적 여건으로 인해 감사함이나 기쁨을 느끼기보다는 걱정과 당혹감, 우울감에 빠지는 경우가 많습니다. 임신을 준비하는 예비 부부들에게 가급적 계획 임신을 하라고 권하는 이유입니다.

그러나 반대의 경우도 있습니다. 경제적 여건이나 직장 문제, 개인적인 사정으로 지금 당장 아이를 갖기보다는 몇 년 뒤에 아이를 갖기로 하고 계획적으로 임신을 미루었는데, 정작 아이를 갖고자 마음먹었을 때는 아이가 생기지 않아 마음고생을 하는 경우도 적지 않게 보았습니다. 또한, 예상치 못한 질병이 생겨 임신 자체가 어려워지는 경우도 있습니다. 그렇기 때문에 무조건 충분한 여건이 갖춰질 때까지 기다렸다가 임신을 하는 것이 능사는 아닙니다. 시기적인 관점에서만 계획 임신을 정의하지 않아야 하는 이유가 여기에 있습니다. 계획 임신에서 가장 중요한 부분은 부부가 임신을 둘러싸고 생길 수 있는 여러 상황에 대해 충분히 진솔하게 대화하고 부부간의 공감대를 먼저 형성하는 것입니다.

이와 더불어 또 하나 기억해야 할 중요한 사실이 있습니다. 임신은 절대 여자 혼자만의 일이 아니라는 사실입니다. 임신과 출산의 전 과정에서 배우자인 남편의 노력은 그 무엇보다 중요합니다. 요즘 현대인에게 흔하게 나타나는 난임은 어느 한쪽의 문제가 아니라 부부 공동의 문제인 경우가 많습니다. 난임을 해결하고자 할 때도 반드시 남편의 노력이 뒤따라야 합니다. 임신을 계획하고 있다면 남편은 적절한 운동과 건강한 생활 습관, 엽산 복용 등을 통해 건강한 정자를 만들기 위한 노력을 해야 합니다. 그래야 임신 확률이 높아집니다. 또한, 임신이 잘되지 않아 아내가 감정적으로 어려움을 호소할 때나 임신과 출산 과정에서 아내가 신체적·심리적으로 힘들어할 때 이를 보살펴주는 것도 남편의 몫입니다. 따라서 남편은 임신과 출산으로 인해 아내가 겪는 여러 증상에 늘 관심을 기울여야 합니다.

임신 전 받을 수 있는 검사

　임신을 계획한다면 건강검진은 물론 성병 검사, 빈혈 검사, 항체 검사(풍진, 수두, 간염), 초음파 검사 등을 받는 것이 좋습니다. 요즘 여성들에게 흔히 발생하는 질염은 충분히 치료가 가능한 질환이기 때문에 임신 전 검사를 통해 진단이 된다면 치료를 한 뒤 임신을 하는 것이 좋습니다. 가벼운 질염의 경우에는 크게 문제가 되지 않지만, 성병이 있는 경우에는 유산 또는 조산, 사산의 위험을 높이기 때문에 미리 검사하여 치료한 뒤 임신을 해야 합니다.

　임신을 준비할 때 꼭 기억해야 할 것 중 하나가 바로 풍진, 수두 예방주사입니다. 풍진 예방주사를 접종해야 한다는 사실은 많이 알려졌는데, 저는 풍진과 수두 모두 항체를 보유했는지 검사하고, 항체가 없다면 둘 다 예방주사를 접종하는 편을 추천합니다. 임신 중에는 예방접종이 불가한데, 임신부가 풍진이나 수두에 걸리면 태아에게 기형이 생기기 때문입니다. 임신부가 풍진에 걸리면 태아가 청각이나 시각의 결함을 갖게 되거나 정신지체 등을 일으킬 수 있습니다. 임신부가 수두에 걸릴 경우에는 태아가 선천성 수두 증후군(사지 위축, 소두증 등)이 생길 수 있습니다. 따라서 임신을 계획하는 예비맘은 꼭 풍진, 수두 항체 검사를 실시하고 항체가 없을 경우 꼭 예방접종을 해야 합니다. 또한, 예방접종을 완료한 후에는 최소 4주간의 피임이 필요하기 때문에 임신을 계획하고 있다면 시기를 잘 확인하여 항체 검사 및 예방접종을 미리 하도록 합니다. 예방접종은 약화시킨 살아 있는 균을 접종하는 것이기 때문에 만약 예방접종 4주 이내에 임신을 한 경우라면 잠재적인 감염 위험성과 관련해 전문의와 상담하는 것이 중요합니다.

계획 임신과 약 복용

임신 전 복용하던 약물이 있다면 의사에게 상담을 받아야 합니다. 특히 여드름 치료제 로아큐탄은 기형 위험도가 35%인 약물이기 때문에 위험성을 고려해서 복용을 중단한 지 1개월(30일) 이후부터 임신을 시도하는 것이 좋습니다. 피임약은 기형아 출산과 관련이 없기 때문에 임신을 원한다면 피임약 복용을 중단하고 바로 임신 시도를 해도 괜찮습니다. 이처럼 약제마다 조건이 다르기 때문에 복용하는 약물이 있다면 본인이 복용하는 약물이 임신에 미치는 영향에 대해 전문의에게 상담을 받고 숙지한 후 임신을 계획하는 것이 좋습니다.

아이의 반은
아빠의 유전자로부터

"지수네 이야기 들었어?"

"아니? 무슨 일 있어?"

"저번 주에 부부 모임이 있었는데 임신 준비 중이라고 남편이 한 달 전부터 담배는 물론 술도 입에 안 대고 있대."

"우와, 남편이 그러기 쉽지 않을 텐데 대단하네."

평소에는 임신에 대해 장난스럽고 대수롭지 않게 이야기하던 친구들도 아이를 가지려고 생각한 순간부터는 몸과 마음 자세를 달리하는 경우를 보곤 합니다. 친구네 부부는 몇 개월 전부터 임신 준비를 한다며 술을 완전히 끊고, 좋지 않은 음식을 멀리하는 등 유난을 떨어 주위의 핀잔을 받은 적이 있습니다. 사회생활을 하는 입장에서, 또한, 엄마가 아닌 아빠가 태아를 위해 임신 전부터 나쁜 생활 습관을 고치는 일은 쉽지 않습니다. 많은 예비 아빠들이 태어날 아이의 건강이 자신에 의해 많은 부분 결정된다는 것을 알지 못하는 경우도 많고, 안다고 하더라도 좋은 생활 습관을 실천하는 경우도 많지 않습니다.

자신의 아이가 건강하기를 바라는 것은 모든 부모의 공통된 바람입니다. 그리고 아이 건강의 많은 부분이 임신 준비 기간과 임신 기간 동안에 결정됩니다. 따라서 아이를 품고 있는 엄마뿐만 아니라 아빠도 아이의 건강을 위한 행동이 무엇인지 알고 실천해야 합니다.

태아의 절반은 아빠로부터

아이의 건강은 유전, 생활 습관, 영양, 체질 등 많은 요소들에 의해 결정됩니다. 그중에서도 유전과 체질은 부모의 형질을 이어받는 것이므로 부모의 건강이 매우 중요합니다. 따라서 임신 전부터 임신 기간 동안 엄마는 아이의 건강을 위해 많은 부분 참고 노력하며 애씁니다. 하지만 태아 유전자의 절반은 아빠로부터 온다는 점을 잊지 말아야 합니다. 최근에는 아빠가 태아 건강에 미치는 영향에 대한 연구가 활발히 진행되고 있는데, 대부분의 연구 결과는 흡연과 음주가 태아의 건강에 부정적인 영향을 미친다는 사실을 보여줍니다.

태아의 발육이나 발달에 아빠의 정자도 중요한 요인입니다. 기형아 출산의 위험성은 건강하지 못한 정자에서 기인할 확률이 크다고도 알려졌습니다. 이는 정자의 발생 과정을 고려해보면 알 수 있는데, 정자는 난자에 비해 세포분열이 왕성하고 반복되는 특징이 있어 그 과정에서 유전자 문제가 생길 확률이 큽니다. 또한, 남성이 여성보다 일반적으로 음주나 흡연을 많이 하기 때문에 건강하지 못한 정자가 발생할 가능성이 훨씬 높다고 봅니다.

3개월 전부터 음주는 금해야

음주는 불임이나 태아의 저체중 가능성을 높입니다. 지속적이고 지나친 음주는 정자의 양이나 활동성과 농도를 떨어뜨려 난임의 원인이 되기도 합니다. 그래서 아이가 건강하고 튼튼하게 성장하기 위해서는 아빠도 임신 전부터 건강을 위해 주의하고 노력해야 합니다. 일반적으로 정자는 생성된 후 3개월 정도의 시간을 보내고 사정되기 때문에 임신을 계획한다면 당장 그 무렵에만 주의하기보다는 임신 시도 3개월 전부터 음주나 흡연을 금하는 것이 좋습니다.

흡연을 줄이자

흡연은 남성의 수정 능력에 30% 정도 해로운 영향을 미치며 흡연자 가운데 2/3은 정자의 운동성, 양, 농도 등에서 낮은 수치를 보입니다. 또한, 수정이 이루어질 때 정자의 머리끝에서는 정자가 난자로 들어갈 수 있게 해주는 아크로신이라는 물질이 분비되는데, 흡연하는 경우 아크로신의 활성도가 낮아지게 되어 수정 능력이 떨어짐에 따라 난임의 가능성이 높아지기도 합니다. 흡연 남성의 아이는 저체중의 가능성이 높고 뇌 결함이나 지능 및 학습 능력의 문제가 생길 수 있습니다. 건강한 태아를 위해서는 엄마 못지않게 아빠의 역할이 중요하다는 사실을 꼭 기억해야 합니다.

예비 부모를 위한 TIP

남편의 엽산과 아연 섭취 ✏️

- 임신을 계획하고 있다면 아빠 역시 임신 전부터 엽산을 먹는 것이 좋습니다. 엽산은 태아의 성장과 뇌 발달을 돕는다고 알려졌으며 세포분열, DNA 합성에도 기여합니다.
- 또한, 아연은 정액 분비물의 1/3을 차지하는 구성 물질로 정자에 영양을 공급해주며 항산화 작용을 통해 정자를 보호하는 효과도 있습니다.
- 정자의 생성 기간이 100일 정도임을 고려할 때 임신 시도 2~3개월 전부터 엽산과 아연을 복용하는 것을 추천합니다. 엄마뿐 아니라 아빠 역시 엽산이나 아연 등을 미리 복용해야 건강한 태아의 임신이 가능합니다.

임신 중
아플때

"아무리 생각해도 불안해."

"뭐가? 무슨 걱정 있어?"

"나 지난주에 감기 때문에 먹은 약 괜찮을까?"

"당신 지금 몇 주지? 시기에 따라서 문제가 있을 수도 있는데."

"응, 그러니까."

"너무 걱정은 말고, 일단 몇 주인지 초음파부터 확인해볼까?"

첫째와 셋째, 넷째 때와는 다르게 둘째의 경우에는 일을 중단한 시기에 임신을 알게 됐습니다. 임신 사실을 다소 늦게 알았던 데다가 임신한 시기가 감기에 걸려 병원에 진료를 받으러 다닌 시기와 겹쳤던 터라 임신을 확인한 순간 우리 부부는 크게 당황했습니다. 치료를 위해 복용했던 감기약과 병원 진료 시 방사선에 노출됐던 것이 걱정됐기 때문입니다. 평소 진료실에서는 비슷한 상황을 겪은 환자에게 크게 문제없을 것이라 말하며 안심시키는 입장이었지만, 막상 이런 일을 겪게 되니 '임신 초기에 약물과 방사선 노출 때문에 아이에게 문제가 생기지는 않을까?' 하는 생각이 들자 불안과 걱정에 전전긍긍할 수밖에 없었습니다. 시간이 지나고 검사 결과, 그리고 임신 주수상 문제가 없다는 사실을 확인한 후에야 비로소 안심할 수 있었습니다.

전부 또는 전무 All or None

계획 임신이 아닌 경우, 임신 사실을 알게 된 후 가장 걱정하는 부분 중 하나가 바로 약물 복용입니다. 임신 초기 증상은 감기 증상과 비슷한 경우가 많아서 임신이라고는 전혀 생각지도 못하고 감기인 줄 알고 약을 복용하는 일이 많습니다. 그러다가 임신임을 알고 난 뒤 대수롭지 않게 감기약을 먹었던 시점이 임신 시기와 겹친다고 생각이 들면 혹시 태아에게 좋지 않은 영향이 가는 것은 아닌가 싶어 덜컥 겁이 납니다.

의학적으로 태아의 발달 과정에서 약물이나 외부의 영향이 태아에게 미치는 정도를 살펴보면, 4주(임신 주수 기준이며 수정 기준으로는 2주) 이전은 한마디로 '전부 또는 전무 기간 All or None period'이라고 합니다. 즉, 이 기간에 노출된 외부의 영향이 치명적일 경우 태아가 유산되기도 하지만, 그렇지 않다면 이후 태아의 성장에 거의 영향을 주지 않는다고 볼 수 있습니다.

엑스레이 촬영도 초기에는 태아에게 크게 유해하지 않다고 봅니다. 엑스레이 촬영이 태아에게 유해한 영향을 미치는 시기는 임신 8~15주 사이입니다. 또한, 방사선 양에 따라 영향을 주는 정도의 차이가 있긴 하지만 엑스레이 촬영을 1회 정도 했을 때 방출되는 방사선의 양은 태아에게 영향이 없는 정도라고 봅니다. 오히려 태아를 위해 가장 조심해야 할 시기는 임신 5~10주입니다. 이 시기에 태아의 중요한 기관이 대부분 형성되기 때문입니다. 임신 10주가 지나면 형성된 기관이 좀 더 성장하고 발달하는 과정을 거치게 됩니다. 만일 태아의 기관과 장기가 형성되는 임신 초기인 5~10주에 엄마가 약물 복용을 하거나 외부 충격을 받을 경우, 다른 시기에 비해 태아의 장기 형성과 발육에 치명적인 영향을 끼칠 수 있으므로 이 시기에는 사소한 약물 복용이나 외부 충격에 민감하게 주의를 기울여야 합니다.

임신 중 복용 가능한 약을 문의하는 경우는 감기, 두통, 입덧과 관련된 내용이 대부분입니다. 의사와 상담한 후 처방받은 약은 임신부와 태아에게 무리가 없는 약이기 때문에 일단 안심하고 복용해도 괜찮습니다. 임신 중에 사용할 수 있는 약물은 제한적이기도 하고, 새로운 약물이 나오거나 연구 결과가 추가되는 경우도 많습니다. 따라서 임신 중에는 절대 인터넷 검색이나 개인의 임의적인 판단을 믿고 약을 복용하지 말고 꼭 의사와 상의하도록 합니다.

임신 중 감기와 소화불량

임신 중 감기에 걸렸을 때는 증상이 심하지 않으면 약물 치료보다는 충분한 휴식을 취해 이겨내는 편을 권합니다. 하지만 증상이 조절되지 않거나 열이 날 경우에는 약물을 처방받아 복용하도록 합니다. 답답하고 소화가 안 된다고 느낄 때는 임신 초기의 입덧 증상 중 하나일 수 있습니다. 만약 소화불량 증상이 있기는 하나 음식 섭취에 큰 무리가 없다면 약물 치료보다는 음식의 양을 줄이거나 종류를 조절하면서 식사를 하는 것이 좋지만, 증상이 너무 심하거나 일상생활에 지장을 줄 정도라면 임신부와 태아에 미치는 영향이 적은 약들도 있으니 무조건 참기보다는 의사와 상담 후 입덧약이나 위장약을 처방받는 것이 좋습니다.

반면, 임신 후반부의 소화불량은 부쩍 성장한 태아가 위를 압박하여 느끼는 증상이 대부분입니다. 이 시기에는 위산 역류 증상도 자주 나타납니다. 이때도 일단 소화가 쉬운 음식으로 종류를 바꿔주고 조금씩 먹는 방법으로 위의 부담을 덜어주는 조치를 먼저 취해본 다음, 그래도 조절이 안 될 시에는 약물을 복용하는 것을 추천합니다.

임신 중 요통

많은 임신부가 임신 중 요통을 호소합니다. 사실 초기 임신부들은 요통보다는 생리통처럼 아랫배 주변이 뻐근하거나 콕콕 쑤시는 증상인 골반통을 호소하는 경우가 더 많습니다. 이것은 임신으로 자궁이 커지면서 인대가 늘어나 생기는 일반적인 증상입니다. 대개 요통은 임신 초기보다는 태아가 커지고 배 근육이 늘어나면서 가해지는 힘을 허리 근육이 견디는 과정에서 점점 더 심하게 나타나는 경우가 많습니다. 하지만 평소에 허리가 약한 사람은 임신 초기부터 요통이 발생하기도 하는데, 이런 경우 태아의 안전을 위해서 약물 처방을 받기보다는 바른 자세를 유지하고, 가벼운 운동을 하는 편을 권합니다. 또한, 체중이 너무 많이 증가해도 요통이 심해질 수 있으니 체중 관리에도 신경을 쓰는 것이 좋습니다. 통증이 심한 경우에는 임산부용 복대의 사용이 도움이 되기도 합니다.

예비 부모를 위한 TIP

MRI 검사는 가능 🖊

허리 통증이 점점 심해져서 일상생활에도 지장이 있을 정도라면 임신으로 인한 요통이 아닌 다른 원인이 있는지 확인하기 위해 MRI 정밀 검사를 시행할 수 있습니다. '자기공명단층촬영'인 MRI는 방사선이 아닌 몸의 수분과 지방조직에 있는 수소 원자핵을 이용하는 원리이기 때문에 임산부에게 사용해도 되는 검사 도구입니다. 따라서 태아에게 미칠 영향에 대해 걱정하지 않아도 됩니다. 하지만 MRI 촬영 시 경우에 따라 특정 조직이나 혈관을 더 잘 보기 위해 인체에 투여하는 약물인 조영제는 되도록 사용하지 않는 것을 권합니다.

술 담배는
절대 안 돼요!

"김 선생, 한잔 받아야지?"

"교수님, 저는 술을 못 마실 거 같습니다."

"응? 어디 안 좋아?"

"저 임신 초기라 술은 마시기가 어렵습니다."

"아, 맞다. 전에 이야기했는데 내가 깜빡했군. 미안하네. 태아에게 술은 절대 안 되지. 그럼 초기에 간접흡연도 안 좋을 텐데, 같이 일하는 선생들한테도 조심하라고 해야겠네."

불과 몇 년 전만 해도 종종 회식 자리나 모임에서 임신한 직장맘은 "임신해도 한잔 정도는 괜찮아"라는 우스갯소리를 듣곤 했습니다. 하지만 요즘은 태아에게 미치는 술의 영향이 지대하다는 인식이 퍼져 이런 농담이 거의 사라졌습니다. 특히 임신 초기 3개월까지는 유산의 위험성뿐 아니라 태아에게 심각한 악영향을 끼칠 가능성이 높아질 수 있기 때문에 음주는 무조건 피해야 합니다.

물론 임신부의 음주에 대해 정확하게 정해진 가이드라인이 없고, 어느 정도 소량의 음주는 괜찮다고 보는 견해도 있습니다. 하지만 알코올이 태반을 통해 순환기계로 들어가면 장애를 유발할 수 있고, 기형이나 유산의 위험을 높일 수 있기 때문에 임신 중 음주는 절대 금해야 합니다.

술은 장기적으로 난자의 노화를 촉진하며 월경장애 및 배란장애를 유발할 수도 있습니다. 따라서 임신을 시도하기 2주 전에는 술을 한 모금도 마시지 않는 것이 좋으며 적어도 3개월 전부터는 술을 멀리하도록 합니다. 남자의 경우에도 음주는 정자의 운동성을 저하시키고 정자의 발육과 성장에 악영향을 끼칩니다. 따라서 정자가 만들어지는 기간이 3개월 정도임을 감안한다면 남편도 임신 시도 3개월 전부터는 금주를 해야 합니다.

태아 알코올 신드롬이란?

'태아 알코올 신드롬Fetal Alcohol Syndrome'이란 임신 중에 음주를 한 경우에 태아가 성장장애, 안면기형, 신경계 이상 등을 나타내는 선천성 증후군입니다. 그 범위와 정도는 개개인에 따라 다양하게 나타나지만 출생 전후의 성장 지연, 얼굴과 두개골의 형성 이상, 비정상적인 뇌(소뇌증), 그리고 그 외의 추가적인 신체 증상들이 이 질환에서 특징적으로도 나타날 수 있습니다. 또한, 다양한 정도의 주의력 결핍, 행동장애, 과잉 행동성, 충동성, 청각 및 시각의 지각 이상 등 정신지체와 학습장애가 나타나기도 합니다.

임신 중 음주는 수정란으로부터 태아가 되기까지의 중간 단계인 배아기나 태아기 발달에 큰 영향을 미칩니다. 어느 정도의 알코올이 태아 알코올 증후군을 일으키는지에 관해서는 아직 정확히 알려져 있지 않지만, 임신 중기 무렵에 다량의 알코올을 섭취하는 것도 정상적인 태아의 성장과 발달을 방해할 수 있습니다.

또 양으로 본다면 임신 중 오랜 기간 많은 양의 술을 마시는 경우 더 심각하고 비정상적인 증상이 나타날 수 있습니다. 엄마가 자주 술을 마신 경우 특징적인 태아 알코올 신드롬 증세를 보일 수 있습니다. 태아 알코올 신드롬의 예방법은 음주를 하지 않는 방법밖에 없습니다. 태아 알코올 신드롬이 생기고 난 뒤에는 특별한 치료법이 없습니다. 그리고 아이가 태어난 후에도 신체적 기형뿐 아니라 정신적인 장애를 호소할 수 있으니 임신 중 금주는 엄마가 꼭 지켜야 할 의무입니다. 실제 한 연구에 의하면 임신 중 술을 마신 엄마의 아이들은 마시지 않은 엄마의 아이들에 비해 지능이 낮았으며, 그 비율이 3배나 높다는 결과도 있습니다.

간접흡연도 반드시 피해야

담배는 술보다 태아에게 더 안 좋은 영향을 끼칩니다. 담배는 혈중 일산화탄소 양을 증가시키는데, 일산화탄소는 산소에 비해 헤모글로빈과의 친화력이 월

등히 높습니다. 문제는 일산화탄소가 헤모글로빈과 쉽게 결합하여 적혈구의 산소 운반 능력을 약화시킨다는 것입니다. 그 결과, 태아의 산소 결핍을 초래하고, 자궁과 태반을 연결하는 혈관을 좁게 만듭니다. 임신 중 흡연자는 비흡연자에 비해 전치태반, 태반 박리, 조기 양막파수의 위험도가 2배나 높습니다.

또한, 흡연한 엄마로부터 태어난 아기는 조산, 저체중아, 발육 지연이나 뇌성마비, 정신박약, 선천성 심장병의 발병 확률이 높고 심한 경우에는 사망에 이를 수도 있습니다. 따라서 엄마는 임신 중에 반드시 금연해야 합니다. 간접흡연도 위험합니다. 간접흡연 상황에 지속적으로 노출되면 위와 비슷한 위험성을 보일 수 있습니다. 따라서 엄마와 태아를 위해 가족 모두의 금연이 필요합니다.

예비 부모를 위한 TIP

임신인 줄 모르고 술을 마신 경우 ✏️

- 계획하지 않았는데 임신을 한 경우, 평소 생리주기가 불규칙한 경우에는 임신이 될 줄 모르는 상태에서 술을 마시는 경우가 생각보다 많습니다. 물론 태아에게 술이 좋지는 않습니다. 따라서 임신 초기에 마신 술에 대해서 '무조건 괜찮다'고 말할 수는 없습니다. 그래도 '치명적이지는 않다'고 말씀드릴 수는 있습니다. 모르고 마신 것은 어쩔 수 없으니까요. 하지만 임신 사실을 안 이후부터는 절대 음주를 금해야 합니다. 특히 태반과 여러 조직 및 장기가 만들어지는 3개월까지는 태아에게 큰 영향을 미칠 수 있으니 주의해야 합니다.

- 막걸리나 무알코올 맥주, 와인 한잔 등도 좋다고 볼 수 없습니다. 정확히 몇 잔부터 음주를 금지해야 한다는 가이드가 있는 것은 아니지만, 술을 소량씩 자주 마시는 것조차도 태아에게는 큰 영향을 미칠 수 있습니다. 따라서 임신 중에는 술을 아예 마시지 않는 것이 가장 좋습니다. 또한, '무알코올'이라고 해서 알코올이 0%라는 뜻이 아닙니다.

알코올 함유량이 1% 미만이면 무알코올이라고 이름을 붙일 수 있기 때문입니다. 실제로 무알코올 맥주의 상품 정보 표기를 보면 알코올이 함유되어 있는 경우가 많습니다.

나이가 많아서
걱정이에요

"언니, 오랜만이야. 잘 지내지?"

"응, 오랜만이네. 반갑다. 참, 나 임신했어. 저번 주에 검사했는데 6주래."

"아, 그래? 정말 축하해. 예정일은 내년이겠네? 부모님께서 좋아하시겠다."

"응, 많이들 축하해주셔. 근데 내가 나이가 많아서 걱정이야. 병원에서도 무조건 조심하라고 하고. 나중에 검사도 많이 해야 하는 것 같아서 신경 쓰여."

"언니가 서른여섯이니까 고령 임신이긴 해. 하지만 요즘은 마흔 넘어서 첫아이 낳는 사람도 많아. 그러니 너무 걱정 안 해도 돼."

"정말? 그 사람들도 문제없이 잘 낳아?"

"고령 임신이면 난산이나 합병증의 위험성이 높아지는 건 맞아. 우리도 고령 산모면 '고위험 임신'으로 분류하고 신경을 더 쓰는 편이야."

"그렇구나. 그런데 고위험 산모는 받아야 할 검사가 많던데, 그거 다 해야 되니?"

"검사가 더 많은 건 아니야. 고위험 산모면 병원에서 필수적으로 하라고 권유하지만, '꼭 해야 된다', '안 하면 안 된다'의 문제는 아닌 거 같아. 부부의 생각과 결정이 우선이라고 생각해."

얼마 전 친척 언니가 임신했다는 소식을 들었습니다. 하지만 임신에 대한 기쁨을 누릴 새도 없이 '난산이 되지는 않을지', '기형아 검사 등에서 문제가 생기지는 않을지' 걱정이 앞서는 모습이었습니다.

최근에는 평균 결혼 연령이 높아지면서 자연스럽게 평균 임신 연령도 높아지는 추세입니다. 35세 이상의 나이에 첫 임신을 한 산모를 지칭하는 '고령 산모'는 앞으로도 사회 분위기상 점점 더 늘어날 것으로 보입니다. 실제 병원에서도 40세가 넘어 첫아이를 출산하는 경우를 심심찮게 보게 되어 예전에 비해 고령 임신부가 급격히 늘어가고 있음을 체감합니다. 통계청 자료에 따르면 고령 산모는 2021년에는 전체의 35%를 차지할 만큼 늘었고, 이 비율은 계속 증가할 것으로 예측됩니다.

고령 임신, 무조건 나쁜 것만은 아니다

'아이를 일찍 낳느냐, 늦게 낳느냐'에 대해 정답은 없습니다. 점차 결혼 적령기와 출산 시기가 늦어지고 고령 산모가 늘어나는 것이 현실입니다. 그렇기 때문에 고령 임신이 위험하다고 하여 일찍 아이를 낳으라는 조언을 하는 것은 사실상 큰 의미가 없다고 봅니다. 물론 일찍 결혼을 하고 빨리 아이를 낳으면 체력적인 면에서 장점이 많습니다. 분만할 때도 아이와 산모 모두 건강하고, 산모의 회복력도 빠릅니다. 또한, 육아는 굉장한 체력이 필요한 일인데 젊은 부모의 경우 상대적으로 그런 면에서 장점이 있습니다. 하지만 고령 산모의 경우에도 단점만 있는 것은 아닙니다. 아이를 갖고자 하는 생각이 간절하기에 아이를 보다 소중한 마음으로 대하는 경향이 크고, 경제적으로 안정적인 조건에서 아이를 키울 수 있어 정서적인 면에서 장점이 많습니다.

우리 가정의 경우 20대 후반에 첫아이를 출산했는데 아이 엄마의 레지던트 과정이 출산으로 인해 중단되자 양가 부모님들께서 못내 아쉬워하셨습니다. 때맞춰 마쳐야 하는 과정을 잠시 미루게 된 것과 업무 복귀 후 아이 양육을 엄마가 아닌 다른 사람의 손을 빌려야 하는 상황에 대한 아쉬움, 바쁜 부모 때문에 손주가 어린 시절 부모의 온전한 사랑을 받지 못할까 하는 걱정도 크셨습니다. 반면, 넷째인 막내의 경우에는 30대 중반에 출산했지만 레지던트 과정이 끝나는 시기여서 커리어 걱정에서 자유로울 수 있었고, 덕분에 심리적으로 안정된 상태에서 출산할 수 있었습니다. 하지만 30대 중반의 임신과 출산은 20대 후반이나 30대 초반에 비해 임신 기간 동안 체력적으로 어려움이 따랐고, 임신성 당뇨 등 여러 합병증의 위험도 높았습니다. 또한, 출산 이후 회복도 느려 오랜 시간 동안 애를 먹었고 육아 과정이 육체적으로 큰 부담이 되기도 했습니다.

아이를 언제 출산하면 가장 좋은지에 대한 답은 가정마다 다릅니다. 중요한 것은 부부가 충분히 고민하고 대화를 나누어서 각 가정의 상황에 맞춰 출산 계획을 세우는 것입니다. 그 결과, 고령 임신을 하게 된다고 해도 지나치게 걱정할 필요는 없습니다. 가능하다면 고령 임신 시기에 접어들기 전 아이를 갖는 것이 좋겠지만, 그렇지 않더라도 고령 임신에 대한 다양한 의학적 대비가 갖춰져 있으므로 걱정하기보다는 기쁜 마음으로 임신하기를 권합니다.

고령 임신, 정말 안전할까?

고령에 임신을 시도하면 난자의 노화로 인해 질이 떨어질 수 있어 난임을 겪을 수 있습니다. 그리고 임신이 된다고 하더라도 태아의 염색체 이상이나 기형아 발생 가능성이 더 높기도 합니다. 그리고 임신성 당뇨, 임신성 고혈압, 임신중독증, 전치태반, 태반조기박리, 난산 등의 위험이 있어 자연분만보다는 제왕절개 분만율이 높습니다. 한 조사에 따르면 고령 산모는 30세 이하의 산모에 비해 초기 유산율이나 조산율이 2배 정도 높다고 알려졌습니다. 그래서 고령 산모는 보다 더 큰 관심과 주의가 필요합니다.

하지만 최근에는 의학 기술과 다양한 케이스에 맞는 치료법이 발달했기 때문에 고령 임신이라고 해서 문제가 더 생긴다고 단정하기는 어렵습니다. 평소에 꾸준히 건강을 관리하고 정기적인 진료를 받으면서 의료진과 상의한다면 충분히 안전하게 건강한 태아를 순산할 수 있습니다. 여기서 안전한 출산이란 태아와 산모 모두 건강한 분만을 가리킵니다. '자연분만=안전한 출산'의 의미가 아닙니다. 고령 산모는 조심해야 할 것이 많고 더 많은 부분 신경을 써야 하는 것이 분명하지만, 과도한 근심이나 스트레스는 받지 않는 것이 좋습니다. 오히려 이런 걱정은 태아에게 도움이 되지 않는다는 사실을 기억해야 합니다.

고령 임신만큼 위험한 어린 산모(10대 임신)

35세 이상의 고령 산모만 고위험 산모는 아닙니다. 19세 이하의 어린 산모 역시 고위험 산모에 속합니다. 고령 산모는 사회적·경제적 문제와 얽혀 점점 증가하는 추세이고 그에 따라 이들에 대한 관심도 꾸준히 늘고 있지만, 이에 반해 어린 산모의 임신에 대한 관심은 적은 것이 현실입니다. 10대 임신은 임신이 종료된 시점에 20번째 생일을 맞이하지 않은 경우를 말합니다. 어린 산모의 경우 태아의 자궁 내 성장 지연, 자궁 내 태아 사망 등의 위험이 높고, 실제 출산된 아기들도 조산아나 저체중아가 많다고 보고됩니다. 또한, 순산을 하더라도 산모가 사회적으로나 경제적으로 준비가 안 된 경우에는 산후에 몸조리를 제대로 하지 못하거나 정서적으로 우울증을 겪는 경우가 많고 학업을 지속하는 데도 어려움을 겪게 됩니다. 따라서 10대 임신의 경우 정신과 전문의나 전문 상담 인력의 도움을 받는 과정을 비롯해 지역사회와 주위 어른들이 사회적·경제적 도움을 건네는 일이 필요합니다.

< 한의사 아빠의 임신 이야기 >

임신부와 아이의 건강을 위한 한약

전통 사회에서는 아이의 탄생이 단순히 가족이 늘어나는 것 이상의 의미가 있었습니다. 자녀 한 명 한 명이 생산 활동에 중요한 역할을 했기 때문에 노동력이 늘어난다는 점과 가계를 잇게 된다는 점에서 출산은 집안의 경사이자 매우 귀한 일이었습니다. 그래서 태아의 건강한 성장과 탄생을 기원하며 임신 중에 태아와 임신부를 위한 탕약을 정성 들여 달이고 복용하도록 했습니다. 더욱이 임신부의 상태는 일반적인 성인과 다르다는 것을 알고 더욱 안전한 약재들로 구성된 약을 처방했습니다. 하지만 최근 들어 '임신 중에는 절대 한약을 먹으면 안 된다', '임신 중에 한약을 먹으면 문제가 생길 수도 있다'고 알려진 경우가 많아 매우 안타깝게 생각합니다. 이런 통설과 달리 한의사가 전문적으로 조제한 한약은 태아와 임신부 모두에게 안전하고 효과적입니다. 태아를 안정시키고 임신부의 건강을 증진할 수 있다는 점에서 한약 복용은 추천할 만한 방법이므로 증상이 있을 때는 한의원을 내원하여 전문가의 상담을 받기를 권합니다.

한약재는 태아와 임신부에게 안전할까?

현재 우리나라에서 한약재는 농가에서 재배된 후 식품용과 의약품용으로 나뉘어서 유통됩니다. 이 중 한의원에는 의약품용 한약재만 공급되는데, 의약품용 한약재는 식품의약품안전처에서 규정한 품질 검사를 통과한 약재만 사용하게 하고 일정한 규격으로 포장 후 약재 이름, 공급자, 제조번호, 제조일자, 검사기관, 검사연월일, 원산지, 유통기한을 표시합니다. 또한, 한약 제조 시에는 반드시 식품의약품안전처의 엄격한 기준에 따른 관리·감독 아래 '우수 한약 제조 및 품질관리기준hGMP'을 준수하여 생산해야 합니다. 그렇기 때문에 인증된 약재를 공급받아 한의원에서 조제된 약들은 국가의 관리·감독과 인증을 받은 매우 안전한 약들입니다. 특히 2020년부터는 국가에서 첩약시범사업을 실시함으로써 한약재에 대한 안전성과 관리·감독을 더욱 강화했습니다. 건강보험심사평가원 의약품관리종합정보센터에서는 '한약재 이력추적시스템'을 도입하여 약재의 이력을 추적할 수도 있습니다.

반면, 건강원이나 인터넷에서 판매하는 저가의 건강기능식품, 대중음식점에서 파는 한방 음식에 들어가는 재료는 식품용으로 공급되는 것들이라서 품질 검사와 감독이 면제됩니다. 즉, 어떤 약재를 사용하는지, 어떤 경로로 제공받는지, 원산지는 어디인지, 제대로 된 약 부위를 사용하는지 알 수 없습니다. 그뿐만 아니라 중금속이나 잔류 농약 등에 대한 적격한 검사도 시행되지 않아 유효 성분이나 독성 부분에서 안전성을 담보할 수 없습니다.

또한, 한약재는 같은 약재라도 어느 부위를 썼는지에 따라 효능과 부작용이 달라지므로 제조 방법과 부위를 정확하게 사용해야 합니다. 전문 한의사의 처방에 따라 한방 의료기관에서 약을 짓는다면 이러한 점들을 우려할 필요가 없습니다. 임신부와 태아에게 처방하는 한약은 지속적인 연구와 오랜 기간의 임상 경험을 바탕으로 안전한 약재들로만 구성하여 만들어지므로 임신 중 한약 복용을 무조건 터부시할 필요는 없습니다.

임신 중 한약 복용, 언제가 좋을까?

임신 중 태아와 임신부에게 질병이 있거나 아픈 증상이 있다면 상황에 맞게 한약을 처방받는 것이 좋습니다. 하지만 한약 복용에 대해 임신부가 지나치게 우려한다면 복용을 권하지 않습니다. 다만, 임신 중 증상이 있고 치료가 필요하다면 막연한 걱정이나 의심을 하기보다 적극적으로 치료에 임하는 편이 현명합니다. 가령, 입덧이 너무 심해 임신부가 충분히 음식을 섭취하지 못하면 태아에게 공급되는 영양이 떨어져 임신부와 태아 모두에게 문제가 생길 수 있습니다. 이런 경우 예로부터 사용된 '향사육군자탕香砂六君子湯' 등의 한약으로 입덧을 다스릴 수 있습니다. 또한, 임신 중 통증을 동반한 출혈이나 유산 징후가 보이면 '안태음安胎飮', '팔물탕八物湯' 등으로 태아와 임신부를 안정시킬 수 있습니다. 출산에 도움을 주기 위해서는 '달생산達生散', '불수산佛手散' 등의 약으로 자궁의 수축과 이완을 원활하게 할 수 있습니다.

아기가 엄마 배 속에서 영양을 공급받는 것은 출생 후 영양을 공급받는 것보다 훨씬 더 중요합니다. 임신 기간 중 태아의 많은 기관과 장부가 형성되고 완성되기 때문에 충분한 영양 공급이 필수입니다. 또한, 임신부의 건강에 따라 태아의 상태가 많이 좌우되기 때문에 임신부의 건강 유지에도 각별히 신경을 써야 합니다. 임신부가 직장 생활이나 개인적인 사정으로 임신 중에 자주 쉬지 못하고 육체적으로 힘든 경우, 영양이 부족한 경우, 질병이 있는 경우에는 태아와 임신부의 건강을 위해 '보중익기탕補中益氣湯'이나 '십전대보탕十全大補湯' 등의 한약을 추천합니다.

한약은 오랫동안 내려온 위험하지 않은 치료제입니다. 믿을 수 있는 의료 기관에서 안전한 한약재로 만들어진 한약을 처방받아 복용한다면 임신부의 건강을 돕고 태아의 건강을 지키는 데 큰 도움이 될 수 있을 것입니다.

임신, 또 다른 행복

임신 중기 캘린더

주차별	태아의 성장	엄마의 변화	생활 수칙
15~19주	• 이 시기 태아의 크기는 12cm 정도로 자라고, 체중은 16주가 되면 110g 정도가 된다. • 일반적으로 14주가 지나면 성별 구분이 가능하다. • 눈의 움직임이 16~18주에 시작된다.	• 태동을 느끼기 시작한다. • 소화불량 증세, 허리 통증, 어깨 통증 등이 나타난다.	• 의사와 상담해 철분제를 복용한다. • 한 달에 체중이 2kg 이상 늘지 않도록 체중을 관리한다. • 외출 시에는 넘어지지 않도록 굽이 낮은 신발을 신는다.
20~23주	• 이 시기 태아의 체중은 300g 정도가 된다. • 투명했던 피부가 점점 색을 띄게 된다. • 머리카락이 일부 자라기 시작한다.	• 태동이 강하게 느껴진다. • 체중이 임신 전보다 5~6kg 증가하며 변비가 심해진다. • 가슴이 무거워지면서 복부는 둥그스름해지고 엉덩이와 얼굴, 팔 등에 살이 붙는다.	• 장시간 서 있는 자세는 피하고 배가 당기면 바로 편한 자세로 휴식을 취한다.

| 24~27주 | • 이 시기 태아의 체중은 630g 정도가 된다.
• 피부가 쭈글쭈글해지고 지방 축적이 시작된다.
• 눈썹, 속눈썹이 보이기 시작한다. | • 허리 통증이나 다리 경련이 발생하고 팔, 다리, 발 등이 붓는다.
• 커진 자궁이 위나 심장을 압박해 갈비뼈 부위의 통증이나 소화불량, 속쓰림이 나타난다.
• 가슴이 더 커지고 양수가 늘어나 몸무게가 조금 증가한다. | • 규칙적으로 복식호흡, 임신부 체조를 하고 다리가 부을 경우 마사지를 통해 피로를 푼다.
• 갑자기 태동이 감소하면 병원을 찾는 것이 좋다. |

임신 중기의 영양 섭취

- 임신 중기는 태아의 주요 신체 기관이 완성되고, 대뇌의 중량이 급격히 늘어나는 시기입니다. 태아의 근육, 혈액, 뼈 성장에 도움이 되는 단백질과 태아의 뇌세포 형성에 도움이 되는 오메가-3, 그리고 부족한 철분을 보충 섭취하는 것이 좋습니다.

- 임신 중기에는 태아의 전두엽 세포가 왕성하게 활동하기 때문에 뇌 활동에 필요한 지방산이 풍부한 등푸른 생선을 먹는 것이 좋습니다.

- 육류에는 단백질은 물론이고 철분과 비타민B가 풍부하여 태아의 근육 형성과 임신부의 빈혈 예방에 효과가 있습니다.

- 토마토, 복숭아, 아보카도에는 철분이 풍부합니다. 말린 과일도 철분 섭취에 도움이 됩니다.

- 버섯은 고단백 식품으로 철분과 칼륨이 풍부합니다. 소화율이 높고 칼로리가 낮으며, 알칼리 식품으로 체액이 산성화되는 것을 막아줘 태아와 임신부에게 좋습니다.

- 임신 중기에는 아기집이 커지면서 피가 자궁 쪽으로 몰려 상대적으로 머리나 다른 장기로 가는 혈류량이 줄어들어 쉽게 어지럼증(기립성 저혈압)을 느끼게 됩니다. 임신 초기 철분제 복용은 메스꺼움이나 구토, 위장장애를 유발할 수 있으므로 16주 이후부터 출산 전까지 복용하는 것이 가장 좋습니다.

임신 중기에 받아야 할 검사

임신 중기는 태아가 급속히 성장하는 시기로 기형아 검사와 정밀 초음파 검사를 받게 됩니다. 임신 초기인 11~13주에는 태아의 목 투명대와 코뼈를 관찰하여 기형 여부를 선별하는 NT 초음파 검사, 15~20주에는 모체 혈액으로 알파 태아 단백, 인간 융모성 생식선 자극호르몬과 인히빈-A, 비결합 에스트리올을 측정하여 다운증후군, 에드워드증후군, 신경관 결손을 선별하는 기형아 검사를 받습니다. 이를 통해 다운증후군과 같은 염색체 이상의 위험도가 높은 임신부는 양수 검사를 받게 됩니다. 24~28주에는 임신성 당뇨 검사를 받습니다.

엄마가 먹는 것이
곧 아이가 먹는 것

"속이 답답해서 그러니 탄산음료 좀 사다 줘."

"임신부가 무슨 탄산음료야. 왜 그런 걸 먹어."

"당신은 내가 얼마나 힘든지 알기나 해! 속이 울렁거려 죽겠단 말이야."

"그래도 아기한테 탄산음료가 좋겠어? 조금만 참아봐."

"자주 먹는 것도 아니고, 울렁거려서 아무것도 못 먹겠는데, 그럼 어떡해?"

"그래도 탄산음료는 좀 아닌 것 같다. 다른 방법을 찾아보자."

아이를 임신했을 때마다 입덧의 양상이 똑같지는 않았습니다. 첫아이를 임신했을 때는 울렁거림과 메스꺼움, 소화불량으로 고생을 많이 한 반면, 둘째, 셋째, 넷째의 임신 기간에는 약간의 울렁거림만 있을 뿐 입덧이 특별히 심하지 않았습니다. 그래서 첫째를 임신했을 때 탄산음료의 유혹을 떨치기 힘들었습니다. 탄산음료를 마시고 나면 발생하는 트림이 소화가 된 것 같은 청량함을 줘 잠시나마 기분이 나아졌기 때문입니다. 하지만 트림은 일시적인 현상일 뿐 큰 의학적인 효과는 없습니다. 태아와 엄마에게 좋지 않은 것은 하나라도 주지 않으려는 아빠와 소화가 너무 안 되니 탄산음료를 허락해달라는 엄마는 이렇게 실랑이를 벌이곤 했습니다.

탄산음료보다는 탄산수를 마시자

입덧 해소를 위해 탄산음료를 마시는 임신부를 주변에서 쉽게 볼 수 있습니다. 탄산음료에는 일정량의 카페인이 들어 있는데, 엄마가 탄산음료를 섭취하면 탯줄을 통해 카페인이 태아에게 전달됩니다. 미국산부인과학회에서는 하루 200mg 이하의 카페인을 섭취하는 정도는 비교적 안전하다고 제시합니다. 하지만 커피를 포함해 초콜릿 등에도 카페인이 들어 있어 하루에 섭취하는 카페인의 정확한 양은 측정하기는 어렵습니다. 그래서 되도록 탄산음료는 마시지 않는 편이 낫습니다.

또한, 탄산음료는 당분이 높아 혈당을 높이는데, 고혈당이 지속되면 임신성 당뇨를 유발할 수 있으며, 거대아 출산, 태어난 아기의 호흡곤란 등의 위험성을 높일 수 있습니다. 그뿐만 아니라 탄산음료에는 합성감미료, 인공색소 등도 많이 들어 있는데, 이는 태아의 간 기능을 저하시키고 장내세균의 변화를 일으켜 비만과 당뇨의 위험을 높일 수 있습니다. 때문에 입덧의 고통을 모르는 바는 아니지만 가급적이면 섭취하지 말라고 권합니다. 메슥거림 등으로 속이 뚫리는 느낌이 절실하다면 탄산음료 대신 탄산수를 추천합니다.

탄산음료와 더불어 개인적으로 임신한 이후 줄이기 위해 가장 노력했던 것은 커피였습니다. 하루에도 커피를 몇 잔씩 마시는 것이 일상이었다가 임신과 동시에 커피를 줄이는 것은 매우 큰 스트레스였습니다. 커피의 문제는 카페인입니다. 카페인은 태반을 쉽게 통과하는데 임신 전에 비해 임신 후에는 간의 카페인 분해 능력이 떨어져 체내에서 그 농도가 반으로 줄어드는 데 7~11시간이 필요합니다. 임신 중 체내에 카페인이 과다하면 태아의 성장 지연 및 저체중, 호흡장애 등의 증상뿐 아니라 임신부에게 불면증과 두통도 나타날 수 있습니다. 따라서 커피의 다량 섭취는 임신 중 피하는 것이 좋습니다. 만일 커피를 마신다면 카페인 용량을 확인하고 카페인 양이 적은 디카페인 커피를 마실 것을 추천합니다. 임신중독증 상태가 아니고, 태아도 주수에 맞게 잘 자라고 있다면 보통 농도의 커피 한 잔에는 카페인이 약 100mg 정도 포함되어 있으니 하루 한 잔 정도는 크게 문제가 없다고 봅니다. 따라서 커피를 마시지 못해 너무 스트레스를 받는다면 하루 한 잔 정도의 커피를 허용하는 편이 스트레스를 받는 것보다 낫습니다.

영양 부족은 위험하다

임신 중에는 엄마와 태아를 위해 영양에 항상 신경을 써야 합니다. 그러나 많은 엄마들이 임신 중 먹는 것에 대해 그리 중요하게 생각하지 않는 경우가 많습니다. 의학적으로 보면 임신 중 적절하지 못한 영양은 고위험 임신의 가능성을 높이는 커다란 요소 중 하나입니다. 입덧이 심해서, 입맛이 없어서 잘 못 먹는 경우가 대다수이지만, 체형과 체중 유지를 위해서 일부러 잘 먹지 않는 경우도 있습니다. 그런데 임신 중 너무 먹지 않으면 저체중아 출산의 위험이 증가합니다. 또한, 출산 이후 아이가 성장하면서 성인병(비만, 당뇨, 고혈압, 이상지질혈증 등), 반응성 기도 질환(천식이나 기관지염 등), 관상동맥 질환(협심증, 심근경색 등)에 걸릴 확률이 높아질 수 있습니다.

반면, 임신 후 먹고 싶은 것이 많아져서 절제 없이 먹을 경우 영양 과잉이 될 수도 있습니다. 일반적으로 임신 중에는 10~14kg 정도 체중이 증가하는 것을 적당하다고 봅니다. 체중이 이보다 더 많이 증가한다면 임신 중 비만이 초래됩니다. 임신 중 비만은 임신성 당뇨의 위험을 높이고, 자궁이 아이를 압박할 수 있습니다. 또한, 거대아 출산으로도 이어질 수 있는데, 출산 시 아이가 크면 자연분만이 힘들 뿐만 아니라 자연분만을 하더라도 견갑난산이 발생할 위험이 있습니다. 견갑난산肩胛難産, Shoulder dystocia은 태아의 머리가 산도를 통과했으나 어깨가 껴 몸이 산모의 골반을 빠르게 통과하지 못하는 것으로 아이의 쇄골, 팔, 어깨뼈가 골절되거나 신경근이 손상되는 문제가 발생할 수도 있습니다.

밥 한 공기를 더 먹는 정도로

임신 중에는 균형 잡힌 영양 섭취만큼 '무엇을 어떻게 먹느냐'도 태아와 엄마의 건강을 위해 중요합니다. 엄마가 임신 중 먹는 것은 자궁 내 태아의 성장뿐만 아니라 출산 후 아이의 건강에도 영향을 미치기 때문입니다.

임신부는 임신 상태를 유지하고 태아의 발달을 위해 많은 열량을 필요로 합니다. 임신 시기에 따라 필요한 열량에는 차이가 있는데, 임신 전 보통의 성인 여성 1일 권장 섭취 열량인 2,100kcal에서 임신 초기는 0kcal, 중기는 340kcal, 후기는 452kcal 정도 증가된 열량을 섭취할 것을 권합니다. 임신 후기의 권장 섭취 열량 기준으로 살펴보면 밥 한 공기 정도 더 먹는다고 생각하면 이해하기 쉽습니다. 임신 중기에는 하루 동안 약 2,440kcal, 후기에는 약 2,550kcal 정도 섭취하는 것을 권장합니다.

임신부의 건강과 태아의 발육을 위해 비타민, 칼슘, 철분 등 필요한 영양소가 많은데, 각각의 필요량이 다릅니다. 특히 비타민A의 경우 너무 많은 양을 섭취하면(10,000IU/day) 오히려 기형을 발생시킬 수도 있으므로 주의해야 합니다. 비타민A(레티놀)는 체내에서 레티노익산으로 바뀌는데 과도한 비타민A 섭취는 기형을 일으키는 기형유발물질Teratogen의 발현에 영향을 미칠 수 있습니다. 임신 중에는 충분히 깨끗하게 씻은 신선한 야채나 제철 과일을 많이 섭취하고, 녹말이 든 음식과 단백질이 풍부한 음식도 골고루 섭취하는 것이 좋습니다. 매일 우유나 요구르트를 먹는 것도 도움이 되니 꾸준히 섭취하도록 합니다.

그러나 조리되지 않은 고기, 어패류 등은 피하는 것이 좋습니다. 조리되지 않은 음식은 균이나 기생충 등의 감염 위험이 우려됩니다. 특히 날 음식을 섭취하여 톡소플라스마에 감염되면 태아의 사산, 유산, 기형이나 발육 지연 등을 겪을 수 있으므로 임신 기간 중에는 가급적 날 음식을 먹지 않도록 합니다. 통조림 참치는 먹이사슬에 의한 중금속(특히 수은) 축적 논란도 있었지만, 일주일에 400g 정도 먹는 것은 문제가 없다고 식품의약품안전처가 발표했습니다. 따라서 해산물은 적정량을 먹거나 체내에 축적되는 수은의 형태인 메틸수은 함량이 낮은 것을 골라 먹는 것이 좋습니다. 인스턴트식품이나 냉동식품 등의 섭취는 가급적 줄이는 편이 좋습니다. 고열량, 고지방식이지만 그에 비해 영양가는 별로 없어 영양 불균형을 초래할 뿐만 아니라 화학조미료, 염분의 과다 섭취 등으로 임신부의 건강에도 좋지 않습니다.

예비 부모를 위한 TIP

임신성 당뇨 🖊

임신성 당뇨 검사는 임신을 하게 되면 일반적으로 받는 검사 중 하나입니다. 보통은 증상이 없기 때문에 선별 검사를 통해 진단받게 됩니다. 임신성 당뇨의 선별 검사로 24~28주 사이에 당부하 검사를 시행하는데, 정해진 양(50g)의 당을 복용한 후 혈당을 측정해 당처리 능력을 판단하는 검사입니다. 그러나 경우에 따라 고위험군(이전 임신 시 임신성 당뇨를 겪은 경우, 당뇨 가족력이 있거나 고도비만인 경우, 소변에서 당이 검출된 경우)으로 분류되면, 임신 초기에 선별 검사를 진행하기도 합니다.

이때 이상 소견이 있으면 당 복용량을 2배(100g)로 늘려 복용한 후 경구 당부하 검사로 확진을 합니다. 또한, 측정 횟수도 늘려 혈당을 총 4번 측정합니다(금식 시, 1시간 후, 2시간 후, 3시간 후). 4번 중 2번 이상 혈당이 높게 측정되면 임신성 당뇨로 진단합니다. 정상인의 경우 당 섭취 직후 혈당이 상승하더라도 2시간 후에는 완전히 정상 수치로 되돌아옵니다. 하지만 당뇨가 있으면 포도당을 정상인처럼 신속하게 혈중에서 제거할 수 없어 높은 수치가 지속되거나 정상 수치로 회복되는 데 3시간 이상 걸립니다. 이러한 원리를 이용해 당뇨 여부를 진단합니다.

임신성 당뇨를 진단받으면 다들 우울해하거나 속상해합니다. 혈당 체크, 식단 조절 등 귀찮고 힘든 일이 많아지는 것도 사실입니다. 하지만 임신성 당뇨는 조절만 잘하면 임신부와 태아 모두 특이 합병증 없이 출산이 가능합니다. 따라서 임신성 당뇨 확진 후 힘든 마음을 잘 추스르고 의사의 조언에 따라 음식 섭취 등을 잘 조절해야 합니다. 임신성 당뇨가 조절되지 않으면 태아가 너무 커져 출산 시 난산의 위험이 있고, 출산 중 골절이나 신경 손상이 발생할 수 있기 때문에 자연분만보다는 제왕절개 수술을 하게 되는 경우가 많습니다.

또한, 출산 후에도 당뇨가 지속되어 만성 당뇨병으로 자리 잡기도 합니다. 그렇기 때문에 임신성 당뇨를 겪었던 산모는 출산 후 6~12주 사이에 75g 경구 당부하 검사를 시행합니다. 또한, 이상지질혈증, 고혈압, 복부비만과 연관된 심혈관계 합병증 위험도 있으므로 임신 중에는 체중이 급격히 늘지 않도록 식이조절과 적절한 운동이 반드시 필요합니다.

임신부가 먹으면 좋은 간식들

- **멸치와 치즈:** 칼슘 섭취를 위해 멸치와 치즈는 틈틈이 먹는 것이 좋습니다. 단, 나트륨이 많은 제품은 피하도록 합니다.
- **요구르트:** 유산균은 장내 잡균 번식을 억제하고, 독성물질을 몸 밖으로 배출시켜 임신부의 변비 해소에 효과적입니다.
- **고구마와 단호박:** 임신 중에는 자궁이 커지면서 장을 압박하고, 호르몬의 영향으로 변비가 생기기 쉽습니다. 이럴 땐 섬유소가 풍부한 고구마와 단호박을 먹으면 도움이 됩니다.
- **바나나:** 바나나는 신경전달물질인 도파민을 생성하여 입덧으로 인한 구토를 억제시켜주고 식이섬유질이 많아 변비도 예방해줍니다. 하지만 다른 과일에 비해 열량이 높으므로 너무 많이 먹지 않도록 주의합니다.
- **프룬(건자두):** 열량이 낮고, 식이섬유가 많이 함유된 프룬은 칼륨, 철분, 비타민도 풍부하여 임신부의 영양과 변비 예방에 매우 좋습니다.
- **토마토:** 항산화 성분이 풍부하고 혈액을 맑게 해주고 혈관을 튼튼하게 해줘 태아의 발육에 좋습니다. 또한, 칼로리가 낮으며 피로 해소와 기분 전환에 도움이 됩니다.

영양제, 무엇을 얼마나 먹어야 할까?

"점심은 잘 챙겨 먹었어?"

"아니, 일하느라 바쁘기도 하고 번거롭기도 해서 아직 못 먹었네. 그래도 영양제는 챙겨 먹었어."

"그래도 기본은 식사일 텐데 영양이 될 만한 걸 챙겨 먹어야지. 힘들다고 영양제만 먹으면 안 되지 않아?"

"그렇지. 일단 기본적으로 잘 먹어야 하는데, 사실 입덧 때문에 속이 안 좋기도 하고 바쁘기도 해서 끼니를 잘 안 챙기게 돼. 그래서 아이한테 미안한 마음에 영양제라도 잘 챙기려고 하는 중이야. 근데 요즘은 영양제가 다양하게 나와. 엽산제와 철분제는 기본이고 비타민D, 칼슘제, 오메가-3, 유산균 등 다양하더라."

임신을 하게 되면 가장 먼저 챙기게 되는 것 중 하나가 바로 영양제입니다.

71

평소에는 관심도 없던 비타민을 챙기게 되고, 무심코 먹던 비타민도 성분을 다시 보게 됩니다. 임신부라고 해도 하루 권장 영양소를 음식을 통해 매일 섭취한다면 굳이 종합비타민을 복용할 필요가 없습니다. 가급적이면 잘 갖춰진 식사를 통해 기본적인 영양을 섭취하고, 영양제는 부족한 부분을 보충하는 정도로 생각하는 것이 좋습니다. 지나친 영양제 복용은 자칫 태아에게 안 좋은 영향을 끼칠 수 있기 때문에 시기별로 필요한 영양소 위주로 복용하기를 권합니다.

임신 준비기~임신 3개월: 엽산

엽산은 태아의 심장이나 중추신경계 발달에 지대한 영향을 주는 매우 중요한 성분입니다. 엽산은 임신 전부터 미리 섭취할 수 있으며, 임신 14주 정도까지는 충분히 섭취해야 태아의 신경관 결손 위험을 감소시킬 수 있습니다. 하루에 최소 약 400㎍ 정도 복용할 것을 추천하는데, 보통 하루에 800~1,000㎍까지 섭취해도 무방합니다. 이전 임신에서 태아에게 신경관 결손이 있었던 경우에는 하루에 4mg(4,000㎍)을 복용합니다. 엽산제는 약국에서 쉽게 구할 수 있으므로 용량을 확인하고 구매하여 복용하면 됩니다. 또한, 엽산은 비타민의 한 종류이므로 임신 12주 이상에 접어든 뒤에 더 장기간 복용한다고 해도 문제 될 것이 없습니다. 철분이 함께 들어 있는 복합비타민 제제로 복용하는 것도 추천합니다.

임신 준비기~수유기: 비타민

비타민은 적절한 칼로리와 단백질이 포함된 식사를 한다면 공급이 부족하지 않은 경우가 대부분입니다. 하지만 만일 비타민이 부족하면 태아의 장기 형성과 발육에 영향을 미치기 때문에 부족한 경우가 생기지 않도록 유의해서 챙길 필요가 있습니다. 비타민은 종류가 다양하고 저마다 역할이 다르기 때문에 어떤 식품에 어떤 비타민이 들어 있는지 미리 관심을 가지고 알아두면 좋습니다.

• **비타민A:** 임신부의 신진대사 기능을 높이고 세균 감염에 대한 저항력을 높여줍니다. 부족하면 태아의 발육 부진을 가져오지만, 과다 복용하면 태아 기형 등의 위험이 있습니다. 당근, 시금치, 김, 미역, 수박 등의 신선한 과일과 야채를 통해 자연스럽게 섭취하는 것이 좋은데 이러한 과일과 야채에서 발견되는 베타카로틴은 비타민의 독성을 보이지 않습니다. 지용성 비타민이라 생으로 먹으면 흡수율이 낮지만, 기름과 같이 볶아서 조리하면 체내 흡수율이 60~70%로 높아집니다. 비타민A를 영양제로 보충하고 싶다면 임신부용·Prenatal vitamins으로 복용하는 게 좋습니다. 임신부용 비타민A 제제는 기형을 일으킬 수 있는 용량보다 적은 양이 함유되어서 안전한 복용이 가능합니다.

• **비타민B군:** 비타민B는 종류가 매우 다양합니다. 엽산도 비타민B군에 속합니다. 비타민B군 중 비타민B12는 오로지 동물성 식품에만 들어 있어 식물성 음식만 섭취하면 결핍이 발생합니다. 비타민B12가 결핍된 임신부에게서 태어난 아기는 당연히 혈중 비타민B12 저장량이 낮습니다. 모유 수유를 하는 경우

에는 모유 내 비타민B12의 함유량이 매우 적어 모유 수유를 받는 신생아가 심한 비타민B12 결핍증을 겪을 수도 있습니다. 비타민C를 과다하게 섭취해도 비타민B12 결핍증이 발생할 수 있습니다. 따라서 비타민B12의 충분한 공급을 위해서는 달걀, 육류, 생선, 우유 같은 동물성 식품의 섭취가 필요합니다. 만일 임신부가 채식을 선호한다면 김, 미역 등의 해조류를 통해 섭취할 것을 추천합니다.

- **비타민C:** 임신 중 비타민C를 꾸준히 섭취하면 기미, 주근깨 등이 생기는 것을 어느 정도 예방할 수 있으며, 피부장벽을 강화하고 트러블을 막을 수 있습니다. 서울대학교 연구팀에서 발표한 바에 따르면 임신부가 비타민C 결핍일 경우 태아의 뇌 발달에 악영향을 끼친다고 합니다. 성장 과정에서도 운동기능 장애가 유발될 가능성이 높아지므로 임신 중 비타민C가 부족하지 않도록 충분히 섭취할 것을 권고하고 있습니다. 하루 복용 권장량은 80~85mg 정도인데, 이 정도의 양은 일반적인 식사를 통해서도 충분히 섭취가 가능합니다. 하지만 비타민C의 과량 섭취는 권장되지 않습니다. 비타민C를 과도하게 섭취하면 간혹 태아에게 비타민C 의존증이 나타날 수도 있는데, 이 경우 비타민C가 공급되지 않으면 신생아 괴혈병 등의 증세가 일어날 수 있습니다.

- **비타민D:** 비타민D는 칼슘 흡수를 도와 뼈 대사에 관여합니다. 최근에는 염증 관련 질병을 예방하고 면역과 관련이 있는 비타민으로도 밝혀졌습니다. 비타민D의 90%는 햇볕의 자외선을 통해 얻습니다. 하지만 현대인들은 실내에서 생활하는 시간이 많아 비타민D의 자연적인 합성이 어려워 인위적으로 비타민D를 보충해주는 것이 필요합니다. 매일 20~30분 정도 산책하며 햇볕을 쬐

고(얼굴에만 자외선 차단제를 바르고), 기름진 생선, 달걀노른자, 우유, 새우, 시금치 등 비타민D 함유량이 많은 식품 섭취를 약간 늘려주면 비타민D 하루 권장량을 채울 수 있습니다. 비타민D가 부족한 임신부에게 나타날 수 있는 합병증에 관해 지금까지 명확히 관련성이 밝혀진 것은 없습니다. 다만, 비타민D의 부족이 혈압의 감소나 당 조절에 영향을 주는 것으로 보고된 연구 결과가 있으며, 저체중아 출산과 태아의 저칼슘혈증과의 상관관계가 있는 것으로도 보입니다. 따라서 비타민D가 부족하지 않도록 유의할 것을 권장합니다.

임신 중기~수유기: 칼슘

임신 후 엄마의 몸은 태아의 뼈와 치아를 구성하기 위해 체내의 뼈에 칼슘을 쌓기 시작합니다. 그런데 태아가 성장하는 데 필요한 칼슘이 충분히 축적되어 있지 않으면 엄마의 몸속에 있는 칼슘을 꺼내 쓰게 됩니다. 이런 현상이 반복되면 엄마의 골밀도는 점점 낮아져 골감소증이나 골다공증이 생길 수 있습니다. 그래서 임신 중에는 칼슘 섭취에 특별히 더 신경을 써야 합니다. 칼슘은 체내 흡수율이 매우 낮은 영양소입니다. 특히 철분제와 칼슘제를 함께 복용하면 서로 흡수를 방해합니다. 따라서 철분제는 아침에, 칼슘제는 저녁에 복용하는 식으로 시간 차를 두는 것이 좋습니다. 임신부의 1일 칼슘 권장 섭취량은 1,000~1,300mg인데, 복용한 칼슘의 체내 흡수를 돕고 칼슘 대사에 영향을 미치는 비타민D를 함께 챙겨야 합니다.

임신 4개월~출산 한 달 전: 오메가-3

오메가-3은 체내에서 충분히 합성되지 않아 식품으로 섭취해야 하는 필수 영양소입니다. 태아는 모체의 영양을 통해, 출생 후에는 엄마의 모유를 통해 전달받습니다. 오메가-3은 불포화지방산의 일종으로 우리가 잘 알고 있는 DHA, EPA가 오메가-3의 성분입니다. EPA는 우리 몸의 혈행 및 혈중 콜레스테롤 개선에 도움을 주는 성분입니다. DHA는 뇌신경 구성 물질로 태아의 두뇌 발달과 시신경 발달에 영향을 끼치고 혈액순환을 증진시키며 임신우울증과 산후우울증 예방에도 도움이 된다는 연구가 있습니다. 따라서 태아의 건강한 발달을 위해서는 EPA보다 DHA 함량이 높은 식물성 오메가-3을 섭취하는 것을 추천합니다.

임신 4개월~수유기: 철분

임신부의 혈액량은 임신 초기부터 점차 증가해서 임신 32~34주 후에는 임신하지 않았을 때보다 평균 40~45% 가까이 증가합니다. 이는 자궁과 태반 등이 커지면서 혈관이 많아지고 모체의 신진대사와 태아에게 영양 공급을 원활히 하기 위해 필요한 혈액이 증가하기 때문입니다. 때문에 임신 중 철분이 부족하면 빈혈이 생길 수 있습니다. 철분은 태아의 정상적인 성장과 발육에 필요한 혈액을 공급해주고 혈액 생성에 중요한 역할을 하는 영양소입니다. 철분은 태아의 간 속에 저장돼 출생 후 수개월까지 성장을 돕고 빈혈을 예방하는 역할을 합니다.

분만 시 출혈량이 많기도 하고 철분은 식사만으로는 충분한 양을 섭취하기가 어렵기 때문에 산부인과에서는 반드시 임신 4개월 이후에는 철분제를 복용하도록 지도합니다. 임신부는 적어도 하루에 30mg 이상의 철분을 복용해야 합니다. 만일 쌍둥이이거나 철분 보충을 너무 늦게 시작했거나 평소에도 빈혈이 있었다면 하루에 60~100mg을 복용합니다. 하지만 철분제의 복용은 오심과 구토를 악화시킬 수 있고, 변비가 생기는 경우도 있어서 철분 필요량이 많지 않고 입덧이 심한 초기에는 복용하지 않아도 됩니다.

철분제 복용 시 위장관의 불편감이나 장운동의 변화 등이 생길 수도 있는데, 요즘은 알약 형태뿐만 아니라 물약의 형태로도 판매되므로 개인의 상태에 따라 선택이 가능합니다. 철분제는 가급적 취침 전이나 공복일 때 복용하는 것을 추천하는데, 철분 흡수를 돕고 위장장애 가능성을 최소화할 수 있기 때문입니다.

예비 부모를 위한 TIP

유산균 복용 ✏️

유산균은 태아나 임신부를 위해 꼭 복용해야 하는 영양제는 아닙니다. 하지만 꼭 임신 때문이 아니더라도 장을 튼튼하게 해주고 몸에 유익한 균을 정착시켜주는 역할을 하기 때문에 임신 중 복용을 권유하기도 합니다. 유산균은 임신 중 변비에 도움이 되고 항균 면역 물질을 분비해 질염을 예방해주기도 합니다. 또한, 분만 시 태아가 모체의 질을 통과할 때 유산균으로 인해 좋은 유익균을 물려받는 효과도 있습니다.

유산균을 복용할 때는 1일 권장량인 100억 마리를 넘지 않도록 합니다. 임신부의 질염과 아이의 아토피 예방에 효과적인 락토바실러스 람노서스L.rhamnosus나 장내 환경을 개선하고 장까지 안전하게 도달하는 락토바실러스 애시도필러스L.acidophilus를 추천합니다.

우리 아이가
기형아라고요?

"여보, 전화 받을 수 있어? 우리 아기 어쩌지……"
"무슨 일 있어? 울지 말고. 우선 진정하고 천천히 말해봐."
"방금 보건소에서 문자가 왔는데, 우리 아기가 다운증후군 위험성이 높대."
"너무 걱정하지 말고 우선 좀 쉬고 있어. 강의 정리하고 얼른 갈게."

첫째 하진이를 임신했을 때 보건소에서 '트리플 마커 검사'라는 기형아 검사를 무료로 받았습니다. 지금은 지자체마다 임신부 지원 정책이 달라 살고 있는 지역에 따라 받을 수 있는 무료 검사의 종류가 다르지만, 그 당시 이 검사는 대부분의 임신부들을 대상으로 무료 시행을 하는 검사여서 크게 고민 없이 받았습니다. 하지만 문자로 기형아의 확률이 높다는 결과를 통보받았을 때는 너무 당황스럽고 눈물이 나 어쩌할 바를 몰랐지요. 연락을 받자마자 급히 보건소로 전화를 걸었지만 퇴근 후 시간이라서 그랬는지 아무도 받지 않았고, 우리 부부는 밤새 많은 걱정과 생각에 잠겼던 기억이 납니다. 다음 날, 병원을 찾아 진료를 받고 양수 검사를 했고 며칠 뒤 아이에게 문제가 없다는 결과를 전해 들었습니다. 그제야 안도했지만 결과를 기다리는 며칠 동안 우리 부부는 아기에게 이상이 있으면 어떻게 해야 하나 싶은 두려움에 휩싸인 채 지내야만 했습니다.

기형아 검사란?

임신 주수에 따라 시행하는 기형아 검사는 확진 검사가 아닙니다. 정밀 검사가 필요한 사람을 판별하기 위한 선별 검사입니다. 그래서 기형아 검사에서 '기형아의 확률이 높다'는 결과가 나오면 '좀 더 정밀한 검사로 확인해볼 필요가 있다' 정도로 해석합니다. 하지만 의료인인 우리 부부도 앞서 말한 것처럼 그 사실을 알고 있음에도 불구하고 막상 그런 연락을 받으니 아는 것과는 상관없이 눈앞이 캄캄했습니다. 대다수의 예비 부모님들도 검사 결과 태아가 기형아일 확률이 높다는 연락을 받게 되면 우리 부부와 비슷한 경험을 할 것입니다. 하지만 기형아 검사는 선별 검사라는 사실과 검사 이후 결과에 따라 좀 더 자세한 검사가 필요할 수도 있다는 점을 꼭 기억해 처음부터 너무 걱정하지 않기를 바랍니다. 검사 기관에서도 예비 부모님들에게 이러한 사실을 충분히 설명하는 배려가 필요하다고 생각합니다.

기형아 검사를 앞두고 대부분의 부모님들은 복잡한 감정에 휩싸입니다. 한 번도 기형아 출생에 대해 고민해본 적도 없거니와 실제로 검사를 받고 나면 결과가 나오기 전까지 불안감을 느끼기도 합니다. 하지만 의사의 입장에서는 대부분 기형아 검사를 권합니다. 꼭 기형아 여부를 확인하는 문제 때문만은 아닙니다. 호르몬 수치의 높고 낮음에 따라 향후 임신부와 태아의 상태를 예측할 수도 있기 때문입니다. 가령, 임신 초기 검사에서 혈액 검사상 PAPP-APregnancy-Associated Plasma Protein A(임신관련 혈장단백질 A) 수치가 5%ile(퍼센타일)보다 낮으면 조산, 태아 발육 지연, 임신중독증, 태아 사망과 연관이 있다고 봅니다. 또한, 임신 중기 검사에서 hCGHuman Chorionic Gonadotropin(인간 융모성 생식선 자극호르몬) 수치가 증가할 경우 태아 발육 지연, 임신중독증, 조산, 태아 사망 같은 나쁜 예후를 보일 수 있습니다. 따라서 기형아 검사는 주수에 맞게 필수적으로 하는 것을 권합니다.

그러나 무엇보다 가장 중요한 것은 기형아 출산과 기형아 검사의 필요성에 대한 부부의 생각입니다. 한 번쯤은 기형아를 출산하게 되는 경우를 가정하고 부부가 충분히 대화를 나누는 것이 좋습니다. '만약'이라는 가정 자체를 하기 싫은 문제임은 충분히 공감합니다. 하지만 기형아 출산은 누구의 잘못도 아니므로 부부가 진솔하게 이 주제로 대화를 할 필요가 있습니다.

만약 우리 아이가 기형아라도 상관이 없다는 결론에 이르면 기형아 검사에 대한 필요성이 크지 않다는 의미이므로 '검사를 할지 말지', '어느 범위까지 검사할지'를 두고 크게 고민하지 않아도 됩니다. 하지만 이에 대한 진지한 고민 없이 '설마 우리 아이가 그렇겠어?'라며 안일하게 생각하고 적절한 시기에 검사를 시행하지 않았을 경우 만에 하나 이후에 문제가 닥치면 큰 혼란에 빠지게 됩니다.

기형아 검사의 종류

선별 검사 VS. 확진 검사

기형아 검사를 목적에 따라 구분하자면 선별 검사와 확진 검사로 나뉩니다. 선별 검사는 위험도가 높은 사람들을 구별해내기 위한 검사로 일차적으로 시행합니다. 선별 검사의 종류에는 목 투명대 검사, 트리플 마커 검사, 쿼드 마커 검사, 인테그레이티드 검사, 시퀀셜 검사, 니프티 검사가 있습니다. 지자체마다 검사비 지원 여부가 다르기 때문에 관할 보건소에 문의를 해야 합니다. 또한, 보건소에서 자체적으로 검사를 실시하는 곳이 있는 반면, 비용만 지원해주고 검사는 인근 병원에서 받아야 하는 경우도 있으므로 사전에 확인하도록 합니다.

- **목 투명대 검사**Nuchal Thickness Test: 임신 11~13주에 시행하는 검사로 이 시기에만 관찰되는 태아 목 주변의 투명한 띠의 두께를 측정하는 초음파 검사입니다. 두께가 3mm가 넘어가면 염색체 이상, 심장 이상 등의 가능성이 증가하기 때문에 정밀 검사를 해야 합니다.

- **트리플 마커 검사**Triple Marker Test: 알파 태아 단백AFP, 인간 융모성 생식선 자극호르몬hCG, 비포합 에스트리올uE3 3가지의 수치를 동시에 측정하는 검사로 임신 15~20주에 실시합니다. 다운증후군, 에드워드증후군, 신경관 결손 등 선천성 기형 등을 조기 진단하는 데 이용되며 61~70%의 발견율을 보입니다.

- **쿼드 마커 검사**Quad Marker Test: 기존 트리플 마커 검사에 인히빈-A 검사를

추가한 것으로 다운증후군 발견율이 트리플 마커 검사보다 조금 더 뛰어납니다.

- **인테그레이티드 검사**Integrated Test(**통합적 검사**): 가장 많이 시행되는 검사로 임신 11~13주에 목 투명대와 PAPP-A를 측정하고 임신 15~20주 사이에 시행하는 쿼드 마커 검사 결과까지 합쳐서 한 번에 통합적으로 판단하는 검사입니다.

- **시퀀셜 검사**Sequential stepwise Test(**순차적 분석 검사**): 임신 초기에 목 투명대와 PAPP-A를 검사한 후 임신 중기에 쿼드 마커 검사를 시행하는 것은 인테그레이티드 검사와 동일합니다. 다만, 임신 초기에 위험도를 산출하여 그 결과를 먼저 보고한다는 점이 다릅니다.

- **니프티 검사**Non-Invasive Prenatal Testing, NIPT: 임신부 혈액 속에 있는 태아의 DNA를 이용해 기형아일 확률을 검사합니다. 산전 검사에서 고위험군이라고 진단받은 경우에 권유되는 검사로 다운증후군은 99% 정도의 진단율을 나타냅니다.

확진 검사는 확실하게 확인하여 진단을 내리는 검사로 양수 검사와 융모막 검사가 있습니다.

- **양수 검사**: 만 35세 이상의 고령 산모인 경우나 선별 검사 결과가 고위험군으로 나올 경우에는 양수 천자를 하여 태아 세포의 염색체를 진단합니다. 양수 천자는 복벽으로 길고 가느다란 주삿바늘을 통과시켜 자궁 내 양수를 직접

뽑아내는 방법으로 양수 내 태아의 당단백을 측정하여 염색체 이상과 당단백의 이상 유무를 정확히 진단할 수 있습니다.

• **융모막 검사:** 양수 검사처럼 기형아 확진 검사로 비교적 초반에 시행합니다. 임신 10~13주 사이에 자궁경관을 통해 태반에 있는 융모 조직을 채취하여 염색체의 개수 이상이나 모양 이상을 감별하는 기형아 검사입니다.

기형아 검사는 언제 할까?

기형아 검사는 초음파 검사 및 혈액 검사로 진행됩니다. 선천적인 해부학적·구조적 이상 유무를 확인하기 위해서 초음파 검사를, 모체의 혈액에서 특정 성분을 채취해서 수치를 확인하기 위해서 혈액 검사를 진행합니다. 혈액 검사는 횟수와 실시 시기 등에 따라 트리플 마커 검사, 쿼드 마커 검사, 인테그레이티드 검사, 시퀀셜 검사, 니프티 검사로 구분합니다.

모든 검사에서 공통적으로 하는 것은 임신 11~13주에 태아의 목 투명대의 두께를 재는 초음파 검사입니다. 이후 임신 15~20주에 혈액 검사로 3가지 인자(AFP, hCG, uE3)를 확인하는데 이를 트리플 마커 검사라고 합니다. 쿼드 마커 검사는 트리플 마커 검사에 인히빈-A 검사가 추가한 것입니다.

만약 임신 11~13주에 목 투명대를 초음파 검사로 보는 동시에 PAPP-A를 확인하는 1차 혈액 검사를 같이 하고, 임신 15~20주에 2차 혈액 검사로 쿼드 마커 검사를 한 뒤 두 차례 이루어진 검사 결과를 종합해서 판단하면 인테그레이티드 검사(통합적 검사)이고, 각 검사 결과를 순차적으로 살펴보면 시퀀셜 검사(순차적 분석 검사)입니다.

니프티 검사는 다른 혈액 검사들과 성격이 조금 다릅니다. 다른 혈액 검사들은 모체의 혈액에 들어 있는 호르몬을 검사하지만, 니프티 검사는 모체의 혈액에서 태아의 DNA(cell-free DNA)를 분리하여 검사합니다. 니프티 검사는 빠르면 임신 10주 이후부터 가능한데, 선별 검사 중 가장 높은 정확도를 보여주나 그만큼 검사 비용이 높습니다.

위의 검사들과 별개로 임신 20~22주가 되면 태아의 얼굴이나 장기를 자세히 관찰할 수 있는 정밀 초음파 검사를 실시하여 태아에게 해부학적인 기형이 있는지를 확인할 수 있습니다. 정밀 초음파 검사에서는 심장 기형 혹은 근골격계, 중추신경계의 기형을 관찰합니다.

주수	9	10	11	12	13	14	15	16	17	18	19	20	21	22
검사 내용			목 투명대 검사											
			혈액 검사(PAPP–A)											
			통합적 검사, 순차적 검사 (1차 기형아 검사 + 쿼드 마커 검사)											
		니프티 검사												
			융모막 검사					양수 검사						
												정밀 초음파		

84

기형아 검사의 진단은?

　태아 목 투명대는 초음파로 태아의 목 뒤 두께를 재는 것인데 보통 두께가 3mm가 넘어가면 염색체 이상일 확률이 높아집니다. 하지만 정상 태아도 목 뒤 두께가 두꺼운 경우가 있으므로 이 결과만 가지고 기형아라고 확진할 수는 없습니다. 혈액 검사도 임신부의 혈액을 채취해 여러 인자를 비교하는 것이므로 100% 정확하다고는 말할 수 없습니다. 초음파 검사와 혈액 검사가 확진 검사가 아닌 선별 검사인 이유입니다. 이 검사들에서 수치가 높을 경우 확진 검사로서 양수 검사를 실시합니다.

　양수 검사는 마지막으로 하는 확진 검사이므로 이 검사에서 태아가 기형아로 진단되면 다른 검사는 실시하지 않습니다. 만약 비교적 임신 초기에 목 투명대 두께의 이상 소견이 발견될 경우, 기형아 여부를 확인하기 위한 확진 검사를 하고자 한다면 융모막 검사를 받을 수 있습니다. 융모막 검사는 임신 10~13주에 실시됩니다.

　최근에는 염색체 이상을 보다 정확하게 밝혀냄과 동시에 위험성이 없는 검사를 원하는 예비 부모님들이 늘고 있어 임신부의 혈액 내에 존재하는 태아의 DNA를 검출하는 니프티 검사도 진행하는 경우가 증가하는 추세인데, 니프티 검사로 다운증후군을 발견할 확률은 99%에 달합니다.

선별 검사	기형아 발견율
목 투명대 검사	64~70%
목 투명대 검사 + 트리플 마커 검사	79~87%
쿼드 마커 검사	74~81%
인테그레이티드 검사	90~95%
시퀀셜 검사	90~95%
니프티 검사	99%

예비 부모를 위한 TIP

다운증후군

다운증후군은 염색체의 수적인 이상으로 인해 생기는 선천성 질환입니다. 정상적인 경우 염색체는 2개가 한 쌍을 이루는데, 다운증후군은 21번 염색체가 3개 존재하면서 나타나는 질환으로 납작한 얼굴과 입을 벌리고 있는 특이한 외모, 낮은 지능, 심장의 기형 등의 증상이 특징적입니다. 정확한 통계는 없으나 국내에서는 연간 350명 이상의 다운증후군 아이들이 태어난다고 추산되며, 임신부의 나이가 높아짐에 따라 다운증후군 아이를 출산할 확률이 높아진다고 알려져 있습니다(만 29세 이하는 1:1500, 만 35세는 1:350, 만 40세는 1:85의 확률).

다운증후군을 겪는 아이들은 출생 이후 심장뿐만 아니라 성장 발달과 지능 측면에서 다양한 증상이 나타나기 때문에 여러 전문의 선생님들의 협력과 더불어 치료를 합니다. 다운증후군 아이의 사회성과 지능, 신체적 발달장애는 여러 가지 치료와 적절한 교육을 통해 교정이 가능하다고 알려져 있습니다. 국내에서는 2022년 tvN에서 방영된 드라마 〈우리들의 블루스〉를 통해 얼굴을 알린 정은혜 씨가 다운증후군임에도 불구하고 감동적인 연기를 보여줘 시청자들의 뜨거운 박수를 받았습니다. 정은혜 씨는 드라마 출연 이외에도 〈니얼굴〉이라는 다큐멘터리 영화에도 출연하고 캐리커처 작가로도 활발히 활동하며 많은 사람들의 응원을 받고 있습니다.

해외에서는 다운증후군을 겪는 사람들의 사회 활동이 오래전부터 활발했던 편입니다. 영화 〈제8요일〉에서 열연한 벨기에 배우 파스칼 뒤켄은 1996년 칸 영화제에서 남우주연상을 수상했고, 영국의 사라 고디도 배우로서 연극과 다수의 드라마에서 훌륭한 연기를 펼쳐 영국인으로서 최고의 영예인 대영제국 최우수 훈장을 받기도 했습니다.

기분 좋은 엄마가
건강한 아이를 만든다

"오늘 우리 나가서 밥 먹자."

"또? 저번 주도 내내 외식했고, 어제도 했는데, 또?"

"집에서 만들어 먹기 힘들기도 하고, 뭐가 먹고 싶은지도 잘 모르겠단 말이야."

"그래도 자기와 아이의 건강을 생각해서라도 너무 외식만 하는 건 안 좋을 것 같은데. 솔직히 외식은 일주일에 한두 번이면 충분하지 않을까?"

"아니, 나도 사실 잘 모르겠어. 음식도 그렇지만 기분이 자꾸 왔다 갔다 하는 것도 같고…… 그냥 기분 전환이 필요한 것 같기도 하고 그래."

임신 중에는 호르몬의 변화로 감정의 변화가 빈번합니다. 네 번의 임신 시절을 돌아보면 정도의 차이는 있었지만 네 번 모두 평소엔 무난히 잘하던 일도 정말 하기 싫어지고, 내 감정인데도 나 스스로 알 수 없는 기분을 겪었던 기억이 납니다. 감정 문제로 별것 아닌 일로 배우자와 자주 다투기도 했고요.

임신 중 엄마가 받는 스트레스는 태아의 건강에도 영향을 미칩니다. 최근에는 감정, 스트레스가 뇌와 호르몬에 영향을 미쳐 건강도 좌우한다는 연구 결과가 많이 알려지고 있는 추세입니다. 임신부도 여기에서 예외가 아닙니다. 여러 선행 연구를 통해 모체가 받는 스트레스가 임신 상태, 태아의 대사 기능, 감정 및 인지 발달 등에 영향을 준다는 사실이 밝혀졌습니다.

태아는 엄마와 감정을 공유한다

엄마의 혈액에는 여러 가지 호르몬이나 신경전달물질 등이 포함되어 있는데, 이는 태반을 통해 태아에게 전달됩니다. 가령, 엄마가 화가 난 상태에서는 흔히 스트레스 호르몬이라고 부르는 코르티솔 같은 호르몬의 혈중농도가 높아지는데, 이때 태아도 혈중 함량이 높아진 코르티솔 호르몬을 전달받아 엄마와 유사한 감정 상태가 됩니다. 반대로 엄마가 기분이 좋고 행복하다고 느끼면 혈중 세로토닌 농도가 높아지는데, 이때 태아도 혈중 함량이 높아진 세로토닌 호르몬을 전달받아 건강하고 행복한 상태가 됩니다.

임신 초기에는 호르몬의 변화로 내 의지대로 감정 조절이 잘되지 않고, 사소한 일에도 화가 나거나 우울해지는 경우가 많습니다. 이런 상태가 지속되면 자율신경계에 영향을 끼쳐 호르몬 분비를 통해 자궁으로 가야 할 혈액의 흐름을 분산시켜 태반으로 갈 혈액량이 감소되고, 영양 공급의 문제나 조산을 유발할 수도 있습니다. 또한, 스트레스나 감정의 불안이 지속되면 출생 후에도 아이에게 성장장애, 소화기장애, 과잉행동 등의 증상이 나타날 수 있으므로 임신 중 스트레스를 경계해야 합니다.

영국의 한 연구에 따르면 임신 중 엄마가 받는 스트레스 정도가 유아의 정서 발달과 관련한 뇌 영역의 변화와 연관성이 있다고 보고된 바 있습니다. 또한, 임신 중 스트레스는 태아의 저체중, 조산, 생후 1년 이내 사망, 뇌성마비의 발생, 학습 및 지능과 사회성의 문제로도 이어질 수 있다고 합니다. 임신 중 스트레스를 받은 엄마로부터 태어난 아이의 범죄율이나 음주 빈도 및 흡연율이 높다는 연구 결과도 있습니다. 임신 중 스트레스는 출산 후 산후우울증이나 불안 장애로 이어질 수 있다는 보고도 있습니다. 따라서 스트레스를 받았다고 해서 무조건 불안해하고 걱정하기보다는 그것이 엄마인 자신과 태아에게 나쁜 영향을 끼치지 않도록 조절하는 것이 필요합니다.

가족들의 배려가 필요하다

부부 사이에 다툼이 없을 순 없지만, 임신 중에는 가급적 부부 싸움을 하지 않도록 조심해야 합니다. 분노는 감정적으로 큰 상처를 남깁니다. 아내가 임신을 하게 되면 작은 것에도 예민해지고 불안해하는 경우가 많습니다. 남편이 이런 상황을 받아주지 않고 화를 내거나 다투게 되면 아내는 감정이 크게 상하고 스트레스를 받게 됩니다. 이는 임신부뿐만 아니라 태아에게도 안 좋은 영향을 주게 됩니다. 미국의 한 연구팀에서 발표한 자료에 따르면 임신 초기 3주 동안 스트레스를 많이 받은 경우, 유산 위험이 3배가량 증가하는 것으로 나타났습니다. 실제로 부부가 사소한 일로 큰 말싸움이 벌인 후, 다음 날 아이가 유산되는 경우도 드물지만 간혹 있습니다. 이런 일을 겪게 되면 부모는 죄책감과 슬픔에 빠지게 되고 지울 수 없는 상처를 안고 살아가게 됩니다. 따라서 남편은 물론이고 모든 가족들은 며느리 혹은 딸이 임신을 하게 되면 임신부의 상황을 잘 이해해주고 정서적으로 공감해주며 든든한 버팀목이 되어줘야 합니다.

예비 부모를 위한 TIP

감정 기복을 다스리는 방법 ✏️

- **명상 및 호흡:** 갑작스럽게 화가 나거나 부정적인 생각이 떠오르거나 당황스러울 때는 잠깐 생각을 멈추고 심호흡을 합니다. 하나, 둘, 셋을 세면서 숨을 크게 들이마시고 내쉬면 감정이 안정됩니다. 평소에 명상을 꾸준히 하면 감정 기복을 줄일 수 있습니다.
- **스트레스 해소:** 음악 감상, 독서, 가벼운 산책이나 스트레칭 등 기분을 전환시키고 스트레스를 해소해주는 나만의 방법을 찾아야 합니다. 이때 임신 중인 상태를 고려하여 신체적으로 무리가 되지 않는 활동을 권합니다.
- **대화하기:** 친한 친구나 가족 등 친밀한 사람들과 맛있는 것을 먹으며 시간을 공유하고 대화를 나누는 것만으로도 임신 중 스트레스와 감정 기복을 많이 해소할 수 있습니다. 특히 배우자와 진솔한 대화를 충분히 나누는 것이 가장 중요하고 필요합니다.

똑똑한 아이를 만드는 부모의 대화

"우리 아기한테 말 좀 걸어봐."

"무슨 말을 걸지? 근데 아기가 알아듣기는 할까?"

"당연하지. 임신 초기 때는 툭툭 리듬을 주는 정도가 좋지만, 지금은 5개월 정도 됐으니 우리가 말하는 건 다 인지하고 있어."

"아, 그렇겠네. 5개월이면 소리를 들을 수 있다고 하던데, 정말 말을 알아들을까?"

"소리를 듣고 말을 이해하는지는 모르겠어. 하지만 4~6개월 사이에 아이의 뇌가 폭발적으로 성장해서 5개월이면 뇌의 80%가 완성된다고 하니 말을 걸어주면 발달에 더 도움이 되지 않을까?"

태교는 부모가 아이를 가졌을 때 아이에게 좋은 영향을 주기 위해 마음을 바르게 하고, 언행을 삼가는 일을 말합니다. 그래서 엄마는 아이를 임신하게 되면 마음을 바르게 하기 위해 좋은 음악을 듣고, 좋은 음식을 먹으며, 좋은 이야기를 아이에게 들려줍니다. 할머니 할아버지들은 여기서 더 나아가 임신 중에는 나쁜 것은 보지도 말고, 못생긴 건 먹지도 말라고 강조합니다. 그러나 요즘 시대에 이런 이야기는 농담처럼 느껴지기도 합니다. 우리 부부 역시 아이를 갖기 전에는 이러한 이야기를 들으면 가볍게 넘겨버리곤 했습니다. 하지만 아이를 임신하고 출산해보니 임신 중에 하는 말과 행동들이 얼마나 중요한지를 느낍니다. 과학적으로 태교에 대한 것은 완전히 검증되거나 밝혀지지 않았고 사실상 밝혀내기 어려운 부분입니다. 그러나 아이를 건강하고 지혜롭게 키우기 위해서는 아기가 태중에 있을 때부터 엄마 아빠의 사랑과 관심이 필요하고 이러한 노력이 좋은 영향을 줄 것이라 생각합니다.

아이와의 첫 교감, 대화

태교의 시작은 말과 대화입니다. 우리 부부는 첫째를 가졌을 때 무슨 말을 해야 할지 몰라서 별다른 태담을 하지 않고 그냥 넘어가는 날이 많았습니다. 둘째, 셋째, 넷째를 임신했을 때는 첫째 때보다 적극적으로 말을 걸고 반응도 살폈지만 처음에는 배 속 아기와 대화를 나누는 것이 무척 어색했습니다. 그러나 아이가 태어나기 전부터 태담을 통해 아이와 대화를 시작하는 것이 좋습니다. 간식 하나를 먹을 때도 아이에게 "엄마가 지금 ○○을 먹고 있는데 우리 □□은 어떤 맛이 느껴지니?" "□□도 이거 좋아하니?" 하며 수다를 떨어봅니다. 음악을 듣고 책을 볼 때도 "엄마는 지금 음악을 듣는 중인데, 우리 □□은 지금

무슨 생각을 하니?", "엄마가 어떤 책을 읽으면 좋을 것 같니?"라고 물어보면서 대화를 나눕니다. 인간에게는 육체만 있는 것이 아니라 마음과 영靈이 있습니다. 엄마와 아기는 마음과 마음으로 이어져 있기 때문에 임신 중 엄마는 배 속 아이에게 늘 말을 걸고 교감을 시도하여 태아가 감정을 느낄 수 있게 해줘야 합니다.

임신 6~12주면 태아의 청각기관이 생기고, 임신 16주가 넘으면 소리에 반응하며, 임신 20주 정도에 이르면 엄마의 목소리를 인식합니다. 임신 중 엄마가 아이에게 지속적으로 반응을 보내면서 대화를 건네면 아이의 감각과 감성이 발달하므로 조금 겸연쩍고 어색하더라도 아이와 매일 태담을 나누기를 권합니다.

태아는 외부에서 들려오는 자극에 신체적·정신적으로 영향을 받습니다. 그래서 평소에 엄마와 아빠가 꾸준하게 말을 걸어주면 그 목소리를 기억하고 반응을 보입니다. 이런 반복된 과정을 통해 생긴 태아와 부모 사이의 유대감은 출산 후 아이의 정서 발달에 긍정적인 영향을 끼칩니다. 태아 시절 부모와 충분히 교감을 나눈 아기는 그렇지 못한 아기보다 출산 후 발육이나 행동 발달에서 우수성을 보인다고 알려져 있습니다. 또한, 태담을 충분히 나누고 자란 아이는 자신의 의사를 울음으로 확실히 표현하고 이유 없이 떼쓰는 일이 적다고 합니다.

임신부의 건강을 위한 태담

태담의 또 다른 장점은 임신 중 엄마의 스트레스 해소에 도움이 된다는 것입니다. 태아에게 말을 건네는 동안 엄마는 마음의 안정을 되찾고 편안해집니다.

사랑이 담긴 태담을 하다 보면 엄마 스스로 밝은 마음을 가지려고 노력하게 되는데 이는 모성애와 자긍심도 길러줍니다.

반면, 아이의 지능을 높이기 위한 목적의 태교는 지양하는 것이 좋습니다. 과도한 욕심으로 인한 무리한 태교는 부모뿐만 아니라 태아에게도 스트레스로 작용합니다. 또한, 태교를 잘해야 한다는 스트레스나 반대로 태교를 잘 못하고 있다는 죄책감 등은 '감정의 교감'이라는 태교 본연의 긍정적 기능을 벗어나 심각한 역효과와 부작용을 불러일으킬 수도 있으므로 조심해야 합니다. 태담은 숙제를 하듯 의무감으로 하기보다 자연스럽고 편한 마음으로 하는 것을 권합니다.

예비 부모를 위한 TIP

우리 아이의 지능 발달을 위한 태담 ✏️

- 2011년 미국 신시내티 어린이병원에서 이루어진 연구에서는 출생 전(임신 20주 무렵) 음악을 들려준 신생아 그룹과 그렇지 못한 그룹을 비교했는데, 태아 시절 음악을 들었던 신생아들이 이후 지각 능력과 행동 발달에서 더 높은 성취를 보이는 결과를 나타냈습니다.

- 2006년 경희대학교에서 이루어진 동물실험에서 임신한 쥐를 대상으로 65dB의 모차르트 음악, 90dB의 기계음, 일상소음을 들려준 결과, 모차르트 음악을 들려준 그룹은 해마의 신경 형성이 증가한 반면, 기계음을 들려준 그룹에서는 해마의 신경 형성이 감소하고 체중이 유의미하게 낮아지는 발달 지연을 보였다고 보고됐습니다.

- 임신 5개월 무렵이면 태아의 뇌에는 이미 1천 억 개의 뇌세포가 만들어지고, 임신 6개월부터는 뇌 발달이 왕성해지기 때문에 임신 기간 중 태아에게 지속적으로 이야기와 대화, 노래 등을 들려주면 아이의 지능과 능력을 발달시키는 데 큰 도움이 됩니다.

< 한의사 아빠의 임신 이야기 >

한의학에서 말하는 태교

《동의보감》이나《태교신기》같은 한의학 고전에는 임신에서 출산에 이르는 동안 나타날 수 있는 질환과 증상에 관해 다양한 내용이 담겨 있습니다. 이외에도 임신 전 마음가짐이나 몸가짐, 피해야 할 것 등에 대해서도 자세히 언급하고 있습니다. 이는 옛 선조들이 출산만큼이나 임신 기간을 건강한 아이를 낳기 위한 과정으로 중요하게 여겼다는 뜻입니다. 물론 다소 과하다 싶을 정도로 엄격한 몸가짐을 강조하는 부분도 있지만, 오늘날의 기준에서 봐도 임신과 출산 과정에 도움이 되는 정보들이 적지 않습니다.

고전에 나오는 태교

《태교신기》는 우리나라 최초의 태교서로 조선시대 사주당 이씨와 그의 아들 유희가 1803년에 저술한 태교 전문서입니다.《태교신기》에는 태교의 원리, 이점, 중요성 등이 매우 자세하게 소개되어 있습니다. 덕분에 200여 년이 지난 지금도 많은 책이나 강의, 다큐멘터리 등에서 인용됩니다.

《동의보감》은 조선시대 의관이었던 허준이 선조의 명으로 편찬한 의서로 본문 중에서 임신과 태교에 대한 언급을 찾을 수 있습니다. '양정상박 위지신兩精相搏 謂之神'이라는 구절이 대표적입니다. 즉, 부모의 정兩精이 교합交합할 때 깃드는 생명 활동을 신神이라고 하여 생명의 시작은 출산 이후가 아니라 수정된 시점임을 밝혔습니다. 이를 통해 아이가 배 속에 있을 때부터 생명이 시작된다고 생각하고 이 시기에 하는 교육, 곧 태교도 중요시했음을 짐작할 수 있습니다. 또한, 임신 중에 하지 말아야 할 것과 중요한 것을 상세히 기술하고 있는데 물론 그 내용들을 자세히 살펴보면 지금의 상식으로는 이해되지 않는 방식과 조언들도 있습니다. 가령, 토끼 고기를 먹으면 언청이를 낳고, 자라 고기를 먹으면 머리가 작고 목이 짧은 자라 같은 아이가 태어난다는 등의 내용들이 그렇습니다. 그렇지만 오늘날처럼 과학적 연구 결과가 있었던 것이 아님에도 불구하고 태교와 임신 중의 섭생, 마음가짐 등을 중요하게 생각했다는 것은 놀라운 일입니다.

그 외에도 《열녀전》에서는 임신부는 "눈으로는 나쁜 것을 보지 말고 귀로는 시끄럽거나 음란한 소리를 듣지 말라"는 내용이 나오는데, 이는 모체의 생각과 감정이 태아에게 전달된다고 봤던 선조들의 생각을 드러냅니다. 《축월양태법》에서는 태아의 성장과 발달에 따라 임신부가 가져야 할 몸가짐이나 섭생법, 음식이나 감정 등에 대해 소개하고 있습니다.

한의학에서 말하는 임신부의 증상

한의학에서는 임신부의 질환에 대해 정확한 병명을 붙이기보다는 나타나는 증상을 보고 분류했습니다. 가령, 임신 중 부종이 생기면 '자종子腫' 또는 '자림子淋', 복부가 지나치게 볼록해지면 '자만子滿', 발작 경련과 같은 증상은 '자간子癎', 어지러움은 '자훈子暈' 등으로 언급했습니다. 한의학에서는 평소 임신부의 체질이 약하거나 기혈氣血이 조화롭지 못하거나 나쁜 기운, 즉 사기邪氣를 받게 되면 임신 중 병이 생긴다고 보았는데 이는 평소의 체력, 영양, 유전적 요소가 임신 중에 생기는 질병의 중요한 원인이 된다고 본 것입니다. 즉, 평소의 건강 상태가 임신 중 태아와 임신부의 건강에 영향을 미치므로 평소 철저한 관리를 통해 임신 중 다른 병에 걸리지 않도록 예방해야 한다고 조언하는 것으로 해석이 가능합니다.

한의학에서는 임신 중 무엇보다 음식과 노일勞逸(일과 휴식)을 중요하게 생각했습니다. 음식의 경우, 맵고 쓴 음식, 탄 음식, 기름지고 단 음식 등을 피하고 차고 익히지 않은 음식도 조심하라고 했습니다. 차고 익히지 않은 음식은 비위를 손상시킬 수 있어 소화장애를 일으키고, 영양의 흡수를 어렵게 하여 태아와 임신부의 건강을 위협한다고 봤기 때문입니다. 맵고 기름진 음식은 태열을 유발할 수 있어 임신 중에는 특히 조심할 것을 당부했습니다. 또한, 과식을 하거나 반대로 음식을 너무 먹지 않아 생길 수 있는 문제를 예방하고자 음식의 절도와 절제를 주문하기도 했습니다.

또한, 임신 중 몸의 움직임을 적당하게 할 것과 일과 휴식의 균형을 강조했습니다. 임신 중 과도한 노동은 기운을 쇠하게 하고 기혈을 화평하게 하지 못하게 만들기 때문에 주의해야 하며, 반대로 일이나 운동을 너무 하지 않으면 기운이 정체되어 태아의 성장이나 발육에 문제를 일으킨다고 보았습니다.

한의학에서 말하는 태교의 핵심은 태아를 편안하게 하는 '안태安胎'입니다. 안태는 기와 혈을 조화롭게 하여 태아를 안정되게 하고, 모체와 태아에게 영양을 적절히 공급하며, 기혈이 울체鬱滯, 즉 퍼지지 못하고 머물러 있지 않게 하는 것입니다. 이를 현대적으로 해석하면 휴식과 움직임을 조화롭게 하여 체력을 기르고, 균형 잡힌 음식 섭취로 영양을 충분히 공급하며, 마음을 편안하게 하여 기운이 맺히지 않도록 하는 것이 좋은 태교입니다.

· 임신 후기(28~40주) ·

아기를 위해, 엄마를 위해

임신 후기 캘린더

주차별	태아의 성장	엄마의 변화	생활 수칙
28~31주	• 이 시기 태아의 크기는 25cm 정도가 되고, 체중은 1.1kg 정도로 자란다. • 이 기간에 태어난 아이들의 90%는 신경학적 손상이 없이 정상적으로 태어난다.	• 혈액과 체액이 증가해 다리 부종이 생기기 쉽고, 골반 혈관이 자궁을 눌러 혈액 순환이 원활하지 못하다. • 복부 위의 검은 선이 선명해지며, 배꼽은 평평해지거나 튀어나온다.	• 조기 진통이 있으면 병원 검진을 받는다. • 옆으로 누워 자는 것이 좋다. • 걷기 운동을 통해 부종을 예방한다.
32~35주	• 32주에 태아의 크기는 28cm 정도가 되고 체중은 1.8kg 정도가 된다. • 피부는 붉고 주름이 져 있다.	• 자궁이 방광을 압박해 배뇨 횟수가 늘어난다. • 분만이 가까워질수록 엉덩이와 골반이 뻐근하고 불편해진다.	• 소화되기 쉬운 음식을 규칙적으로 먹는다. • 몸무게가 급격히 늘지 않도록 조심한다.

36~40주	• 36주에 태아의 크기는 32cm 정도이며 체중은 2.5kg 정도가 된다. • 40주가 되면 완전히 발달하고 태아의 크기는 36cm 정도, 체중은 3.4kg이 된다.	• 태아의 급속한 성장으로 체중이 급격히 증가한다. • 자궁과 질이 부드러워지며 분비물이 늘어난다. • 분만이 가까워지며 태동이 조금 감소한다. • 태아의 하강으로 걷기 힘들어질 수 있다.	• 유선이 발달하며 가슴이 당기거나 초기 진통이 시작되면 이슬이 비칠 수 있다. • 진통이 있을 시 자궁 수축이 규칙적이며 지속 시간과 강도가 증가한다. • 출산 징후가 있으면 바로 병원에 간다.

임신 후기의 영양 섭취

- 임신 후기에는 태아의 성장과 발육에 도움이 되고, 출산 후 아이의 면역력을 높여주는 영양소의 섭취가 필요합니다. 또한, 출산과 모유 수유를 앞둔 임신부의 체력을 향상시킬 수 있도록 고른 영양 섭취도 필요합니다. 태아가 커지면서 변비가 생기는 경우도 흔하기 때문에 변비 예방을 위해 섬유질 섭취에도 신경을 써야 합니다.

- 수박, 사과, 자두는 수분과 섬유질이 풍부해서 변비 예방에 좋습니다.

- 임신 후기에는 고혈압, 부종, 단백뇨 등의 증상이 나타나기 쉽습니다. 그렇기 때문에 무엇보다 짠 음식을 먹는 것은 삼가는 것을 추천합니다. 아몬드는 체내에 축적된 노폐물을 제거해줘 임신 후기 부종을 가라앉히는 데 효과적입니다. 호박, 미역, 시금치 같은 음식도 부종에 도움이 됩니다.

- 칼슘은 우유, 치즈, 멸치 등의 음식 섭취로 충분한 보충이 가능하지만, 혈중 칼슘 보유량이 낮은 임신부는 뼈에 저장된 칼슘을 태아에게 빼앗겨 골밀도가 감소할 우려가 있습니다. 또한, 호르몬 변화와 잘못된 영양 공급은 출산 후 골다공증을 유발할 수 있으므로, 칼슘 섭취량이 많지 않은 임신부는 임신 후기에는 칼슘제를 복용할 것을 권합니다(임신 20주부터 권장).

임신 후기에 받아야 할 검사

임신 36주까지는 2주에 한 번, 그 이후에는 매주 정기적으로 병원을 방문하여 혈압, 단백뇨 여부, 병력 청취 등을 통해 임신부의 건강을 확인해야 합니다. 초음파 검사를 통해 태아의 위치와 상태 및 성장을 평가하여 태아나 임신부의 상태에 눈에 띌 만한 이상이 발견되거나 특이 사항이 있는 경우 태동 검사를 받는 것도 필요합니다.

임신 중에도
피부 미인!

"여보, 나 배가 너무 많이 나온 것 같지 않아?"

"예전보다 배가 부르긴 했네. 이제부터 관리 시작해야 할 것 같은데?"

"아, 정말 속상해. 체중도 계속 늘고 자꾸 살도 트고. 다리도 계속 붓고."

"일단 너무 스트레스 받지 말고 튼살 크림부터 발라보자. 나중에 기미도 잘 생긴다고 하니까 임신부용 선크림도 다시 한번 챙겨보자."

임신 6개월이 지나면 호르몬이 급격히 분비되어 임신부의 몸에 많은 변화가 생깁니다. 특히 기미와 여드름 등의 피부 트러블이 발생하고, 임신 후기에는 급격한 체중 증가로 여기저기 튼살이 생기기도 합니다. 더불어 복부나 엉덩이, 가슴 등에는 튼살로 인한 가려움증도 발생해 많은 임신부가 힘들어합니다.

꾸준한 피부 관리가 필요

　임신 중에는 면역력이 떨어져 작은 변화에도 신체가 예민하게 반응합니다. 피부도 마찬가지입니다. 그래서 임신 중에도 꾸준히 피부 관리에 관심을 가져야 합니다. 화장품을 고를 때는 태아에게 좋지 않은 영향을 미칠 수도 있는 성분이 포함된 경우가 있으므로 성분을 꼼꼼히 확인하여 안정성을 인정받은 제품을 선택합니다. 가령, 비타민A(레티놀) 함유량이 과도한 화장품은 기형유발물질의 발현을 높일 수 있으니 과도한 사용을 주의해야 합니다. 또한, 화장품 방부제로 주로 사용하는 파라벤은 호르몬 교란을 일으켜 여성의 유방암 발병률을 증가시키고 태아에게 과체중을 일으킬 수 있다는 연구가 있습니다. 하이드로퀴논이라는 미백 성분 역시 미국식품의약국에서 임신부 위험물질로 지정한 바 있습니다. 암 유발과 태아 기형의 문제가 제기되는 물질인 만큼 하이드로퀴논이 함유된 화장품은 임신 중 사용하지 않습니다. 만약 일일이 성분표를 살펴보며 적절한 제품을 고르기 어렵다면 임신부 전용 화장품을 선택하는 방법도 추천합니다.

　기미는 임신부의 50~70%가 겪는 피부 질환으로 호르몬 변화가 원인입니다. 기미를 예방하려면 햇빛을 차단하는 것이 가장 중요합니다. 자외선으로부터 피부 손상을 보호하기 위해 모자나 양산 등을 우선적으로 사용하는 것이 좋습니다. 또한, 외출 시에는 자외선 차단제를 꼼꼼하게 바릅니다. 자외선 중 특히 UVA를 차단하는 것이 중요하며 SPF30, PA++ 이상의 자외선 차단제를 4시간마다 덧발라주는 것을 추천합니다. 자외선 차단제를 바를 때도 성분을 꼭 확인하고 사용하도록 합니다. 자외선 차단제는 자외선을 피부에 흡수한 후 자외선을 분해하는 '화학적 차단제'(유기 자외선 차단제, 준말 '유기자차')와 피부에 막을 씌워 자외선을 반사하는 '물리적 차단제'(무기 자외선 차단제, 준말 '무기자차')로 구분됩니다. 화학적 차단제는 얼굴이 희게 변하는 백탁 현상이 적고 매끈하며 산뜻한 느낌을 주는 대신 벤조페논-3Benzophenone-3, 파바PABA, 에칠헥실메톡시신나메이트 Ethlhexyl methoxycinnamate 등의 물질이 태아의 호르몬을 교란하는 영향을 미칠 수 있어 사용을 권하지 않습니다. 반면, 물리적 차단제는 피부가 허옇게 보이는 불편감이 있긴 하지만 자외선을 반사시키는 티타늄디옥사이드Titanium dioxide, 징크옥사이드Zinc oxide라는 미네랄 광물질 성분이 포함되어 독성이 적고 알레르기를 유발하지 않아 보다 안전하므로 임신부가 사용하기에 좀 더 적합합니다.

튼살을 예방하려면

튼살은 임신이나 비만, 급격한 체중 변화 등 생리적·물리적 요인으로 인해 피부 중간층의 콜라겐과 엘라스틴 조직층이 찢어져서 피부가 갈라지는 증상입니다. 임신 후기에는 호르몬이 안정되고 입덧도 진정되면서 피부 트러블이 한결 나아지지만, 체중이 급격히 늘어 튼살이 잘 생기게 됩니다. 주로 피부가 유연하고 얇은 하복부, 유방, 겨드랑이, 엉덩이, 허벅지, 종아리 안쪽 등에 생기는데 한번 생긴 튼살은 쉽게 사라지지 않고, 오래될수록 치료도 어렵기 때문에 예방과 초기 치료가 꼭 필요합니다.

튼살을 예방하기 위해서는 임신 초기부터 바디 오일이나 로션 등으로 피부의 수분을 유지해주는 것이 좋습니다. 그리고 체중이 급격하게 증가하는 임신 후기에는 튼살 방지 크림을 꾸준히 바르도록 합니다. 또한, 피부 탄력과 혈액순환을 위해서 18~24°C의 미지근한 물로 자주 샤워를 하고, 샤워 후에는 보습제를 꾸준하게 발라줘야 합니다. 튼살 크림을 바를 때는 아래쪽에서 위쪽으로 쓸어 올리며 바르는 것이 좋습니다. 배와 허벅지, 팔뚝 등이 가려울 때는 해당 부분을 집중적으로 마사지하는 것이 좋습니다. 옷은 몸에 끼는 옷보다 넉넉한 임신부용 옷을 입어 혈액순환을 원활하게 하고 피부의 탄력을 유지하는 것도 잊지 않도록 합니다. 무엇보다 튼살 예방을 위해서는 체중이 급격하게 늘지 않게 조절하는 것이 중요합니다. 이는 피부 미용뿐만 아니라 급격한 체중 증가로 인한 질병 예방을 위해 꼭 신경 써야 하는 부분입니다.

부종을 방지하려면

부종(부기)은 조직 내의 림프액이나 조직에서 발생하는 물질 등의 액체가 과잉 존재하여 특정한 부위나 몸 전체가 붓는 현상입니다. 부종이 발생하면 피부가 부풀어 오르고 푸석한 느낌이 들며, 누르면 피부가 일시적으로 움푹 들어가는 증상을 보입니다. 임신부의 경우 태아를 위해 평소보다 혈액량이 늘어난 상태에서 이뇨 작용을 감소시키는 호르몬이 많아집니다. 이로 인해 혈관에 물이 많아지게 되면 혈관 안과 밖의 농도 차이로 혈관 안의 물이 혈관 밖으로 나가게 되면서 몸이 붓게 됩니다. 또한, 임신 후기가 되면 배가 점점 불러오면서 활동량이 줄어들고 커진 자궁이 대정맥을 눌러 혈액순환이 제대로 이루어지지 않아 부종이 더욱 자주 발생합니다.

부종을 예방하려면 장시간 오래 앉아 있거나 오래 서 있지 말고 스트레칭이나 운동을 꾸준히 해야 합니다. 다리를 심장 높이와 같게 하거나 더 높게 올리는 자세도 도움이 됩니다. 서서 일하는 시간이 많다면 발이 편하고 넉넉한 신발을 신고 압박스타킹을 착용해 혈액순환을 도와주는 것이 좋습니다. 음식을 짜게 먹으면 림프 순환이 원활하지 못해 다리 부종이 잘 생기므로, 염분 섭취를 줄이고 물을 많이 마시는 것이 좋습니다. 자기 전 40°C 정도의 따뜻한 물에 10~15분 정도 족욕을 하거나 다리 사이에 쿠션을 끼고 옆으로 누워 자면 혈액순환이 원활해져 부종을 예방하는 데 도움이 됩니다.

예비 부모를 위한 TIP

임신 후 나타나는 피부 변화 ✏️

- **과다 색소 침착과 기미:** 임신을 하게 되면 에스트로겐과 프로게스테론 같은 여성 호르몬의 변화로 우리 몸에서 원래 피부색이 어두운 곳인 겨드랑이와 사타구니, 유두, 유륜, 성기 주변으로 멜라닌 색소가 더욱 과다 침착되는 경향이 생깁니다. 검은 피부일수록 이런 현상이 심하게 나타나는데 출산 후 3개월이 지나면 옅어지는 경우가 대부분입니다. 기미의 경우는 햇빛 차단이 중요하기 때문에 평소 자외선 차단을 잘하는 것이 좋습니다.

- **임신 소양증:** 임신 중 특별한 이유 없이 복부나 팔, 종아리에 붉은 반점이 올라오면서 가려움증이 생길 수 있습니다. 소양증이 일어나는 원인으로는 임신 담즙정체, 임신성 소양성 팽진구진반Pruriticurticarial Papules and Plaques of Pregnancy, PUPPP 등이 있는데, 일반적으로 말하는 임신 소양증은 임신성 소양성 팽진구진반을 지칭하는 경우가 대다수입니다. 임신 담즙정체는 임신 중 간에서 분비되는 담즙이 감소하면서 임신부의 혈액에 담즙이 정체되는 현상을 가리킵니다. 이때 동반되는 가려움증은 외형상

붉은 반점은 없지만 손발이 극심히 가려운 증상이 나타납니다. 임신성 소양성 팽진구진반은 대체로 임신 후반부에 생기는 경우가 많으나 경우에 따라서는 출산 후에 생기기도 합니다. 직경 1~2mm 정도의 뚜렷하지 않은 경계로 둘러싸인 구진이 생기고 빨간 반점이 퍼지면서 극심한 가려움을 동반하기도 합니다.

임신 소양증은 그 원인이 명확히 밝혀지지 않았는데 호르몬의 영향이나 증가된 혈류량과 연관이 있을 것이라고 봅니다. 필요에 따라 처방을 받을 수 있는데 먹는 항히스타민제나 국소용 스테로이드 연고를 사용하면 호전을 보입니다. 임신 소양증은 몸이 더워지면 증상이 더 심해지기 때문에 실내 온도를 높게 하거나 너무 뜨거운 물 목욕은 피해야 합니다. 그리고 목욕 후에는 즉각적으로 보습을 해줍니다. 평소 물을 충분히 섭취하고, 땀을 잘 흡수하며 통풍이 잘되는 면 소재 옷을 입는 것이 좋습니다.

- **임신선(흑선):** 임신을 하면 배꼽 끝에서 치골 부위까지의 복부에 검은 선이 생기는데 이를 임신선이라고 합니다. 보통 임신 중기부터 나타나기 시작해 출산 후 점점 희미해지면서 대부분 사라집니다.

태교 여행

태교 여행, 나도 가볼까?

"여보, 은지네는 태교 여행 간다고 하던데 우리도 여행이나 다녀올까?"

"글쎄 여행 가는 거야 좋지만, 아기한테 괜찮을까?"

"비행시간이 길지 않고, 가서 무리하지 않으면 괜찮지 않을까?"

"위험한 시기는 지났다고 하지만 사람 일은 모르는 거고, 난 좀 걱정되는데?"

"사실 나도 걱정되긴 해. 그냥 은지네가 간다고 하니 괜히……"

"출산 후에도 기회는 있을 텐데 굳이 위험 부담을 안고 가는 건 마음이 좀 편치 않네. 이번에는 가까운 국내 여행을 잠시 다녀오고, 해외는 다음에 출산하고 시간이 좀 지나면 가는 게 어때? 그때는 부모님께 잠시 아기 좀 봐달라고 내가 부탁드릴게."

"그래. 이번에는 가까운 데 다녀오자. 대신 출산 후엔 꼭 여행 가는 거야."

코로나19 이전까지만 해도 임신부들 사이에서 태교 여행은 웬만하면 꼭 가고자 하는 문화로 자리 잡고 있었습니다. 한동안 코로나19로 인해 태교 여행을 하는 분위기가 급격히 사라졌지만 최근 들어 코로나19 유행 상황이 안정되고 차츰 일상을 회복하게 됨에 따라 태교 여행에 대한 관심도 예전처럼 차츰 고개를 들 것으로 예상됩니다. 출산 후 육아에 전념하다 보면 한동안 여행을 가기 어렵다는 주변의 경험담과 임신부의 정신적 안정을 위한 방편으로 한때 태교 여행이 큰 유행이었습니다. 우리 부부는 첫아이를 임신했을 때 태교 여행을 심각하게 고려하다 결국은 못 갔지만, 주위에서 태교 여행을 다녀온 부부를 꽤 많이 보았습니다. 태교 여행을 다녀온 부부들의 만족감도 꽤 큰 편이라 주위에 권유하는 모습도 종종 보게 됩니다. 태교 여행을 떠날지 말지 여부는 부부의 성향과 체력, 태아의 상태 등에 따라 다르니 무엇보다 부부가 서로 솔직하게 대화를 해보고 결정하는 것이 좋습니다. 만약 크게 문제가 없다면 무조건 겁을 먹기보다 한 번쯤 시도해보는 것도 좋은 선택일 것입니다.

태교 여행을 하면 무엇이 좋을까?

태교 여행은 태아를 위한 여행인 동시에 임신부를 위한 여행입니다. 태교 여행을 하는 동안 엄마 아빠는 태아와 대화를 나누고, 태아를 위한 식사를 하고, 태아에게 보여주고 싶은 곳을 다니면서 곧 세상에 태어날 아기를 기대합니다. 태교 여행은 가족의 새로운 일원이 된 태아에 대한 사랑을 한층 더 고양시키고 가족의 소중함을 되돌아보는 계기가 되기도 합니다. 여러모로 긍정적인 부분이 많은 활동입니다.

태교 여행은 임신부의 입덧 완화와 고른 영양 섭취, 체중 관리 등의 효과도 가져올 수 있습니다. 무엇보다 가장 중요한 효과는 임신부의 심리적인 안정입니다. 태교 여행은 새로운 환경에서 신선한 공기를 쐬고 맛있는 음식을 먹으면서 스트레스를 해소함으로써 앞으로 남은 임신 기간을 버틸 힘을 얻는 시간으로 작용합니다. 그래서 신경이 예민해져 있거나 임신우울증을 앓는 임신부들에게 태교 여행은 좋은 치료법이기도 합니다.

태교 여행은 태아에게도 도움이 됩니다. 태아가 자극을 느끼며 소리를 듣는 임신 4개월부터 냄새를 맡고 엄마의 목소리를 구분하는 임신 6개월 사이에 떠나는 태교 여행은 태아의 감각 발달에 도움이 될 수 있습니다.

떠나기 전 반드시 담당 의사와 상담하자

태교 여행을 떠나기 전에는 반드시 담당 의사와의 상담을 통하여 임신부와 태아의 상태를 정확하게 진단하고, 그에 맞는 여행 계획을 세워야 합니다. 태교 여행의 장점이 널리 알려지고, 태교에 임하는 임신부들의 인식도 적극적으로 변하면서 태교 여행이 권장되는 분위기이기는 하지만, 그만큼 조심해야 할 점도 많습니다. 근교 여행이나 당일치기 여행 정도는 부담 없이 떠날 수 있지만 해외여행을 계획할 때 특히 그렇습니다. 가령, 임신성 고혈압을 앓고 있거나 자궁경부 길이가 짧은 고위험군에 속하는 임신부, 체력이 약한 임신부라면 여행을 보류하는 것이 좋습니다. 꼭 가야 하는 상황이라면 반드시 담당 의사와 상담 후 주의 사항을 반드시 숙지하고 여행을 떠나도록 합니다. 또한, 임신부는 비행기 탑승 시 탑승이 가능함을 증명하는 서류(진단서 등)를 제출해야 하는데 이때 항공사마다 탑승을 허용해주는 임신 주수가 다르기 때문에 반드시 항공사에 문의하여 확인한 후 필요할 경우 의사의 진료를 받고 증명서를 발급받도록 합니다.

태교 여행은 임신부가 무리하지 않도록 일정을 짜야 합니다. 임신부는 쉽게 피로를 느끼고 컨디션이 나빠지기 쉽기 때문에 자주 휴식을 취해야 하고 이동 거리는 짧은 것이 좋습니다. 임신 초기는 신경이 예민해지고 입덧이 심하며 태아의 안정이 중요한 시기이므로 이 무렵에는 되도록 여행을 피하도록 합니다. 그 대신 가까운 공원 등을 산책하는 등 기분 전환을 하는 정도로만 움직이는 편이 좋습니다.

임신 중기는 비교적 자유로운 활동이 가능해 태교 여행을 가장 많이 가는 시기입니다. 이때는 해외여행도 가능합니다. 임신부는 혈전 위험도가 일반인에 비해 높기 때문에 비행기 등에서 장시간 같은 자세로 앉아 있게 되면 위험도가 증가하니 1시간에 한 번 정도는 일부러라도 몸을 일으켜 움직여서 혈액순환이 잘되도록 신경 써야 합니다. 그러나 비교적 안정기라고 해도 아주 먼 장거리 여행은 추천하지 않습니다. 고위험 임신부는 조기 진통이나 조기 양막파수 같은 상황이 언제든지 생길 수 있기 때문에 장거리 여행은 더더욱 금합니다. 임신 37주 이후인 만삭인 경우에는 언제든지 진통이 찾아오고 양수가 터질 위험이 있으므로 여행을 피해야 합니다. 이 시기에는 배가 많이 불러오면서 불면증이 생기고 가슴이 답답하며 하지 부종이 생길 수 있어 간단한 산책과 휴식을 병행하는 정도를 추천합니다.

남편의 꼼꼼한 준비는 임신한 아내를 안정시킨다

태교 여행을 가기로 결정했다면 임신부를 위한 남편의 세심한 배려가 필요합니다. 여행지와 여행 코스, 숙소, 음식 등 모든 요소에서 아내를 배려하는 남편의 사랑을 확인함으로써 임신부는 심리적인 안정과 행복감을 더욱 느낄 수 있습니다. 여행 시기를 선정할 때는 임신부의 임신 주수에 맞춰야 하고, 여행지를 선택할 때는 임신부의 의견을 존중하되 여행지가 정해지면 여행 준비는 남편이 나서서 하는 것이 좋습니다. 임신부가 지치거나 입맛에 맞지 않은 음식을 먹거나 기후가 너무 덥거나 추울 경우에는 오히려 역효과가 날 수 있으니 여행지 선정 시 여러 가지 상황을 잘 고려하여 선택하도록 합니다. 임신한 아내를 위해 남편이 적극적으로 준비하는 모습을 보인다면 아내는 더없이 고마움을 느끼게 되고 한결 편안한 마음으로 여행을 떠날 것입니다.

여행을 가서도 남편의 역할이 중요합니다. 남편은 여행의 시작부터 마지막까지 임신부가 의지할 수 있는 가장 든든한 버팀목이 되어야 합니다. 여행 중에는 항상 임신부의 상태를 확인하고, 모든 면에서 임신부를 먼저 배려하도록 합니다. 자동차 여행을 한다면 무엇보다 안전 운전을 해야 하고, 임신부를 위해 휴게실에 자주 들러 휴식을 취해야 합니다. 또한, 햇빛을 가려줄 모자나 양산, 체온 유지에 필요한 얇은 담요, 만일의 경우에 대비해 임신부 수첩을 챙기는 것도 남편의 몫입니다. 태교 여행을 하는 동안 임신부가 느끼는 정서적 안정과 만족감이 태아에게 고스란히 전해지기 때문에 남편의 세심한 배려와 준비가 필요합니다.

편안한 마음으로 여행을 마음껏 즐기자

태교 여행의 많은 장점에도 불구하고 정작 임신부가 행복하지 않으면 아무 소용이 없습니다. 태교 여행을 가서 아무리 좋은 풍경을 보고 맛있는 음식을 먹는다고 해도 임신부가 불편감을 느낀다면 태아 역시 좋은 영향을 받지 못합니다. 따라서 태교 여행에서 제일 중요하게 생각해야 하는 것은 임신부의 마음 상태입니다. 남편과 상의해서 여행지를 정하고 계획을 세웠다면 느긋하고 즐거운 마음으로 태교 여행을 준비하는 것이 좋습니다. 엄마가 느끼고 생각하는 모든 감정과 생각들이 태아에게 직접 영향을 준다는 점을 인식하고, 여행을 준비하고 가서 즐기는 동안 항상 행복한 마음과 긍정적인 자세를 가지려고 노력해야 합니다.

태아의 상태는 전적으로 엄마의 심리적 상태와 육체적 건강에 달려 있습니다. 즉, 태교의 기본은 엄마의 심신을 건강하고 편안하게 만드는 것임을 잊지 말아야 합니다. 임신 중 엄마가 하기 싫은 것을 억지로 하면서 스트레스를 받을 필요는 없습니다. 엄마가 행복한 태교 여행이 심신이 건강한 아이를 만들고, 엄마가 행복해야 아기가 행복해진다는 사실을 잊지 말아야 합니다.

해외 태교 여행에 필요한 서류

해외로 태교 여행을 떠날 경우, 국내 여행보다 더 철저한 준비가 필요합니다. 만약의 경우를 대비해서 영문으로 된 담당 의사 소견서나 검사 기록을 준비하는 것이 좋습니다. 여행지에서 응급 상황이 생길 경우, 현지 병원에서 의사소통 부재로 벌어지는 시간 낭비를 줄이고 적절한 조치를 신속하게 취하는 데 도움이 됩니다.

또한, 항공사에 따라 임신부의 탑승을 위해 필요한 서류의 종류와 서류를 요구하는 시기가 다르니 해당 항공사에 미리 문의하는 것이 좋습니다. 대부분의 항공사의 경우, 임신 32주 이후에는 비행기 탑승일 일주일 안에 발급된 탑승이 가능하다는 (영문)소견서나 진단서를 갖춰야만 탑승할 수 있는 경우가 많습니다. 또한, 항공사마다 탑승이 허용되는 임신 주수가 다를 수 있으니 꼭 미리 확인해야 합니다. 여행지의 의료 시설을 미리 체크해 두면 위급한 상황에서 적절한 병원을 찾아가기에 수월합니다. 미리 담당 의사와 상의하여 임신부와 태아에게 안전한 비상약을 준비하는 것도 잊지 않도록 합니다.

코로나 시대의 태교 여행

코로나19 유행 상황이 잦아듦에 따라 해외여행 제한이 풀리면서 벌써 많은 임신부들이 태교 여행을 다시 시작하는 분위기입니다. 하지만 여행을 떠나고자 하는 나라의 상황이 현재 안정적이라고 하더라도 많은 위험 부담을 안고 여행하는 것은 태아와 임신부를 위해 바람직하지 않습니다. 국내 여행을 떠날 때도 많은 사람이 붐비는 숙소나 장소를 찾아가기보다는 독자적인 공간을 보유한 숙소에 머무르거나 가급적 한적한 장소로 여행지를 제한하여 혹시 모를 코로나19 감염과 확진을 피하도록 해야 합니다.

규칙적인 생활로 불면증 걱정 끝!

"어젯밤에 잠을 거의 못 잤어."

"진짜? 왜?"

"똑바로 누우면 허리가 아프고, 속은 안 좋고, 화장실에 자꾸 가느라 한숨도 못 잤지. 자기는 그런 줄도 모르고 잘 자더라?"

"아, 그랬어?"

"이래서 임신하면 얼마나 고생하는지 남편들이 좀 알아야 해. 얼마나 힘든지 전혀 몰라."

임신부들이 겪는 고통 중에 수면장애는 커다란 부분을 차지합니다. 임신 초기 3개월 동안에는 프로게스테론의 증가로 평소보다 나른하고 피곤하여 수면 시간이 평소보다 2~3시간 정도 늘어나는 등 수면 패턴 변화가 생길 수 있습니다. 반면, 소변을 자주 보게 되고 가슴 통증도 생겨 밤에 깊은 잠을 자는 것이 힘들어지기도 합니다. 더구나 임신 초기에 입덧이 심하면 숙면을 취하기가 더욱 어렵고, 그러다 보면 낮잠이 늘기도 합니다. 하지만 임신 기간 중 겪는 수면 장애는 임신 6개월 이후부터 배가 불러오고 몸이 불편해지면서 불면증과 수면 무호흡증, 코골이 등을 겪는 경우가 대부분입니다.

임신 중 불면증을 극복하려면

임신 중 불면증이 잘 나타나는 이유는 태아가 커지면서 자궁이 주변의 다른 장기들을 누르게 되면서 눌린 장기로 인해 다양한 신체 변화가 발생하기 때문입니다. 가령, 자궁이 커지면서 위와 장 같은 소화기계와 방광 등의 비뇨기계를 눌러 소화장애와 화장실을 자주 가는 증상을 겪게 되면서 잠을 설치게 되는 것이지요. 임신 후반기로 갈수록 늘어난 몸무게, 출산에 대한 불안, 육아에 대한 심리적 걱정들이 심해지면 잠을 못 자는 요인으로 작용하기도 합니다.

하지만 불면증이 있다고 해서 임신 중 수면 보조제 복용은 추천하지 않습니다. 자다가 깨더라도 잠을 자야 한다는 강박관념이나 스트레스를 받지 말고 차분하게 책을 읽거나 음악을 들으면서 편안한 마음으로 수면을 유도하는 편이 더욱 좋습니다. 만일 잠을 못 자서 낮에 너무 피곤하다면 밤에 숙면을 방해하지 않을 만큼 가벼운 낮잠을 자는 정도만 권합니다.

불면증을 호소하는 많은 임신부들이 엄마가 잠을 못 자면 태아도 잠을 못 자는 것이 아닌지 궁금해하고 걱정합니다. 심지어 태아의 수면에 너무 신경을 써

압박과 불안감까지 느끼는 경우도 종종 있습니다. 하지만 태아는 엄마의 수면 패턴과는 다르게 24시간 동안 자기 마음대로 잠을 자고 깹니다. 그래서 엄마가 불면증을 겪는다고 해도 크게 걱정할 필요는 없습니다. 다만, 엄마가 잠을 잘 못 자 컨디션이 안 좋고 피곤하면 태아에게 좋은 영향을 미치지 못하니 불면증을 극복해 좋은 컨디션을 유지하는 것이 좋습니다.

임신 중 숙면을 위한 생활 습관

임신 중에도 규칙적으로 기상과 취침 시간을 지켜 정상적인 신체 리듬을 유지하는 것이 건강에 좋습니다. 아침과 오후에는 햇볕을 쬐는 등 가벼운 운동으로 활동량을 늘리고, 자기 전에는 피로 회복과 혈액순환을 위해 목욕이나 족욕을 추천합니다. 또한, 다리 저림을 방지하기 위해 간단한 스트레칭을 하고 잠을 잘 때 옆으로 돌아누워 자는 것은 혈액순환을 원활하게 해주고 피로 회복에 도움이 됩니다. 옆으로 누워 자는 자세는 코골이를 완화하고 태아에게 산소 공급도 원활히 할 수 있다는 점에서 추천합니다. 수면 중 허기를 느끼지 않도록 자기 전 약간의 간식을 섭취하거나 숙면을 유도하는 차를 마시는 것도 도움이 됩니다.

불면증이 있으면 가장 먼저 핸드폰 이용을 줄이는 것이 좋습니다. 액정이 방출하는 블루라이트가 멜라토닌 배출을 방해해 수면을 방해하기 때문입니다. 되도록 잠들기 1시간 전부터는 핸드폰을 내려놓고 수면을 준비하도록 합니다. 또한, 숙면을 위한 분위기를 조성하기 위해 침실 조명은 어둡고 따뜻한 것으로 바꾸는 것도 추천합니다. 밤중에 화장실을 가려고 자주 깬다면 자기 전 물이나 음료 섭취를 피하고 미리 화장실에 갔다가 잠자리에 드는 것이 좋습니다. 카페인은 커피와 차, 음료 외에도 초콜릿과 두통약 및 감기약에도 들어 있으니 불면증이 있다면 숙면을 위해 복용을 줄이는 것이 좋습니다.

예비 부모를 위한 TIP

적당한 일광욕과 마사지로 불면증을 극복하자 ✏️

불면증이 심하다면 반신욕이나 스트레칭을 하거나 검증된 업체를 통해 임신부 마사지를 받는 것이 도움이 되기도 합니다. 마사지는 혈액순환 활성화와 함께 어깨와 허리 통증을 감소시켜주고, 스트레스 완화, 체내 대사 작용과 순환 촉진 등의 효과가 있습니다. 또한, 낮에 적당한 햇볕을 받으면 몸에서 비타민D와 세로토닌이 생성되는데 이 물질들은 수면을 유도하는 멜라토닌 분비에 관여합니다. 이처럼 적당한 일광욕은 숙면에 도움이 되므로 낮 시간에 신체에 무리가 되지 않을 정도의 가벼운 산책을 하는 것을 권합니다.

걷기 운동은
원활한 출산에 좋아요

"요즘 체중이 너무 늘어서 고민이네."

"그러게, 체중이 늘면 나중에 출산할 때도 힘들 텐데. 걷기 운동이라도 좀 하자."

"사실 요즘은 조금 걷는 것도 벅차. 분명히 내 몸인데 이렇게 불편할 줄은 몰랐어. 한번 움직이는 게 쉽지가 않아."

"그래도 운동은 필요해. 체중도 체중이지만 운동을 좀 해야 나중에 회복도 빠르잖아. 요즘 보니까 임산부 요가나 필라테스도 많이들 하던데 그런 것 좀 알아볼까?"

"주위에 한번 알아볼게. 먼저 둘 다 시간 되는 저녁에 같이 30분이라도 매일 걷자."

임신 중에는 꾸준한 운동이 꼭 필요합니다. 하지만 몸이 무거워지고 불편해지면서 운동을 미루게 되는 경우가 많습니다. 임신 중 규칙적인 운동은 근육과 관절, 인대 등을 튼튼히 해주고 꾸준히 자극해 원활한 출산에 도움이 됩니다.

최근에는 임신부를 대상으로 한 퍼스널 트레이닝이나 요가, 필라테스 수업도 많은 편이니 자신의 선호에 따라 선택해 운동을 꾸준히 하는 것이 좋습니다.

임신 중 꾸준한 운동이 중요한 이유

임신 중 운동은 임신부와 태아에게 많은 이점이 있습니다. 임신부가 꾸준히 걷기 운동을 하면 혈액순환이 원활해지고 임신으로 인해 생기는 요통이나 변비를 예방할 수 있습니다. 또한, 폐활량이 늘어나 복식호흡이 가능해지면서 출산 시 통증을 줄일 수도 있습니다. 엄마가 운동을 하면 태아가 들이마시는 산소량이 2~3배 정도 늘어나면서 태아에게 충분한 산소가 공급되어 성장과 뇌 세포 활성에 도움을 줄 수 있습니다. 또한, 출산 예정일이 다가올 무렵 바른 자세로 걷기 운동을 꾸준히 하면 자궁 입구가 조금씩 열리고, 태아의 얼굴이 골반 쪽으로 자연스럽게 내려와 순조로운 출산에도 도움이 됩니다.

걷기 운동을 할 때는 자세를 바르게 해야 효과가 있습니다. 임신 중기에 접어들어 배가 불러올수록 상체가 무거워져 뼈와 근육에 무리가 가기 쉽기 때문에 올바른 자세로 걷는 것이 중요합니다. 걸을 때는 키가 커진다는 느낌으로 등을 꼿꼿하게 하고 고개를 바로 세우며 시선은 7~10m 전방을 바라봅니다. 걸을 때는 팔을 크게 흔들지 말고 어깨에 힘을 빼고 자연스럽게 걸으면서 몸의 균형을 잡습니다. 이때 가슴과 등을 똑바로 펴야 허리를 보호할 수 있습니다.

임신 시기별 걷기 주의 사항

걷기 운동 시작 전후로 간단한 스트레칭을 실시해 몸을 풀어주는 것이 좋습니다. 걸을 때는 신체에 미치는 충격을 최소화하도록 내딛는 발의 뒤꿈치부터 땅에 닿도록 해야 합니다. 임신 초기에는 일반 워킹화를 신어도 무난하지만, 중기 이후에는 배의 무게 때문에 몸이 앞으로 쏠리는 것을 막기 위해 뒷굽이 낮고 쿠션이 있는 운동화를 착용하는 것을 권합니다. 임신부 전용 워킹화를 이용하는 것도 좋습니다. 이와 같은 기능성 신발은 자세 교정은 물론이고 보행 시 땅에서 전달되는 충격을 완화시켜주기 때문에 임신부의 무릎 관절과 배 속 태아를 보호할 수 있습니다. 너무 덥고 습한 날에는 야외에서 숨이 차도록 걷지 않아야 합니다.

임신부는 공복 상태로 운동을 하지 않아야 합니다. 걷는 도중에는 수시로 물을 마시고 휴식을 취해야 합니다. 여름에는 땀을 잘 흡수하는 옷을, 겨울에는 보온이 잘되는 편한 옷을 입고 운동할 것을 추천합니다. 만약 평소 운동을 자주 하지 않는 편이라면 시작부터 무리하지 않아야 합니다. 처음에는 느리게 15분 정도 걷는 것으로 시작해서 점차 시간을 늘려 30분 정도씩 걷는 등 운동 패턴에 적응하고 난 이후부터 운동 강도를 높이는 것을 추천합니다. 배가 불러올수록 넘어질 위험이 크니 자신의 몸 상태에 맞춰 문제가 되지 않을 정도의 시간과 강도로 걷는 것이 좋습니다.

출산 후 체중 관리

출산 후 체중 관리도 중요합니다. 개인마다 차이가 있겠지만 임신을 하면 평균적으로 12~13kg 정도 체중이 증가합니다. 출산 후에는 임신 중 늘어난 체중이 서서히 빠지는데 처음 한 달 반 정도가 지나면 7~8kg 정도가 빠집니다. 출산 후 3개월 정도가 지나면 보통 임신 전 몸무게보다 3~5kg 정도 더 나가는 체중이 됩니다. 만일 출산 후 6개월이 지났는데도 임신 전의 체중으로 돌아가지 않는다면 모체가 임신으로 늘어난 체중을 유지하려는 경향이 생겨 체중 감량이 어려워집니다. 그렇기 때문에 출산 후 6개월이 되기 전에 꾸준한 운동을 통한 체중 감량을 하는 것이 좋습니다.

예비 부모를 위한 TIP

임신 주기별 걷기 방법 ✏️

- **임신 초기(~14주):** 이 시기에는 늘 유산을 조심해야 합니다. 그렇기 때문에 산책을 할 때는 보폭을 줄이고, 넘어지지 않도록 천천히 걷는 것이 좋습니다. 한 번에 무리하게 걷기보다는 매일 꾸준히 20~30분씩 걷는 것을 추천합니다.
- **임신 중기(15~27주):** 태아의 착상이 완전하게 이루어져 임신 기간 중 가장 안정된 시기입니다. 임신 초기보다 운동량을 늘려 하루 30분 이상 지속적으로 걷는 것이 좋습니다. 운동 시간은 최대 1시간을 넘기지 않는 것을 추천합니다. 걷기 외에도 평소에 하던 운동(요가, 필라테스 등)이 있다면 병행하는 것도 좋습니다.
- **임신 후기(28~40주):** 늘어난 체중과 볼록해진 배로 인해 균형을 잃기 쉽기 때문에 이 시기에 운동을 할 때는 넘어지지 않도록 조심해야 합니다. 걷다가 배가 당기거나 통증이 느껴지면 그대로 멈추고 휴식을 취하는 것이 좋습니다.

- **출산 후:** 출산 후 운동은 개인의 회복력에 따라 시작하는 시기가 결정됩니다. 만약 자연분만을 했고 회복이 잘되고 있다면 출산 후 며칠 이내에 가벼운 걷기나 스트레칭 정도는 해도 괜찮습니다. 물론 산욕기(출산 후 6주간)에는 몸을 회복하는 것이 최우선이므로 가벼운 운동만 하는 것을 권합니다. 제왕절개를 했을 경우에는 수술 부위에 무리가 가면 안 되기 때문에 좀 더 주의를 기울여 운동을 시작해야 합니다. 수술 부위에 자극이 갈 만한 운동은 출산 후 6주 이후부터 하는 것이 좋습니다.

한의학에서 말하는 임신 중 감정

한의학에서는 인간의 감정을 기쁨, 노여움, 근심, 걱정, 슬픔, 두려움, 놀람 등 '희노우사비공경喜怒憂思悲恐驚'의 7가지로 나눕니다. 그리고 이 감정의 정도가 과하거나 부족하면 신체에 직접적인 영향을 미쳐 몸의 증상이 나타난다고 봤습니다. 특히 임신 중에는 엄마의 감정이 태아의 성장과 건강에 영향을 미칠 수 있기 때문에 더욱 조심해야 합니다.

즐거운 생각喜을 가져야

엄마의 기분이 좋고 행복하면 기氣의 순행이 화평해지고 혈血의 순환도 원활해집니다. 혈액순환이 잘되면 태아에게도 원활한 기혈이 공급되어 아이가 안정되고 잘 자라게 됩니다. 임신 중인 엄마가 평소보다 자신과 태아의 건강을 위해서 즐겁고 행복한 생각을 많이 해야 하는 이유입니다.

분노怒는 조절해야

노여움은 기운을 위로 치솟고 역상逆上하게 하여 두통, 구토, 눈의 충혈을 일으키고, 심한 경우에는 기절까지 하게 만듭니다. 아이를 임신한 엄마가 화를 조절하지 못하거나 지속적인 분노 상태에 있다면 심한 경우 유산을 하거나 아이에게 태열이나 만성 변비 등의 질환이 있을 수 있습니다.

근심憂, 걱정思도 피해야

근심이 많으면 기가 맺히고 정체하게 되어 태아의 움직임이 작아지고 아이가 약하게 태어날 수 있습니다. 또한, 걱정이 너무 많으면 식욕이 떨어지거나 음식을 잘 먹지 못하는 등 소화기를 상하게 할 수 있습니다. 이로 인해 태아 역시 충분한 영양 공급을 받지 못해 성장 발달에 좋지 않은 영향을 받을 수 있습니다.

슬픔悲이 넘치지 않도록

슬픈 감정이 있으면 기가 가슴속에서 흩어지지 못하고 막히게 됩니다. 또한, 원기元氣가 손상되고 다른 장기를 상하게 할 수 있습니다. 슬프거나 비관적인 생각, 낙심하거나 좌절하는 생각은 불면증, 신체 변화, 의욕 상실 등의 증상으로 이어질 수 있으며 태아가 저체중아로 태어나거나 발달장애, 태아 기형 등의 위험이 높아질 수도 있습니다.

두렵거나恐 놀라지驚 않도록

두려움은 정精을 상하게 하고 기를 밑으로 꺼지게 하여 출생 후 아이가 겁이 많고 성장이 지연될 수 있습니다. 임신부가 놀라게 되면 기가 어지럽혀져 심계항진이 나타날 수 있고, 출산 후 태아에게서 경련성 질환이 나타날 가능성도 있습니다.

Part

2

출산

순산으로 만날
건강한 아이를 위해

내 아이를 만나는
여러 가지 방법들

"여보, 자기는 자연분만 할 거지?"

"일단 예정일까지 기다려보고 되도록 그러고 싶어. 하지만 아이의 머리가 크거나 진통할 때 아기가 힘들어하는 위험한 경우가 생기면 어쩔 수 없지."

"아, 그럼 수술하게 되는 거지? 자연분만이 더 좋긴 할 것 같은데……"

"자연분만이 회복도 빠르고 둘째도 낳을 생각을 하면 더 나을 순 있는데, 수술이 무조건 나쁜 건 아니야. 가장 중요한 건 태아와 산모 모두의 안전이니 자연분만을 시도하되 여러 가능성을 생각하고 있는 게 좋아."

임신 후반기가 되면 출산에 대한 불안감과 두려움 등이 생기게 됩니다. 자연분만이 좋을지, 제왕절개를 하는 것이 좋을지, 만일 자연분만을 시도한다고 해도 성공할 수 있을지 걱정됩니다. 물론 자연분만은 출산 후 회복이 상대적으로 빠르며, 통증도 덜하다는 장점이 있긴 합니다. 둘째도 계획 중일 경우 첫아이를 제왕절개로 낳으면 둘째도 대부분 제왕절개를 해야 하기 때문에 첫 출산일 때는 자연분만을 선호하기도 합니다. 하지만 이런 장점도 산모와 태아의 건강과 안전보다 우선이 될 수는 없습니다. 따라서 출산 방법은 출산이 임박한 상황에서 산모와 태아의 상태를 살펴보고 무엇이 적합한지 판단해서 선택되어야 합니다.

제왕절개는 무조건 나쁠까?

제왕절개는 난산이나 골절 등 여러 가지 위험성으로부터 안전하다는 장점이 있습니다. 실제로 골반이 좁거나 다른 의학적인 위험성 때문에 혹은 안전을 위해 일부러 제왕절개를 선택하는 산모도 적지 않습니다. 고위험 산모이거나 질병이 있는 경우, 태아가 자궁 내 거꾸로 위치한 역위인 경우, 자연분만 진행 중 태아의 심박동이 떨어지거나 위험성이 발견된 경우에는 제왕절개를 하는 것이 맞습니다. 즉, 무조건 자연분만을 고집할 것이 아니라 태아의 상태와 산모의 건강, 안전한 분만을 최우선으로 두고 그에 맞는 최선의 방법으로 출산해야 합니다.

대안분만의 종류

자연분만이나 제왕절개의 출산 방식에서 벗어난 방법을 '대안분만'이라고 합니다. 가끔 연예인들이 했다고 소개되는 수중분만을 비롯해 르봐이예 분만, 소프롤로지 분만 등이 대안분만에 속합니다. 최근에는 의사의 개입을 최소화하는 자연주의 분만도 대안분만 방법으로 소개되고 있습니다. 수중분만은 태아가 있던 양수와 비슷한 환경을 만들어 아이가 충격과 스트레스를 덜 받으며 태어나도록 하는 분만법입니다. 르봐이예 분만은 자궁 환경과 비슷한 환경에서 아이를 출산하자고 주창한 프랑스 산부인과 의사인 르봐이예 박사가 제안한 분만법입니다. 소프롤로지 분만은 임신 초기부터 명상과 호흡법 훈련을 지속적으로 함으로써 출산 시 통증과 진통을 최소화하며 아이를 출산하는 분만법입니다. 최근 관심을 받고 있는 자연주의 분만은 약물이나 의사의 개입을 최소화해 자연에 가까운 상태에서 아이를 출산하고자 하는 분만법입니다.

대안분만은 산모와 태아에게 안전하고 편안한 분만이 무엇일까 하는 고민에서 시작됐습니다. 하지만 우리나라에서는 아직까지 대안분만 방식이 대중적이지는 않습니다. 대안분만 시 위급상황 대처법, 효과, 방법 등에 대한 사례나 연구가 부족한 것이 가장 큰 원인입니다. 실제로 수중분만이나 자연주의 분만을 시도하다가 산모나 태아에게 위험한 상황이 생겼을 때 대처에 어려움을 겪어 문제가 발생한 사례가 있습니다. 또한, 대안분만을 수행할 숙련된 인력도 부족하여 시행하는 병원이 많지 않고, 시행한다고 해도 비용이 많이 드는 편입니다.

이러한 단점에도 불구하고 산모가 분만실에서 느끼는 불편한 감정과 두려움이 생각보다 크고, 의료진의 개입과 처치가 환자로서 존중받지 못한다는 감정을 느끼게 하는 점 등이 대안분만에 대한 관심으로 이어지는 것이 아닐까 합니다. 또한, 자연분만이나 제왕절개 등이 이루어지는 환경이 갓 태어난 아기와 교감하거나 산모가 최대한 편안함을 느끼며 출산하기에 역부족인 이유도 하나의 원인일 것 같습니다. 출산 시 가장 우선시되는 가치는 산모와 태아의 안전인 만큼 아직까지 대안분만이 활발하지는 못하지만 대안분만이 관심을 받는 이유에 대해서는 제고해볼 필요가 있습니다.

무통분만, 아이에게 안전할까?

무통분만은 출산 전 산모들이 가장 궁금해하는 주제 중 하나입니다. 무통분만은 마취제를 경막외로 주입하여 출산 시 통증을 줄여주는 분만법으로 출산의 진행을 돕기 위한 촉진제 역할을 합니다. 하지만 무통분만 시 투여되는 마취제로 인해 자연스럽게 분비되어야 할 옥시토신의 분비가 떨어지고 골반 근육이 이완되어 자연스러운 진통을 방해한다는 주장도 있습니다.

그럼에도 불구하고 출산 시 겪는 산모의 통증이 너무 크기 때문에 많은 병원에서 무통주사를 실시하고 있으며 출산 과정에서 크게 문제가 되는 경우도 많지 않습니다. 약간의 우려되는 지점은 있지만 산모가 느끼는 커다란 고통을 가족들이 무조건 참으라고 요구하는 것이 맞는지 모르겠습니다. 어떤 시술이나 수술도 약간의 우려와 위험성이 존재하므로 산모의 상태와 생각, 전문 의료진의 판단하에 무통분만 시행 여부를 선택하는 것이 좋습니다.

출산 일자 자가 계산법 🖊

- 출산 예정일은 마지막 생리 시작일을 기준으로 280일 이후가 됩니다. 그러나 생리 날짜가 부정확하거나 주기가 일정하지 않은 경우가 많기 때문에 실제로는 임신 초기 산부인과에서 초음파로 태아를 확인한 후 태아의 크기로 임신 주수를 확인하고, 이를 바탕으로 출산 예정일을 정합니다.

- 출산 예정월은 마지막 생리를 한 달에서 +9 혹은 -3을 합니다.

- 출산 예정일은 마지막 생리를 한 첫날에 +7을 합니다.

- 가령, 1월 1일이 마지막 생리를 한 첫날이라고 한다면 여기에 280일을 더한 10월 8일이 출산 예정일이 됩니다. 구체적으로는 1월+9=10월, 1일+7=8일이 됩니다.

- 애플리케이션이나 포털의 출산 예정일 계산기를 사용하면 간단히 날짜를 입력하는 것만으로도 출산 예정일 산출이 가능합니다.

가진통과
진진통 사이

"자꾸 수축이 오는 것 같은데, 이거 진통 시작하는 거 아냐?"

"몇 분 간격인데?"

"아, 그게 규칙적이지는 않은 것 같아."

"그럼, 아직 아닌가 보네. 가진통인가 봐."

"점점 날짜가 다가오니 진통이 언제 시작될지 계속 불안해. 아무래도 간격도 불규칙하고 긴 걸 보니 아직은 아닌가 봐."

임신부는 임신 37주 이상을 넘긴 막달이 되면 언제 갑자기 출산을 하게 될지 몰라 긴장감이나 불안감을 갖게 됩니다. 출산이 다가오면 여러 가지 신체 증상도 나타납니다. 무엇보다 막달이 되면 배가 2~3분 정도 단단하게 뭉쳤다 풀리면서 아픈 증상이 하루에도 수차례 나타날 수 있습니다. 태아가 점점 아래쪽으로 내려오면서 위를 누르는 압박이 줄어들어 소화가 잘되는 느낌이 들기도 합니다. 반면, 태아가 아래쪽으로 내려오면서 방광을 누르게 되어 소변이 자주 마렵기도 하고 허리가 아프기도 합니다. 살짝 이슬이 비치기도 하고 배가 규칙적으로 아파오면서 진통이 시작되는데 이런 증상이 나타나면 출산이 임박했다는 신호입니다.

가진통과 진진통 구분법

진통은 분만 전에 자궁경부가 얇아지고 열리기 위해 나타나는 자궁의 수축 현상입니다. 진통은 분만을 알리는 신호로 진통이 시작되면 이제 분만할 때가 된 것으로 보고 출산 준비를 하게 됩니다. 하지만 진통과 유사한 가짜 진통인 가진통(브락스톤 힉스 수축)을 구별하는 것이 쉽지 않습니다. 브락스톤 힉스 수축은 영국 의사인 존 브락스톤 힉스가 1872년 분만 전 일어나는 수축을 기록한 것으로 일반적으로 막달이 되어서 나타나는 배 뭉침과 통증을 말합니다. 가진통이 일어나면 30~60초, 때로는 2분 정도 배가 조이기도 하는데, 하루에도 수차례 나타나기도 하고 아예 없기도 합니다. 가진통은 간격이 불규칙적이어서 짧은 시간 동안 여러 차례 나타나다가 사라지기도 하고, 1시간에 1~2회 정도 배가 뭉쳤다가 사라지기도 합니다. 이런 가진통은 진통 강도도 약하고 자궁경부가 열리는 데 영향을 주지 않습니다. 실제 분만을 위한 준비 과정으로 여겨져서 '연습 수축'이라고도 부릅니다.

반면, 분만의 시작을 알리는 진진통은 규칙적으로 나타나며 그 주기도 점점 짧아집니다. 15분 간격에서 12분 간격, 10분, 7분, 5분…… 이런 식으로 규칙적이면서도 그 주기가 점점 짧아져 이윽고 2~3분 간격으로 통증이 오는 시점까지 이릅니다. 또한, 진통의 강도도 점차 세집니다. 진통이 규칙적으로 오면서 주기가 점점 짧아져 5분 간격으로 나타나면 입원을 하러 가야 합니다. 가진통과 진진통을 구별하는 가장 중요한 포인트는 규칙성입니다.

이슬과 양막파수

분만이 가까워지면 자궁문이 열리면서 소량의 혈액과 분비물이 나옵니다. 붉기도 하고 갈색으로 보이기도 하는, 혈액이 섞인 끈적한 분비물을 이슬이라고 합니다. 보통 이슬이 비치면 진통이 가까워졌다고 봅니다. 이슬은 피가 살짝 비치는 정도여야 하는데, 만일 많은 양의 피가 비친다면 전치태반이나 태반조기박리 같은 다른 이유로 인한 출혈일 수 있으니 반드시 병원을 방문해서 확인해봐야 합니다.

양막파수 역시 분만을 나타내는 징후인데 태아를 싸고 있던 막이 파열되면서 그 안에 있던 양수가 흘러내리는 현상입니다. 속옷이 젖을 정도로 소량이 나오기도 하지만, 다리를 타고 흘러내리기도 합니다. 대부분은 양막파수가 되면 시간이 지나면서 진통이 뒤따르게 됩니다. 양막파수가 되면 대개의 경우 감염의 위험이 있어 일정 시간 내에 예방적 항생제를 투여해야 합니다. 따라서 양막이 파수되면 병원에 바로 내원해야 합니다.

임신 중 급하게 병원을 가야 하는 경우 ✏️

- **태동 감소:** 막달에는 정상적으로도 태동의 강도가 약해질 수 있습니다. 그렇지만 태동 감소가 너무 오랫동안 이어지면 반드시 병원에 가야 합니다. 태아의 원래 움직임을 10점으로 했을 때, 7~8점 정도의 움직임은 괜찮다고 볼 수 있으나 5점 이하로 줄어든 상태가 계속되면 주의해야 합니다. 태동 감소가 느껴지면 우선 엄마가 사탕 등 단 것을 먹어보고 태아의 움직임을 지켜봅니다. 이윽고 괜찮아지면 향후 태동을 지켜봐도 되지만, 그런 자극에도 태동의 변화가 없다면 태아에게 나타난 위험 신호일 수 있으니 급히 병원에 내원하여 검사받도록 합니다.

- **출혈:** 임신 막바지에 이슬이 비치는 것은 자연스러운 징후입니다. 하지만 이슬과 달리 많은 양의 출혈이 보인다면 즉시 병원으로 가야 합니다. 출혈은 태반조기박리나 전치태반 등 응급하고 위험한 경우에 나타나기 때문입니다. 시간을 지체할 경우 임신부와 태아 모두 위험해질 수 있으니 바로 병원에 가도록 합니다.

- **배 뭉침이 풀리지 않는 경우:** 일반적으로 정상적인 배 뭉침은 2~3분 정도 지속된 후 자연스럽게 풀리게 됩니다. 그러나 배가 뭉친 후에 풀리지 않고 지속되면 일반적으로 굉장한 통증이 동반됩니다. 이것은 태반조기박리를 의심할 수 있는 증상으로 빨리 병원으로 가서 태동이 괜찮은지 살펴야 합니다.

- **태반조기박리:** 태반조기박리胎盤早期剝離, Placental abruption는 태아보다 태반이 먼저 떨어지는 질환을 말합니다. 태반은 태아가 분만되고 난 뒤에 떨어져야 하는데 태아가 아직 분만되기 전에 태반부터 먼저 떨어져나가면 태아와 산모가 위험해질 수 있습니다. 태반조기박리의 가장 큰 증상은 갑작스러운 큰 통증과 출혈입니다. 하지만 출혈이 자궁 안에서 발생하고 자궁 안에 피가 고여 있으면 출혈이 일어난 것을 육안으로는

알지 못하는 경우가 생길 수 있는데, 이때는 주로 심한 통증을 주 증상으로 병원을 방문하게 됩니다. 태반조기박리를 빨리 발견하지 못하거나 제때 대처하지 못하면 태아가 사망에 이를 수도 있으며 산모도 출혈로 인해 생명이 위태로울 수 있습니다.

- **전치태반:** 태반은 자궁의 위쪽에 있거나 자궁 입구에서 떨어져 있어야 하고 태아의 머리나 둔부는 자궁 입구에 있어야 합니다. 전치태반前置胎盤, Placenta previa은 말 그대로 자궁 입구(자궁경부)에 태반이 위치해 있는 경우를 가리킵니다. 전치태반 역시 출혈이 주요 증상입니다. 통증이 없는 경우가 많고 임신 중기 이후에 초음파를 통해 미리 진단되는 경우가 많습니다.

너무 빨리 혹은
너무 늦게 태어난 아이

"선생님, 예정일이 다음 주 월요일인데 그때쯤에는 소식(진통, 양막파수 등 분만 임박 증상)이 오겠죠? 예정일이 다 되어가는데 아무 소식이 없으니 불안해요."

"일단 기다려봐야죠. 예정일 전후로 소식이 오는 경우가 많으니까요. 하지만 주구장창 기다릴 수는 없으니 유도분만을 해야 할 수도 있어요. 만삭 전에 태어난 아이를 조산아라고 부르는 것처럼, 42주 넘어서 태어나는 아이는 과숙아라고 부르거든요. 과숙아도 태아의 위험성이 증가해요. 또 태아가 너무 커지면 자연분만이 어려울 수도 있으니 그때 상황을 한번 보고 결정할게요."

아이가 예정일에 맞춰서 태어날지, 그보다 먼저 태어날지는 알 수 없습니다. 그렇기 때문에 출산 예정일이 다가오면 임신부와 가족들은 임신부의 상태에 주의를 기울이게 되고 언제 출산 신호가 나타날지 살피면서 긴장하게 됩니다.

우리 부부의 경우도 첫째는 예정일에, 둘째는 예정일 다음 날, 셋째는 유도분만으로, 넷째는 예정일 전에 태어났습니다. 말 그대로 출산일은 예정일이 있긴 하지만 사실상 예측 불허입니다.

조산아

조산아는 '미숙아'라고도 부르는데 임신 20~37주 미만 사이에 태어난 아이를 말합니다. 여기서 중요한 기준은 임신 주수입니다. 반면, 출생 주수와 상관없이 출생 당시 체중이 2.5kg 미만인 경우에는 '저체중 출생아'라고 구분하여 부릅니다. 하지만 저체중 출생아의 대부분은 조산아인 경우가 많기 때문에 이들을 통틀어 '이른둥이'라고 부르기도 합니다. 조산아들은 만삭 신생아에 비해 여러 질병(신생아 호흡곤란 증후군, 신생아 망막병증 등)에 취약합니다. 질병에 노출될 위험성의 정도는 태어난 주수에 좌우되는 경우가 가장 큰데, 이른 주수에 태어난 아기들은 중한 질병이 생길 확률이 높습니다. 그렇기 때문에 조산아의 경우 감염 위험으로부터 예방하고 영양을 충분히 공급하기 위하여 신생아 집중치료실에서 치료를 받는 경우가 많습니다.

일반적으로 출생 당시 체중이 2.5kg 미만인 경우를 저체중 출생아, 1.5kg 미만인 경우에는 극소 저체중 출생아, 1kg 미만인 경우에는 초극소 저체중 출생아라고 합니다. 의료 기술의 발달로 초극소 저체중 출생아의 생존율은 현재 65~83%에 이릅니다. 극소 저체중 출생아부터는 생존율이 95%에 달합니다. 국내 통계에 따르면 한 해에 1.5kg 미만인 극소 저체중 출생아가 3,000명가량 태어난다고 합니다. 2021년에는 임신 24주 차에 288g로 태어난 아이가 서울아산병원에서 신생아 집중치료를 5개월가량 받고 건강하게 퇴원하기도 했습니다.

조산아는 특별한 원인이 없는 경우가 많습니다. 다만, 임신부의 나이가 40세 이상이거나 20세 미만인 경우, 자궁 기형이나 전치태반, 임신성 고혈압, 임신성 당뇨 등을 앓는 고위험 임신부일 경우, 조산아 출산 확률이 높다고 보고 있습니다. 조산아는 태어난 주수에 따라 다르지만 뇌세포가 완전히 성숙되지 못해 뇌 손상이 있을 수도 있고, 혈류 순환이 유지되지 못해 뇌출혈을 겪을 수도 있습니다. 또한, 폐표면 활성제의 부족으로 호흡곤란이 생길 수 있으며 태변 장폐색증이나 괴사성 장염, 미숙아 망막증 같은 문제가 발생할 우려도 있습니다.

미숙아는 스스로 체온조절을 하기 어렵기 때문에 보온을 위해 인큐베이터 안에서 치료를 받게 됩니다. 이때 맥박과 호흡, 산소포화도 등을 주기적으로 체크하고 아이의 상태에 따라 정맥주사로 영양을 공급해주기도 합니다. 호흡에 문제가 있을 경우 폐표면 활성제를 투여하거나 산소를 공급해주기도 합니다.

과숙아

과숙아는 출산 예정일보다 2주 늦게 태어난 아이를 말합니다. 출산 예정일로부터 시간이 너무 많이 지나면 태반 기능이 약해져 태아에게 공급되는 영양분과 산소가 부족해질 수 있습니다. 태아가 태변을 흡입하여 호흡곤란을 겪을 수도 있습니다. 또한, 태아가 너무 커져 자연분만이 어려울 수 있기 때문에 되도록 출산 예정일이 지나면 제왕절개나 유도분만을 고려하는 것이 좋습니다.

유도분만 ✏️

- 유도분만은 산부인과에서 흔히 시도되는 시술 중 하나로 출산 예정일이 지났는데도 출산 소식이 없는 경우 가장 먼저 고려하는 시술입니다.

- 유도분만은 자연적인 진통이 오기 전, 인위적으로 태아를 싸고 있는 양막을 터트리거나 옥시토신 혹은 프로스타글란딘을 투여하여 자궁 수축을 일으켜 분만을 진행하는 방법입니다. 흔히 시행되는 분만법으로 인위적으로 자궁을 수축시키는 것 외에 자연분만과 모든 과정이 똑같이 진행됩니다.

- 양수가 많이 줄어든 경우, 심한 임신중독증 등을 겪는 고위험 임신부인 경우에도 유도분만이 고려됩니다. 출산 예정일이 남았지만 태아가 너무 커질 것이 우려되는 상황에서도 담당 의사와 상의 후 진행합니다.

- 유도분만이 어려운 경우: 자궁 수술을 한 경우, 비정상 태반, 비정상 체위, 태아 곤란증, 거대 태아, 산모의 골반이 맞지 않는 경우

- 유도분만을 시행했으나 출산 진행이 되지 않는 경우, 태아의 심박동이 떨어지거나 산모의 상태가 안 좋아질 경우에는 자연분만을 할 때와 마찬가지로 제왕절개로 분만법을 변경합니다.

알아두면 쓸데 있는
출산 준비물 백과사전

"겉싸개랑 속싸개는 챙겼는데, 또 뭘 챙기지?"

"일단 입원 기간 동안 당신이 사용할 세면도구나 속옷도 필요하지 않아?"

"아, 그렇구나. 아기만 생각하다 보니 나한테 필요한 건 생각도 못했네."

"차근차근 챙겨놓자. 갑자기 입원하게 되면 당황스러우니 준비물은 미리 챙겨놓는 게 좋을 것 같아."

"그래, 카디건도 챙겨야 하고, 개인적인 물통도 필요한 것 같던데."

제왕절개 수술을 예정한 경우에는 입원 전날 준비물을 챙길 수 있지만, 자연분만인 경우에는 갑작스럽게 병원을 가야 할 수도 있기 때문에 출산 입원 준비물을 미리 챙겨놓는 것이 좋습니다. 입원 준비물로 무엇을 준비해야 하는지 막막하다면 걱정하지 않아도 괜찮습니다. 막달에 다니던 산부인과에서 구비해둔 물품도 있고, 입원 준비물 목록을 미리 배부하는 경우도 많기 때문입니다. 그 외에도 퇴원 후 아이가 집에서 사용하게 될 물건들도 미리 준비해놓으면 좋습니다. 신생아에게 필요한 물품을 미리 구비해두어 아이를 집에 데리고 왔을 때 당황하지 않도록 합니다.

출산 입원 준비물

내의, 양말, 카디건

산모는 출산 후 몸이 지치고 기운이 없는 상태에서 오한을 느끼기도 합니다. 따라서 몸을 따뜻하게 해주는 내의, 양말 등이 필요합니다. 여름이라고 하더라도 병원에서 에어컨을 틀기 때문에 따뜻한 옷이 필요합니다. 산모가 병원 복도를 왔다 갔다 할 때 추위를 탈 수 있으므로 카디건 역시 꼭 필요합니다.

속옷, 패드, 수유 브라

속옷은 사이즈가 큰 것으로 준비합니다. 출산 후 분비물 처리에 대비해 패드도 준비합니다. 수유 브라는 모유 수유를 바로 하면 되므로 꼭 필요한 물품은 아니지만 준비해두면 편리합니다. 또한, 수유 패드도 준비해두면 모유가 흘러내릴 때 도움이 됩니다.

세면도구, 수건, 물티슈, 손거울, 머리끈

입원 기간 동안 사용할 세면도구와 수건이 필요합니다. 출산 직후에는 바로 샤워를 할 수 없기 때문에 물티슈가 있으면 몸을 닦을 때 편리합니다. 머리 감기도 쉽지 않기 때문에 헤어밴드나 머리끈, 손거울도 준비해두면 요긴합니다.

보온병, 물컵, 빨대

출산으로 인해 체내의 수분이 빠져나가면서 목이 평소보다 자주 마르고 입안이 건조해지므로 따뜻한 물을 자주 마셔주는 것이 좋습니다. 하지만 매번 물을 담아오기 위해 탕비실에 가는 일이 번거로울 수 있으니 보온병을 준비하면 좋습니다. 컵과 빨대를 준비하면 물을 마시는 데 도움이 됩니다.

복대, 회음부 방석, 손목보호대, 압박스타킹

제왕절개를 한 경우에는 움직일 때마다 배가 아플 수 있기 때문에 복대를 준비하면 좋습니다. 복대는 배꼽 아래로 조여서 사용해야 효과가 있습니다. 반면, 자연분만을 한 경우에는 회음부 방석이 필요합니다. 자연분만 시 회음부 절개를 하는데 이로 인해 출산 후 많은 산모들이 회음부 통증을 경험합니다. 앉아 있는 자세일 때 바닥에 회음부가 닿으면 통증이 격심해지므로 회음부 방석을 써서 통증을 줄이는 것이 좋습니다. 또한, 출산 후 손목이 유난히 아프다거나 다리의 부기가 빠지지 않아서 아프다면 손목보호대나 압박스타킹을 착용하는 것을 권합니다.

그 외 준비물

산모 수첩을 잊지 말고 챙겨놓습니다. 며칠간 병원에서 지내야 하므로 휴대폰 충전기도 필요합니다. 또한, 코로나19 감염 예방을 위해 여분의 마스크나 손 소독제 등 개인 위생용품도 챙기는 것이 좋습니다. 수유 쿠션이나 산모용 방석은 경우에 따라 필요합니다. 대부분의 병원에서 수유 쿠션과 산모용 방석을 제공하지만 감염의 위험 등으로 제공하지 않는다면 개인적으로 준비하는 것이 좋습니다.

예비 부모를 위한 TIP

신생아 물품 준비하기 ✏️

- **배냇저고리:** 퇴원할 때 필요합니다. 아이에게 배냇저고리를 입힌 후 속싸개와 겉싸개 순서로 아이를 감싸줍니다.
- **속싸개:** 속싸개는 출산 후 초기에 아이를 단단히 감싸놓는 커다란 천으로 아이가 자궁 내에 있을 때처럼 안정감을 느끼게 도와줍니다. 또한, 아이가 팔을 휘두르다가 놀라거나 손톱으로 자신의 얼굴을 할퀴는 것을 막아줍니다.
- **겉싸개:** 겉싸개는 두툼한 천으로 충격으로부터 아이를 보호해주고 외출 시 방한 효과가 있습니다.
- **손싸개, 발싸개:** 신생아는 체온 유지와 피부 보호를 위해 손발을 감싸줘야 합니다. 속싸개로 잘 감싸 안았다면 손싸개와 발싸개를 생략해도 괜찮습니다.
- **신생아 모자:** 날씨가 추울 때 모자를 씌워주면 신생아의 체온을 유지하고 머리를 보호하는 데 도움이 됩니다.
- **기저귀:** 대부분 신생아실과 산후조리원에서 준비해줍니다. 만일 개인이 준비해야 한다면 미리 구비해둡니다.

손가락 10개,
발가락 10개 확인 그 이후

"태어나자마자 하는 검사에는 어떤 것이 있었지?"

"일단 청력 검사랑 선천성 대사이상 검사 했었던 것 같은데?"

"그럼 유전체 선별 검사는 뭐야? 이것도 해야 되는 건가?"

"그건 선택 사항일 거야. 유전체 검사로 아이가 겪을 수도 있는 앞으로의 질병이나 건강 상태에 대한 정보를 보는 건데, 비용이 따로 들어."

"그러고 보니 선택 검사가 몇 개 더 있었던 것 같은데…… 이것도 다 해야 하나?"

아이가 태어나면 곧바로 먼저 몸무게를 재고 신생아실로 보내져서 손가락과 발가락 개수, 머리 모양, 귀 모양, 항문과 성기 모양, 입 안 검사, 고관절 등 육안으로 확인할 수 있는 기본적인 신체검사를 진행합니다. 그 후 몇 가지 검사를 시행하게 되는데, 신생아 청력 검사, 신생아 선천성 대사이상 검사는 국가가 지원하지만 나머지 검사는 비용을 별도로 부담해야 하니 부부가 상의 후 선택해야 합니다.

신생아 청력 검사

신생아의 청각 발달은 향후 아이의 언어 기능 및 인지 발달, 학습에 매우 중요합니다. 그러나 신생아는 말을 할 수 없어 주로 30개월 전후로 난청을 늦게 발견하는 경우가 많습니다. 하지만 난청이 늦게 발견되면 또래에 비해 발달이 지체될 수 있기 때문에 되도록이면 신생아 시기에 청력 검사를 하도록 하고 청력 이상이 감지됐을 경우, 청각 재활 치료 혹은 인공와우 수술을 하는 것이 좋습니다.

- 검사 시기: 생후 1개월 이내에 합니다.
- 검사 방법: 수면 중에 신생아의 이마나 귀에 전극을 붙여서 특정 뇌파를 확인합니다.
- 검사 비용: 국가 지원으로 무료입니다.

신생아 선천성 대사이상 검사

선천성 대사이상은 탄수화물이나 단백질, 지방 등의 대사에 관여하는 효소가 부족해 우유나 음식이 제대로 대사되지 못해 몸속에 대사산물이 쌓여 지능

장애, 신장장애, 간장애 등을 일으키는 질환입니다. 조기에 발견하지 않으면 신체적·정신적 장애가 영구적으로 치료되지 않기 때문에 신생아 때 검사를 하는 것을 추천합니다.

- 검사 시기: 생후 7일 이내에 합니다.
- 검사 방법: 신생아의 정맥이나 발뒤꿈치에서 혈액을 채혈합니다.
- 검사 비용: 국가 지원으로 무료입니다.

신생아 유전체 선별 검사

신생아 유전체 선별 검사는 태아가 가진 유전체를 통해 염색체의 이상 유무를 확인하는 검사입니다. 유전체는 인체의 유전 정보를 담고 있기 때문에 발육 부진, 자폐, 간질, 정신지체 등의 질환 여부를 선별할 수 있습니다. 그러나 그 효과와 유효성에 대해서는 아직도 연구 중이며 임상 지침이 마련되어 있지 않습니다. 따라서 유전체 선별 검사는 필수적인 검사는 아니며 부모의 선택에 의해 시행됩니다.

- 검사 시기: 특정 기간 제한이 없습니다.
- 검사 방법: 신생아의 정맥이나 발뒤꿈치에서 혈액을 채혈하거나 출산 시 탯줄에서 채혈합니다.
- 검사 비용: 20~50만 원 상당의 유료 검사입니다.

신생아 선천성 눈 검사

신생아 선천성 눈 검사는 선천적인 눈의 이상이나 망막의 이상 유무를 조기 발견해 적절한 치료와 훈련을 통해 장애를 줄이고자 실시하는 검사입니다.

- 검사 시기: 생후 6개월 이내에 합니다.
- 검사 방법: 검사기기로 안구와 망막을 관찰합니다.
- 검사 비용: 10~20만 원 상당의 유료 검사입니다.

예비 부모를 위한 TIP

신생아 황달

- 일반적으로 신생아의 60~80%가 황달을 겪을 수 있는데, 이를 생리적 황달이라고 합니다. 생리적 황달은 혈중에 빌리루빈이라는 물질이 많아져서 얼굴이 노랗게 되는 질환으로 출생 후 3~4일경에 나타났다가 7~10일경에 저절로 사라집니다.
- 반면, 태어난 지 24시간 이내에 황달이 나타난 경우, 생후 2주 이상 황달이 지속되는 경우 등은 병적인 황달로 이때는 필요시 치료를 받아야 합니다. 만약 빌리루빈이 뇌세포 내에 침착되면 신경학적 증상을 일으키는 핵황달로 발전할 수 있는데 이런 경우 신경계 손상을 일으킬 수 있으므로 주의해야 합니다.
- 주로 청록색 빛을 사용한 광선 치료를 시행하며 광선 치료에도 반응이 없을 경우에는 교환 수혈을 시행하기도 합니다.

< 한의사 아빠의 출산 이야기 >

한의학에서 말하는 산후풍

주변에서 출산 후 두꺼운 옷을 껴입으며 온몸이 시리다면서, 산후풍에 걸렸다고 이야기하는 경우를 적지 않게 봅니다. 산후풍이란 말 그대로 산후에 바람이 불듯 몸 이곳저곳에 나타나는 통증과 다양한 증상을 뜻합니다. 즉, 출산 후 몸조리를 잘하지 못했을 때 여기저기가 다 아프고 낫지 않는 후유증을 나타내는 광범위한 증후군을 통칭하는 것이지요. 실제로 산후풍을 겪는다고 말하는 분들을 살펴보면 큰 관절부터 작은 관절까지 다양한 부위의 통증을 호소합니다. 또한, 시리고 저리다고 표현하는 경우가 많으며 우울 증상을 보이기도 합니다. 이런 증상들은 출산 이후 장기간 호전과 악화를 반복하는 경우가 많은데, 산후풍이 심한 사람은 한여름에도 두꺼운 이불을 덮고 자거나 외출 시에도 코트를 입고 다녀야 할 만큼 이상 증상을 보입니다.

산후풍은 검사로 나오지 않아

현재로서는 병원에서 산후풍이라는 병명을 인정하지 않습니다. 그 대신 갑상선, 류머티즘, 관절염, 신경이나 호르몬 이상 등으로 진단합니다. 하지만 혈액 검사, 엑스레이, 초음파 검사, 호르몬 검사 등에서는 정상으로 나오기 때문에 대부분 스트레스로 인한 정신과적 문제로 설명합니다. 그래서 '산후조리를 잘해야 한다', '찬바람을 쐬지 말아야 한다' 등의 조언은 인정하기 어렵다는 견해입니다.

한의학에서는 산후풍의 원인으로 잘못된 산후 관리와 섭생의 문제를 지목합니다. 산후에 기력이 소모되고 체력이 약해져 있을 때 찬 기운이 몸속에 들어가게 되면 산후풍을 일으킨다고 보는 것입니다. 심각한 산후풍은 추위에 벌벌 떨 때처럼 온몸이 오싹오싹하고 춥고 시린 증상이 나타나는데 이는 찬 기운과 연관된 연유라고 봅니다. 그래서 한의학에서는 출산 후 산후조리를 매우 중요하게 생각합니다.

차가운 것을 멀리하자

얼마 전까지만 해도 출산 후 산모의 산후풍 예방과 빠른 신체 회복을 위하여 차가운 것은 먹지도 못하게 하고 차가운 기운은 멀리하게 했습니다. 머리를 감는 것 역시 한기가 체내로 들어오게 하는 행위로 봐서 출산 후 5일 동안은 머리 감는 것을 금했습니다. 지금이야 그렇게까지는 하지 않지만 옛날에는 지금과 같은 샤워 시설을 갖추거나 따뜻한 실내 온도를 유지하는 일이 불가능했으니 추위를 조심해야 한다는 의미 정도로 받아들일 수 있을 듯합니다. 산후에는 찬 음식 역시 조심하는 것이 좋습니다. 덥다고 찬물이나 찬 음료, 아이스크림, 얼음 등을 무심코 먹는 경우가 있는데 찬 음식은 산후 약해진 소화 기능을 떨어뜨려 장에 탈을 일으킬 수 있으니 되도록 금하는 것이 좋습니다.

찬 바람을 한번 쐬었다고 해서 산후풍에 걸리는 것은 아니지만 찬 바람은 체온조절 능력을 저하시키고, 면역력을 약하게 하여 다른 질환에 걸릴 위험을 높일 수 있습니다. 게다가 임신과 분만 과정을 거치는 동안 관절과 뼈가 늘어난 상황을 고려할 때 찬 바람은 피하는 것이 좋습니다.

산후풍의 증상과 치료

산후풍은 다양한 증상으로 표현됩니다. 산후풍을 앓는 여성들은 '관절 마디마디가 시리다', '뼈가 저리다', '시큰거린다', '뼈마디에서 찬 바람이 나오는 것 같다', '이가 시리다', '허리와 골반이 뻐근하고 아프다', '늘 춥고 한기가 든다' 등 다양한 증상을 호소합니다. 하지만 산후풍은 평생 가는 것이 아니라 적절한 치료가 이루어지면 완치가 가능합니다. 치료가 이루어지지 않으면 출산 후 1년 뒤쯤 다시 재발하는 경우도 있지만, 치료가 잘 이루어지면 다시 재발하지 않습니다.

출산 후 찬 기운이 있는 것은 멀리하며 무리한 동작을 피하고 몸조리를 잘한다면 산후풍을 예방하고 빠르게 몸을 회복할 수 있습니다. 산후풍은 출산 후 우울감이나 스트레스에 의해서도 악화될 수 있으므로 가족 문제나 걱정, 우울감이 있다면 산모가 이를 조절할 수 있도록 주변 사람들이 배려해주는 태도가 필요합니다.

산후풍에는 한약 치료가 효과적

산후풍이 있을 때는 증상에 따라 한약 치료가 효과적입니다. 2010년 대구한의대학교 부속병원에서는 산후풍으로 내원한 환자들의 사례 104건을 분석했는데 그 결과 88%의 환자가 한약 치료 후 호전을 보였습니다. 한약 치료는 환자의 증상에 따라 혈액순환을 돕고 어혈을 풀어주며 혈액을 보충해주는 역할을 해 산후풍에 도움이 될 수 있습니다. 또한, 체표면으로 땀을 배출하고 기혈의 순환을 촉진시켜 사지관절통과 전신근육통 등의 증상을 가라앉혀 산후풍을 치료합니다. 냉감, 오한, 전신관절통, 피로, 부종 등 산후풍의 증상에 따라 보중익기탕補中益氣湯이나 보허탕補虛湯, 생화탕生化湯 등이 도움이 될 수 있습니다.

엄마의 평생 건강이 좌우되는 시점

집 vs. 산후조리원,
그것이 문제로다

"여보, 산후조리원을 가려면 미리 예약해야 되는데 어떡하지?"

"아직 출산까지 많이 남았는데 벌써 생각해야 해?"

"모르는 소리 마. 산후조리원 미리 예약 안 하면 자리 없어서 나중에 못 갈 수도 있어. 그러니 빨리 예약해야 돼. 그런데 어디를 예약할지 모르겠네. 집에서 가까운 데로 하면 되려나?"

"거리도 거리지만 시설에 따라 비용도 서비스도 천차만별일 텐데?"

"그럼 일단 집에서 가까운 데 몇 곳이랑 병원이랑도 연계된 곳이 있을 테니 거기도 한번 문의해보자."

출산 후 산후조리를 어디서 할지를 선택하는 것은 임신부들의 커다란 관심사 중 하나입니다. 먼저 집에서 산후조리를 할지, 산후조리원을 이용할지를 결정한 후, 산후조리원을 이용한다면 어떤 산후조리원을 갈지도 꼼꼼히 따져서 결정해야 합니다. 일반적으로 첫아이를 출산할 때는 편의성 때문에 산후조리원을 많이 이용하지만, 둘째일 경우에는 첫째와 오랜 기간 떨어져 지내야 한다는 사실 때문에 산후도우미를 고용해 집에서 산후조리를 하는 경우도 있습니다. 우리 부부 역시 첫째 때는 산후조리원을 이용했지만, 둘째와 셋째 때는 집에서 산후도우미와 함께 산후조리를 했습니다. 그리고 넷째 때는 다시 산후조리원을 이용했었습니다.

산후조리원, 어떻게 선택해야 할까?

일반적으로 산후조리원은 출산 후 퇴원과 동시에 입소해 상황에 따라 1~3주 (주로 2주) 정도 지내게 됩니다. 미리 예약해두지 않으면 출산 직후 입실할 방을 얻기가 어렵기 때문에 최소 출산 예정일 수개월 전에 예약하는 것이 일반적입니다. 산후조리원은 위치, 시설, 프로그램 등에 따라서 비용이 다양하기 때문에 꼼꼼히 비교해보며 선택할 수밖에 없습니다. 일단 임신부 마음에 드는 몇 군데를 선택한 후, 방문하여 상담을 통해 결정합니다.

가장 먼저 찾아볼 수 있는 곳은 병원 산후조리원입니다. 보통은 산부인과에서 직접 운영하거나 또는 연계된 산후조리원이 있습니다. 병원 산후조리원을 이용하면 대부분 출산한 병원 근처 혹은 같은 건물에 위치하기 때문에 퇴원과 입소를 손쉽게 할 수 있습니다. 또한, 산후조리 기간 동안 틈틈이 병원 검진을 받으러 가거나 아이를 데리고 소아과에 내원해야 할 경우 편하게 방문이 가능합니다. 무엇보다 출산한 병원의 산후조리원을 이용하면 각종 할인 혜택이 있어 비용을 절감할 수 있습니다.

만약 병원에서 직접 운영하거나 연계된 산후조리원이 없다면 집이나 출산한 병원에서 가까운 산후조리원을 먼저 찾아봅니다. 산후조리원이 출산한 병원이나 집에서 너무 멀면 이동이 불편하고 산후 검진을 받으러 내원하거나 급히 짐을 가지러 집에 가야 하는 경우에 어려움을 겪게 됩니다. 또한, 응급 상황 시 긴급한 대처가 가능한 대형병원이 산후조리원 근방에 위치하면 좀 더 안심할 수 있습니다.

산후조리원 시설도 주의해서 살펴봐야 합니다. 방의 위생 상태가 나쁘지 않은지, 화장실이 깨끗한지, 냉장고, 공기청정기, 좌욕기 등이 구비되어 있는지를 살펴봅니다. 식사가 영양을 고루 갖춘 메뉴로 잘 구성되어 있는지, 간식으로는 어떤 것들이 제공되는지도 체크하는 것이 좋고, 입소 기간 동안 제공되는 운동 및 육아 프로그램은 적절한지 등도 알아둡니다. 또한, 신생아를 전담하는 인력은 어떠한지, 전문 인력이 상주하는지, 혹시 아이가 아프면 연계된 소아과로 바로 데리고 가 빠르게 진료를 받을 수 있는지도 확인해두면 산후조리원 선택 시 도움이 됩니다.

산후조리원을 찾아볼 때는 가용 예산을 미리 정해둔 뒤 알아보는 것이 좋습니다. 산후조리원에서 운용하는 프로그램을 이용할 경우 추가 금액이 책정되기도 하는데, 가령 마사지 프로그램은 몇 회에 어떤 구성으로 제공되고 비용이 얼마인지도 꼭 확인해야 합니다. 남편이 산후조리원에서 같이 지내는 것이 가능한지, 남편의 식사가 별도로 제공되는지, 외출이나 면회가 가능한지 등도 산후조리원마다 운영 방침이 다를 수 있으니 꼭 문의해서 알아두어야 합니다.

[산후조리원 선택 시 체크리스트]

1. 위치
- 출산한 병원과 응급 상황 시 대처할 수 있는 대형병원과의 거리 ☐
- 집과의 거리 ☐

2. 산후조리원 시설
- 방의 상태 및 화장실 청결도 ☐
- 구비된 가구(냉장고, 공기청정기, 좌욕기 등) ☐
- 신생아 전문 인력 유무 ☐
- 필요시 빠른 소아과 진료 가능 여부 ☐

3. 비용
- 이용 기간 대비 비용 ☐
- 제공되는 서비스에 비해 적정한 가격인지 여부 ☐

4. 식사
- 식단의 구성 및 간식 ☐

5. 프로그램
- 제공하는 다양한 프로그램(모유 수유 교육, 육아 관련 교육, 운동 프로그램 등) ☐
- 산후 마사지 프로그램 구성 및 횟수, 비용 ☐

6. 그 외
- 남편의 출입 가능 여부 및 식사 제공 여부 ☐
- 면회 규정 ☐

집에서 산후조리를 한다면?

산후조리원에 남편의 방문이 제한되거나 첫째나 둘째 등 다른 자녀가 있는 경우, 혹은 코로나19로 인해 집단생활에 대한 걱정이 있는 경우에는 집에서 산후조리를 하기도 합니다. 산후에는 체력적으로도 지치고 모든 상황이 낯설고 어렵습니다. 첫아이를 출산했다면 혼자서 아이를 돌보는 일에 두려움이 앞설 수도 있습니다. 따라서 집에서 산후조리를 한다면 초기에는 산후도우미나 육아 경험이 있는 가족의 도움을 받아 모유 수유를 하는 자세, 아이를 목욕시키는 방법, 배꼽이 떨어질 때까지 소독해주는 방법 등을 배우도록 합니다. 또한, 산모도 아직 회복이 필요한 시기이기 때문에 모유 수유를 할 때를 제외하고는 바로 육아를 하지 않도록 하여 산모가 자신의 몸을 돌볼 수 있게 해야 합니다.

초보 부모를 위한 TIP

산후조리원, 비쌀수록 좋은 걸까?

TV나 인터넷을 보면 연예인 등이 이용하는 최고급 산후조리원 정보가 올라오곤 합니다. 이런 곳들은 일반적인 산후조리원에 비해 몇 배나 비싸지만 예약하기조차 힘들 정도로 인기가 많다고 합니다. 출산이라는 커다란 일을 겪고 마음과 몸을 추스르기 위해 보다 좋은 곳을 선택하고 싶은 마음은 충분히 이해합니다. 물론 비용이 높을수록 호텔식 식사 및 스파, 양질의 침구 및 부대시설과 서비스를 이용할 수 있는 것은 사실입니다. 하지만 가격이 비싸다고 해서 무조건 나에게 좋은 곳은 아닙니다. 모든 소비가 다 그렇지만, 산후조리원을 선택할 때도 무조건 고가의 산후조리원을 찾기보다는 본인의 성향이나 상황을 고려해 합리적이고 편안한 산후조리원을 선택하는 것으로도 충분합니다.

오로, 젖몸살,
산후우울증

"어제는 너무 아파서 잠을 거의 못 잤어."

"훗배앓이 때문에 아픈 거야? 하진이 때는 안 그랬던 것 같은데. 갈수록 심해지는 건가?"

"분만 횟수가 많을수록 훗배앓이가 심해진다고 하는데…… 네 번째 출산이라 그런가, 통증이 제일 심하네."

"그래, 생각해보니 둘째 때부터 출산 후에 배가 많이 아프다고 했었던 것 같아."

"하진이 때는 배 아픈 게 뭔지도 모르고 지나갔는데, 둘째 때부터는 일주일을 꼬박 아프더니 이번에는 출산 당일부터 이렇게 아플 줄이야. 아파서 한숨도 못 잤어. 진통제 주사라도 한 대 더 맞아야겠어."

산후에는 여러 가지 몸의 변화를 겪게 됩니다. 한동안 아랫배가 뻐근하면서 나타나는 훗배앓이, 모유 수유를 하면서 나타나는 젖몸살, 출산 후 나오는 분비물인 오로, 여기저기서 느껴지는 통증 등 산모는 출산 후에 신체적으로 회복이 필요한 상태에 놓입니다.

오로와 훗배앓이

오로란 출산 후 나타나는 분비물로 태반이 떨어지고 나서 남은 조직들이 천천히 자궁과 질에서 배출됩니다. 보통은 출산 후 며칠간 붉은 분비물이 나오다가 3~4일이 지나면 색이 점차 옅어집니다. 약 10일 후면 오로의 색깔이 흰색 또는 황백색으로 변합니다. 개인에 따라서 오로의 색이 변하기까지 더 긴 시간이 걸리는 경우도 있습니다. 오로가 나오는 기간은 평균적으로 출산 후 24~36일 정도입니다.

훗배앓이는 출산 후 나타나는 자궁 수축으로 아랫배가 뻐근하게 아픈 증상을 말합니다. 팽창했던 자궁이 원래의 상태로 돌아오면서 생기는 통증으로 분만 횟수가 많을수록 심한 경우가 많고, 젖을 먹이려고 하면 더 심해지기도 합니다. 보통은 출산 후 며칠이 지나면 괜찮아지지만 더 오래 지속되는 경우가 있는데 통증이 심하면 의료진에게 문의하여 진통제를 복용하도록 합니다.

젖몸살(유방 울혈)과 유선염

젖몸살은 모유 수유를 할 때 수유의 횟수나 양이 적거나 혹은 수유 방법이 효과적이지 않아 젖이 충분히 비워지지 않고 젖이 불면서 나타나는 유방 통증입니다. 보통 출산 후 3~5일 사이에 가장 흔히 나타나고 양측으로 증상이 나타납니다. 젖몸살은 모유 수유를 피하고 싶을 만큼 통증이 크지만 특별한 치료법이 없습니다. 따라서 젖을 충분히 자주 비워내는 것이 가장 좋은 치료법이자 예방법입니다. 젖몸살이 생겼을 때는 차가운 물수건이나 팩을 가슴에 대거나 잘 맞는 브래지어, 가슴 바인더, 스포츠 브라 등을 사용합니다. 그럼에도 불구하고 통증이 심하면 타이레놀이나 부루펜 같은 진통제를 복용합니다. 젖몸살이 심한 경우에는 37.8~39℃의 열이 나기도 하는데 젖을 비워내고 나면 열이 내려가는 경우가 많으니 크게 걱정하지 않아도 됩니다. 하지만 고열이 지속된다면 병원에 내원하여 의료진과 상담하도록 합니다.

유선염은 유방 내부가 세균에 감염되는 것을 말합니다. 화농성 유선염은 출산 후 3개월 이내에 나타나며 주로 출산 후 2~6주 사이에 발생하는 경우가 많습니다. 거의 한쪽 가슴에만 생기는데 통증과 함께 염증이 있는 부분이 빨갛게 되는 증상을 보이고 열을 동반하는 경우가 많습니다. 이 염증이 악화되면 고름을 만들어 유방농양으로 발전하기도 합니다. 유선염은 젖몸살과 달리 항생제 치료가 필요합니다. 이때 처방하는 항생제는 모유 수유에 지장이 없는 약들이니 안심하고 복용해도 됩니다. 보통 치료를 시작하면 1~2일 이후 증상이 좋아지는데 재발 방지를 위해 10~14일 정도 항생제를 복용하는 것이 좋습니다. 만약 치료 시작 후 2~3일 안에 열이 떨어지지 않으면 유방농양을 의심해봐야 하고, 검사 결과 유방농양 확진을 받았다면 농양을 빼내기 위한 시술이나 수술이 필요할 수 있습니다. 유선염에 걸려도 모유 수유가 가능하나 유방농양이라면 모유 수유를 중단해야 합니다.

산후우울증

출산 후에는 호르몬의 변화로 우울한 감정이 들 수 있습니다. 사소한 일에도 짜증이 나고 눈물이 나며 무기력할 수 있지요. 근심도 많아지고 슬퍼지며 불안 감을 느끼거나 불면증 또는 두통을 동반하기도 합니다. 산후우울증은 특별한 치료가 필요하다기보다는 가족의 지지나 따뜻한 위로, 헌신적인 도움으로 충분히 해소가 가능합니다.

하지만 증상이 심각한 경우에는 치료가 필요합니다. 아이에게 애정보다는 미움이나 불안함을 느끼는 경우, 심리적·경제적 문제 등으로 남편을 비롯해 가족 구성원들에게 억울하고 화난 감정이 드는 경우라면 단순한 산후우울증 내지 산후우울감에서 치료가 필요한 우울증으로 발전될 가능성이 높습니다. 일시적으로 찾아오는 잦은 기분 변화의 수준이 아니라 우울한 감정이 오랜 기간 지속적으로 반복되며 그 증상이 심각하다면 병원에 내원하여 상담을 받도록 합니다.

출산 후 치질 ✏️

치질은 임신 기간 중 생기거나, 분만 과정에서 지나치게 힘을 주게 되면 생기곤 합니다. 치질에 걸리면 출산 후 대변을 볼 때마다 통증을 일으키게 되어 출혈이 발생하기도 합니다. 좌욕을 충분히 하고 시간이 지나고 나면 다시 정상으로 돌아오는 경우가 대부분이나 지속적으로 치질 증상이 남아 있거나 증상이 심하다면 병원에 내원하여 상담을 받아야 합니다. 변비가 생기면 치질 증상이 더 악화될 수 있으니 규칙적인 배변 습관과 식사 습관을 유지하고 충분한 수분과 섬유소를 섭취하도록 합니다.

자연분만의 산후조리, 제왕절개의 산후조리

"선생님, 제왕절개는 자연분만과 입원 기간이 다른가요?"

"그럼요, 자연분만은 보통 2박 3일 입원하지만 수술을 한 경우에는 3박 4일 혹은 좀 더 있게 되죠."

"그럼 수술이 출산 후 더 아픈가요?"

"아무래도 마취를 하고 수술을 했으니 절개한 부위의 통증도 있을 테고 회복도 조금 더 느릴 수 있어요."

자연분만과 제왕절개 수술은 출산 후 경과가 다릅니다. 제왕절개 수술을 한 경우에는 자연분만을 한 경우보다 며칠 더 입원해서 수술 부위가 덧나지 않게 주기적으로 소독을 하는 등 경과를 지켜봐야 합니다. 실밥은 대략 5~7일 정도 지나서 제거합니다. 녹는 실을 사용했다면 실밥 제거를 따로 하지 않습니다.

자연분만 후 산후조리

일반적인 산후조리 기간은 '산욕기'라고 부르는 6주 정도입니다. 이 기간 동안에는 무리한 행동을 피하고 몸조리를 해 원래의 몸으로 회복해야 합니다. 간단한 샤워는 출산 후 당일에도 가능하나 너무 오래 하지 않도록 하고 탕목욕은 하지 않도록 합니다. 머리를 감을 때는 허리를 숙이는 자세가 하복부에 압박이 될 수 있으므로 되도록 서서 감습니다. 양치를 할 때는 부드러운 칫솔을 사용해 잇몸에 무리를 주지 않도록 합니다. 산후조리를 하는 동안에는 너무 춥게 지내지 않도록 하며 과도한 일이나 운동은 피하도록 합니다. 실내 온도는 21~22℃ 정도로 유지할 것을 추천하며 습도는 40~60% 정도로 유지하여 너무 건조하지 않게 합니다. 환기도 자주 해주고 통풍이 잘되는 옷으로 자주 갈아입기를 권합니다.

제왕절개 후에는 조금 더 주의해야

제왕절개 후 산후조리는 자연분만 후 산후조리보다 조금 더 세심한 주의와 관리가 필요합니다. 수술한 부위가 덧나지는 않는지, 감염으로 인해 열이 나지는 않는지, 통증이 심한지 등을 지켜봐야 합니다. 수술 직후에는 6시간 정도 안정을 취해야 하며 마취가 깰 때까지 주위에서 산모를 돌봐야 합니다. 만약 전신마취를 했던 경우라면 깨고 난 후 심호흡을 하고 기침을 해 호흡기 쪽에 합병증이 생기지 않도록 주의합니다. 요즘은 대개 하반신 마취(척추 마취, 경막외 마취)

를 하는데 이때도 수술 후 다리의 감각이 돌아오는지 잘 살펴야 하며, 수술 종료 후 약 6~8시간 동안은 머리를 드는 자세를 피해야 합니다. 만약 자주 고개를 들어 마취를 위해 뚫었던 구멍이 아물지 않으면 뇌척수액이 누출되어 심한 두통이 생길 수 있습니다.

제왕절개 수술을 한 산모는 좀 더 많이 걸어야 합니다. 수술 부위가 아파서 걷기가 어려울 수도 있지만 피부나 막 등이 들러붙는 유착을 방지하고, 혈전증이나 폐색전증 등의 합병증 예방 및 빠른 회복을 위해서는 자주 걸어야 합니다. 수술 당일에는 바로 걷기 어려울 수 있으니 수술 후 24시간이 지난 후부터 걷도록 하며 무리하지 않는 범위 내에서 매일 조금씩 걷는 시간과 강도를 늘립니다. 제왕절개 수술 후에는 가스가 배출되어야 합니다. 수술 후 가스가 나오지 않으면 윗배가 매우 아프기도 합니다. 따라서 원활한 장의 움직임을 위해서라도 많이 걷도록 하고 누워 있더라도 자세를 자주 바꿔줘야 합니다.

식사는 물, 미음부터 시작해 죽, 밥의 형태로 바꿔나갑니다. 식사가 가능하기 전까지는 수액으로 영양을 보충하고 물은 조금씩 마시도록 합니다.

좌욕 및 상처 관리

자연분만을 했다면 이후 손상된 상처의 회복과 청결을 유지하기 위해 좌욕을 권합니다. 좌욕은 질과 회음부의 통증을 감소시켜주고 감염 가능성도 줄여줍니다. 또한, 혈액순환을 돕고 오로와 노폐물을 배출하는 데 도움을 줍니다. 따뜻한 물로 하루 2~3회 정도 하는 것이 적당하고, 한 번 할 때마다 5~10분가량 실시합니다. 비데 물살을 너무 강하게 하여 사용하거나 상처 부위를 무리하게 세척하는 것은 금합니다. 좌욕 후 물기를 제거할 때도 마른 휴지로 앞에서 뒤로 조심스럽게 닦아내고 두드리듯이 물기를 제거합니다. 좌욕기를 사용한다면 보통 건조 기능이 함께 있는 경우가 많아서 좌욕 후 뒤처리가 더 편리합니다.

제왕절개 수술을 했다면 좌욕은 꼭 권유하지 않습니다. 하지만 혈액순환을 원활히 하고 오로를 배출하는 데에 도움이 되기 때문에 산모의 상황에 맞게 선택적으로 시행하도록 합니다.

초보 부모를 위한 TIP

여름철 산후조리

겨울에는 계절 특성상 보온에 신경 쓰고 찬 것을 멀리하기 때문에 비교적 외출을 조심하면 산후조리가 어렵지 않습니다. 반면, 여름에는 산후조리에 어려움을 겪을 확률이 높습니다. 여름에 산후조리를 할 때는 산모가 에어컨 바람을 직접적으로 쐬지 않게 해야 합니다. 하지만 온도를 적절히 설정해 너무 덥지도 않게 해야 합니다. 너무 더워서 산모가 땀을 많이 흘리면 위생상 좋지 않고 땀띠로 피부 트러블을 겪게 되므로 적절한 온도와 적당한 통풍을 유지하도록 합니다. 또한, 몸이 젖거나 머리가 다 마르지 않은 상태에서 바람을 쐬는 일은 피하도록 합니다.

< 한의사 아빠의 출산 이야기 >

산후 보양식, 먹어도 되나요?

한의사로 일하다 보면 산후 보양식에 대한 질문을 많이 받습니다. 특히 가물치, 흑염소, 붕어 등을 먹어도 되느냐는 질문이 가장 많습니다. 사실 이런 보양식이 최근에는 크게 필요하지 않습니다. 예전에는 고열량의 단백질이 부족했기 때문에 이런 보양식을 때때로 먹는 것이 건강에 도움이 됐겠지만, 요즘에는 영양 과잉이 문제이지 영양이 부족해서 문제가 되는 경우는 별로 없기 때문입니다.

가물치, 붕어, 흑염소, 호박…… 진짜 좋을까?

가물치는 부인에게 좋은 물고기라고 하여 '가모치加母致'라 부르고, 한자로는 '여어蠡魚'라고 합니다. 가물치는 성질이 차고 맛이 달고 부종을 다스려 줍니다. 그렇기 때문에 가물치의 냉한 성질은 산모가 산욕열이 있다면 도움이 될 수 있습니다. 산욕열은 출산 후 산모가 열이 나고 두통이 있으며, 뼈마디가 아픈 질환으로 분만 시의 상처 감염으로 인해 생기는 질환을 말합니다. 과거에는 위생 상태가 지금과 같지 않아서 분만 시 감염으로 인해 고열이 나는 경우가 많았는데, 그런 경우 산욕열을 내리기 위해 가물치를 쓰기도 했습니다. 그러나 요즘에는 그런 경우가 거의 없습니다. 제왕절개 수술을 했다면 대부분 항생제를 일정 기간 복용하고, 열에 대해 민감하게 관리하기 때문에 굳이 산욕열을 내리기 위해 가물치를 먹을 필요는 없습니다. 하지만 산후에 열이 많고 부기가 심하고 우울증이 겹쳐 속에 화가 있다면 가물치가 도움을 줄 수 있습니다.

한편, 붕어는 성질이 가물치와 반대로 따뜻하기 때문에 산후에 복용한다면 그 성질과 고단백이라는 측면에서 산후 회복에 나쁘지 않습니다. 또한, 맛이 담백하고 소화하기에도 부담이 없으면서 영양이 육류 못지않기 때문에 도움이 됩니다.

흑염소 역시 먹으면 좋은지를 많은 분들이 물어보는데, 이 경우도 가물치와 마찬가지입니다. 과거 단백질이 부족하던 시기에는 고단백질의 보충을 위해 복용하거나 기운 증진을 돕고 영양을 보충하고자 복용했습니다. 하지만 요즘에는 산모가 이 정도로 고단백질을 보충해야 할 만큼 영양 부족 상태가 아니라면 일부러 흑염소를 달여 먹을 필요는 없습니다. 만약 출산 후 살이 많이 빠지고 몸이 많이 손상된 경우라면 복용을 고려해볼 수도 있겠지만, 그렇지 않은 경우라면 오히려 단백질의 과도한 섭취가 다른 문제를 일으킬 수 있습니다. 단백질의 과도한 섭취는 체내에 산성 이온을 다량 생성하게 만드는데, 이 경우 우리 몸은 산 염기의 균형을 맞추기 위해 칼슘의 소비를 과도하게 늘립니다. 칼슘의 과도한 방출은 신장 질환을 유발할 수도 있고 뼈로 가는 칼슘의 양을 줄여 골다공증도 유발할 수 있으니 조심해야 합니다.

호박 중탕은 산후 부종을 줄이는 데 도움이 된다고 알려져 있습니다. 하지만 오히려 자궁의 회복을 방해하는 것으로도 알려졌으니 복용에 신중해야 합니다. 그리고 산후 부종은 주로 피하 부종을 없애는 것이 맞는 처치이나 호박은 주로 체내 내장의 부종을 줄여주기 때문에 산후 부종 완화에 효과가 크지 않습니다. 오히려 땀을 내서 피하 부종을 줄이는 것이 합리적입니다.

산후 음식의 대표, 미역국

미역국은 대표적인 산후조리 음식입니다. 산후에 미역국을 섭취하면 산모의 혈을 보충해주고 젖이 잘 돌게 해 수유를 하는 데 도움을 줄 뿐만 아니라 산모의 기력 회복에도 도움이 됩니다. 그러나 과도한 미역국의 섭취는 요오드 과잉을 가져와 갑상선에 문제를 일으킬 수도 있으므로 미역국만 먹기보다는 단백질도 충분히 보충하는 균형 잡힌 식단이 필요합니다.

한의학에서 말하는 산후조리

우리나라를 비롯한 동양권에서는 산후조리를 중요하게 생각하여 삼칠일 三七日(21일) 동안 산모를 꼼짝도 못하게 하고 산후조리를 시켰습니다. 출산으로 인해 산모의 체력과 기력이 손상되고 관절이 늘어나며 근육이 약해진다고 봐서 산모의 기력이 회복되도록 충분한 휴식과 안정을 취하게 한 것이지요. 또한, 음식도 부드러운 것부터 먹이고 차가운 것에는 손도 못 대게 했습니다. 게다가 몸에서 손실된 혈을 보충하고 기운을 증진시키며 태반과 난소의 분리로 일어난 자궁 내 분비물을 배설시키고자 한약을 적극적으로 복용하게도 했습니다. 하지만 유럽이나 미국 등 서구권에서는 엄마가 아이를 출산하면 특별한 산후조리 없이 다음 날 퇴원해서 바로 일을 하기도 합니다. 이런 차이는 과연 어디에서 비롯된 것일까요?

동서양의 산후조리 방법이 다른 이유

몇 년 전 산후조리를 둘러싼 문화적 차이를 집중 조명한 TV 프로그램을 보았습니다. 이 프로그램의 제작진은 각국의 문화를 알아보다가 우리나라를 포함한 아시아, 아프리카, 남아메리카에 유사한 산후조리 문화가 있음을 발견했습니다. 반면, 유럽과 북미에는 출산 후 쉰다는 개념은 있지만 동양 문화권처럼 집에서 안정을 취하는 산후조리라는 개념이 없다고 합니다.

이러한 차이는 단순히 문화적 차이에서 비롯된 것 같지만, 이 프로그램에서는 다른 각도에서 원인을 찾았습니다. 동서양의 산후조리 방법이 차이가 나는 가장 큰 원인은 서구인과 동양인의 체형 때문이라는 것입니다. 무엇보다 골반 구조, 근육량, 인대 및 뼈대의 구조가 다른 점을 원인으로 지목했습니다. 서양인은 골반이 커서 분만도 동양인보다 쉽게 하는 편이고 출산 후 몸이 금방 회복되지만, 한국인을 비롯한 동양인은 골반 크기나 골격이 작아 분만 과정도 쉽지 않고 출산 후 회복도 오래 걸리는 것이라고 합니다. 또한, 동양인은 서양인에 비해 근육량이 적고 약한 편이라 한번 늘어진 근육과 인대가 회복되는 데 시간이 오래 걸릴 수밖에 없다고 합니다.

음식을 조심하고 몸을 보호하자

《동의보감》에는 '산후 한 달이 되기 전에는 스트레스를 받거나 정신적 혹은 육체적 과로를 하거나 찬 것이나 딱딱한 것을 먹거나 추위에 감촉되는 것을 피하라'는 내용이 나옵니다. 이런 것들을 조심하지 않으면 나중에 산후풍을 겪게 된다고 했습니다. 한의학의 관점에서 봤을 때 산후에는 제일 먼저 음식 섭취를 조심해서 하는 것이 중요합니다. 소화가 안 되는 밀가루 음식이나 맵고 짜고 자극적이면서 기름진 음식, 찬 음료나 얼음 같은 차가운 음식, 마른오징어 같은 딱딱한 음식은 피해야 합니다.

동양에서는 출산 후 차가운 것을 금하고 되도록 몸을 따뜻하게 하여 땀을 내게 했습니다. 차가운 것은 몸의 기능을 떨어뜨려 회복을 더디게 하는 반면, 몸을 따뜻하게 하면 근육의 대사가 활발해지고 신진대사가 활발하면 회복에 도움이 됩니다.

산후에는 스트레스와 육체적인 과로도 피해야 합니다. 또한, 무거운 것을 들지 않도록 하고 손목이나 무릎에 과도하게 힘이 들어갈 만한 동작이나 일들은 피해야 합니다. 손빨래, 행주나 걸레 쥐어짜기, 병뚜껑 힘줘 따기 등 일상생활에서 손목이나 손가락에 무리가 갈 만한 동작은 피해야 합니다. 그렇다고 해서 늘어난 관절과 뼈대 회복을 위해 하루 종일 아무것도 안 하고 누워만 있는 것은 삼가야 합니다. 적절한 움직임과 운동은 혈전증을 예방하고 몸의 회복에 큰 도움이 됩니다.

산후 보약은 바로 복용해야

산모는 임신과 출산이라는 과정을 거치면서 몸의 큰 변화를 겪게 되는데 산후 보약은 출산 이후 소모된 기혈을 보충하고 빠르게 몸 상태를 회복하기 위해 필요합니다. 따라서 산후 보약은 되도록 출산 후 2~3일 내로 바로 복용하는 것을 추천합니다. 처음에는 자궁의 회복을 돕고 오로와 남아 있는 조직을 제거하기 위한 한약을 1~2주간 복용합니다. 그 이후에는 산모의 상태에 따라 산후 관절통과 우울증, 부종을 예방하고 일상으로의 복귀와 회복을 위해 이어서 1~3개월 정도 한약을 복용합니다. 팔물탕八物湯, 보허탕補虛湯, 생화탕生化湯, 궁귀조혈음芎歸調血飮 등을 사용할 수 있습니다.

Part

3

육아

처음은 누구나 힘들다

모유 수유와 분유 수유, 무엇이 좋을까?

"아무래도 다음 달부터는 모우 수유를 그만하고 분유로 바꿔야 할 것 같아."

"3개월인데 벌써 모유 수유를 그만하려고? 직장 복귀해야 돼서 그런 거지?"

"직장 다니면서도 모유 수유 하는 사람들도 있지만, 나는 아무래도 어려울 것 같아. 분유를 좀 알아봐야 할 것 같아."

"그래, 주위에 보니 요즘 독일 분유가 유행이던데."

"독일? 왜 유명한 건데?"

"들어보니까 그걸 먹이면 황금 변을 보고 소화도 잘된대. 분유를 잘 안 먹고 토하는 애들도 그건 잘 먹는대."

"정말? 성분이 더 좋은 건가? 근데 국내 제품도 나쁘지 않을 텐데, 해외 분유까지 사서 먹일 필요가 있을까? 게다가 구할 수나 있어?"

"수입이 되니까 구할 수는 있는데 아무래도 직구가 저렴하고 쉬워졌으니 그렇게들 많이 구하나 봐. 유럽산 분유들이 인기가 좋은 듯해."

아이를 출산하고 수유를 시작하면 젖을 먹이는 일이 얼마나 어려운지를 실감하게 됩니다. 수유 방식에 따라 저마다의 어려움이 있습니다. 모유 수유를 하게 되면 엄마의 모유량이 적은 경우, 혹은 아이가 잘 안 먹으려 하는 경우 적절하게 수유하기가 쉽지 않습니다. 분유 수유의 경우에는 어떤 분유를 먹일지 고르는 과정에서 여러 선택지를 두고 고민에 빠지게 됩니다. 소중한 아이에게 가장 좋은 것을 먹이고 싶은 마음이 들다 보니 좋다고 입소문 난 해외 제품까지도 찾아보게 되지요. 하지만 고가의 분유라고 해서 내 아이에게 무조건 좋다고 볼 수는 없습니다. 분유를 비롯해 아이에게 가장 좋은 제품은 무조건 비싼 것이 아니라 내 아이에게 맞는 것입니다.

모유 수유의 좋은 점

모유는 모든 면에서 분유보다 우수합니다. 모유에는 단백질, 지방, 비타민, 무기질 등 시기별로 아이의 성장에 필요한 영양소가 함유되어 있으면서 알레르기 유발 성분은 적고, 알레르기를 억제하는 성분은 풍부합니다. 생후 6개월까지는 모유만으로도 충분히 성장이 가능할 정도로 영양 면에서도 우수합니다. 또한, 모유 속에 포함된 양질의 단백질은 소화가 용이해 모유를 먹은 아이들은 변비에 걸릴 확률이 낮습니다. 모유에는 필수지방산인 DHA도 풍부해 뇌 발달에 도움을 주고 망막 기능을 건강하게 유지시켜줍니다. 게다가 모유는 각종 면역 물질을 포함하고 있어 감기나 장염 같은 감염성 질환과 빈혈, 충치 발생을 억제하며, 중추신경계 발달에도 도움을 주는데 특히 생후 6개월 동안 감염 보호 역할이 두드러집니다. 모유 수유를 하면 지속적으로 엄마와 아이 사이에 신체 접촉이 이루어지기 때문에 아이의 사회성·인지능력·사회성 발달에도 긍정적인 영향을 끼칩니다.

모유 수유는 산모에게도 큰 도움이 됩니다. 모유 수유를 하게 되면 임신을 통해 늘어난 자궁을 수축시키는 데 도움이 될 뿐만 아니라 체중 감소에도 좋습니다. 또한, 모유 수유는 난소암 및 유방암 억제에도 효과가 있습니다. 모유 수유를 하면 골다공증에 걸릴 확률이 높아지지 않느냐고 걱정하는 분들도 많은데 모유 수유와 골다공증은 크게 관련이 없는 것으로 알려져 있습니다.

이처럼 모유 수유의 장점에 대해서는 많은 엄마들이 알고 있습니다. 하지만 모유 수유를 하고 싶어도 여러 가지 이유로 모유 수유를 할 수 없는 경우도 생깁니다. 그럴 때 '어떻게든 모유 수유를 하겠다', '반드시 완모(완전 모유 수유)를 하겠다'는 생각을 고집하기보다는 분유 수유로 전환하거나 혼합 수유를 하는 편을 추천합니다. 분유는 우유에 철분, 칼슘 등 아이에게 필요한 영양소를 첨가하여 모유와 가장 유사하게 만든 식품입니다. 비피더스 인자 같은 면역 물질은 없지만 모유에 들어 있는 대부분의 기본 성분을 갖추고 있으므로 분유 수유를 하게 된다고 하더라도 전혀 죄책감을 가지거나 안타까워할 필요가 없습니다.

분유 수유 시 주의 사항

분유 속에 들어 있는 단백질 성분인 카세인은 위산에 잘 분해되지 않고 응고됩니다. 그래서 분유 수유를 하는 아이는 변비에 걸릴 확률이 높습니다. 또한, 모유는 아이의 성장에 맞춰 그 성분이 자연스럽게 달라지지만, 분유는 성장 시기에 따라 단계별로 적절한 것으로 바꿔줘야 합니다. 분유는 모유에 비해 열량이 높기 때문에 개월 수에 맞춰 정량을 먹이도록 합니다.

국내에서 시판되는 분유 중에는 프리미엄 분유도 있습니다. 이들 제품은 우유 대신 산양유를 쓰거나 소의 품종을 차별화한 원유를 사용했음을 강조합니다. 두뇌 발달에 좋은 성분을 첨가하거나 면역에 좋은 성분을 추가했다는 이유로 해외에서 생산한 분유도 많은 부모님들이 선호하곤 합니다. 하지만 아이에게 좋은 것만 주고 싶은 부모의 마음을 이용해 터무니없이 비싸게 팔거나 과대광고를 하는 경우도 있으니 성분표를 꼼꼼히 살펴보고 합리적인 제품을 고르는 것이 좋습니다.

대부분의 분유에는 아이에게 필요한 영양소가 고루 포함되어 있으며 몇몇 성분과 원산지가 다른 정도이므로 이를 비교·확인해 적합한 것을 선택하도록 합니다. 하지만 아무리 좋은 영양소가 들어간 제품이라고 해도 아이가 먹고 불편해 한다면 우리 아이에게는 맞지 않는 분유이니 분유를 먹은 후 아이가 배앓이 없이 편안해 하는지도 꼭 살펴봐야 합니다.

분유 선택 시 주의 사항

분유를 고를 때는 단백질의 종류, 성분, 원산지 등을 비교하도록 합니다. 대기업 제품은 대부분 국내산입니다. 국산 분유는 한국인의 특성에 맞춰 제품을 제조했기 때문에 체질적으로 좀 더 적합한 편이고, 마트나 온라인 쇼핑몰에서 손쉽게 구할 수 있습니다. 정식 수입업체를 통해 들어오는 해외산 분유는 오랜 역사를 가진 제품이 많아 믿을 만하고, 대개 사육소가 아닌 자연방목으로 키운 소의 원유를 사용한다는 점에서 장점이 있습니다. 실제로 자연방목으로 키운 젖소로부터 얻은 원유는 염증을 촉진하는 오메가-6의 비율이 낮고 염증을 조절하는 오메가-3의 비율이 높다고 합니다. 반면, 사육장에서 곡물사료를 먹고 자란 젖소로부터 얻은 원유는 오메가-6의 비율이 높고 오메가-3의 비율이 낮다고 합니다.

아이가 유당불내증이 있는 경우를 제외하고는 유당이 포함된 분유가 좋습니다. 유당은 뼈를 튼튼하게 하고 장내 유익균 형성에 도움이 되는 중요한 에너지원입니다. 첨가제의 한 종류인 전분(덱스트린)이나 팜유 등의 유해성에 대해서는 논란이 있는데, 원활한 소화와 비만 방지를 위해서는 이런 첨가제들이 적게 들어간 제품이 좋다고 여겨집니다. 유산균의 한 종류인 프로바이오틱스 등은 장내세균총 형성과 아이의 원활한 배변 활동을 위해 첨가된 제품이 좋다고 생각됩니다. 필수지방산인 DHA, 리놀렌산이 충분히 첨가된 제품들도 두뇌 성장에 도움이 되므로 추천합니다.

젖이 부족한 경우 ✏️

한의학적으로 봤을 때 젖이 부족한 경우는 산모의 영양이 부족해서 그렇다기보다 스트레스나 화로 인해 젖이 마르면서 잘 나오지 않는 경우가 더 많습니다. 스트레스나 우울증, 가족 간의 문제나 아이의 문제 등으로 걱정이 있으면 산모가 불안함과 초조함을 느끼게 되는데, 그런 경우 젖이 마르고 양이 줄어듭니다.

또한, 젖의 양은 부족하지 않지만 젖이 묽어지는 경우도 종종 있습니다. 이는 산모의 소화기관이 약해서 영양 흡수가 활발하지 못해 일어나는 현상입니다. 이런 경우에는 산모의 소화기관을 튼튼하게 하는 것이 가장 우선입니다. 상황에 따라 통유탕通乳湯, 당귀보혈탕當歸補血湯, 사물탕四物湯 등 한약의 도움을 받을 수 있습니다.

돼지족발은 모유 수유를 하고 싶은데 젖이 잘 나오지 않아 걱정하는 산모들이 먹는 게 좋냐고 자주 물어보는 음식 중 하나입니다. 한의학에서는 젖이 모자라거나 산모의 영양이 충분하지 못할 때 돼지족발을 먹는 것을 권하기도 합니다. 돼지족발은 '저제猪蹄'라고 해서 유맥乳脈을 통하게 한다고 하여 예전부터 젖이 나오지 않는 산모에게 돼지족발에 통초通草, 천궁川芎, 감초甘草 등의 약재를 넣은 통유탕을 처방했습니다. 최근에는 돼지족발에 함유된 젤라틴과 콜라겐이 젖을 생성시키는 데 도움을 준다는 연구 결과도 발표됐습니다.

잘 먹는 아이의 시작점, 이유식

"이제 슬슬 이유식을 먹여야 하지 않을까?"

"그래, 이제 이유식을 서서히 시작할 때가 되긴 했지. 집 앞 상가에 유기농 마트가 있던데 거기서 소고기나 쌀을 좀 사서 만들어볼까?"

"음, 처음 만드는 거라 조금 걱정되기도 하는데…… 아니면 요즘엔 이유식도 잘 만들어서 배달까지 해주는 것 같던데, 그걸 한번 알아보는 건 어때?"

"이유식 만드는 게 그렇게 어렵지는 않을 텐데, 계속 만드는 게 어려울 수도 있으니 한번 알아보고 생각해보자."

이유식은 수유에서 점차 밥을 위주로 한 고형식으로 넘어가기 위한 중간 단계의 보충식입니다. 영양을 보충하고 여러 가지 음식의 맛을 아이가 느낄 수 있도록 곡물과 채소, 고기 등을 첨가하여 반유동식으로 만든 식사이지요. 이유식

192

은 아이가 새로운 음식을 알고 식사법을 익히는 기회가 되며 향후 식습관 형성에도 많은 영향을 미칩니다. 이유식은 정해진 시간에 주는 것이 좋습니다. 주로 수유 전에 먹여 배가 고픈 상태에서 좀 더 잘 먹을 수 있게 하는 것이 좋습니다.

이유식 초기

이유식은 보통 생후 4~6개월 무렵에 시작합니다. 생후 4개월 이전에는 소화기가 성숙하지 못해 추천하지 않습니다. 6개월 이후 너무 늦게 시작하면 수유만으로 충분한 영양소를 제공하지 못하게 됩니다. 이유식 초기에는 한 가지 식품을 위주로 만들어 먹입니다. 소화가 잘되는 쌀미음으로 시작해서 곡물, 달걀 노른자, 야채, 두부 등을 첨가하여 죽과 유사하게 만든 다음 숟가락으로 떠먹여 입으로 넘기게 합니다. 야채나 과일은 부드러운 것부터 먹이기 시작하고 조리 후에 사용하도록 합니다.

이유식 중기

생후 6~9개월 무렵은 이유식을 입으로 넘기는 것에 익숙해지는 시기입니다. 다양한 재료를 사용하여 이유식을 만들어 아이가 음식의 맛을 다채롭게 느낄 수 있게 해줍니다. 생선이나 다진 고기, 달걀이나 야채 등을 섞어서 조리하고, 한 번에 2~3가지 재료를 섞어서 만들어 하루에 2~3회 정도 먹입니다. 이 무렵에는 바나나나 찐 감자 등 간단한 간식을 끼니 사이에 줄 수 있는데 이때 아이가 손으로 집어 먹을 수 있게 하는 것도 좋습니다. 아이가 혼자서 숟가락을 잡는 연습을 하도록 유도해도 좋습니다.

이유식 후기

생후 9~12개월 무렵에는 좀 더 고형식 형태로 이유식을 만들어줍니다. 초기와 중기보다는 좀 더 단단한 정도를 증가시켜 만들어 아이가 씹어 먹는 일에 적응하게 합니다. 음식의 종류와 조리법도 다양화하고 양도 늘려 먹입니다. 하루에 3~4회 정도 먹이고 아이가 혼자서 숟가락을 이용해 이유식을 떠먹도록 유도합니다. 컵을 이용해 물을 마시는 방법도 알려줍니다. 젖병 사용은 생후 12개월이 지나면 끊을 수 있도록 연습합니다.

이유식을 먹일 때 주의 사항

이유식은 수유에서 식사로 넘어가는 과정이기 때문에 분유나 모유 수유를 그만둔 다음에 시작하지 않습니다. 처음에는 분유와 모유 수유를 기본으로 하되 하루에 한 번씩 이유식을 주는 것으로 시작했다가 차츰 이유식이 기본이 되고 분유와 모유 수유가 보충식이 되도록 비중을 조절합니다.

이유식을 통해 아이가 다양한 맛을 배우게 되므로 간을 세게 하거나 달고 짠

맛에 길들여지지 않도록 주의합니다. 또한, 새로운 음식을 먹이기 시작할 때는 알레르기 반응이 없는지 일주일 정도 관찰합니다. 알레르기를 유발할 수 있는 잣, 호두, 땅콩 등의 견과류나 새우 등의 갑각류는 생후 1년이 지난 뒤 먹여보는 것이 좋습니다.

이유식을 시작하게 되면 처음에는 아이가 음식을 입으로 넘기는 것이 서툴러 대부분 흘리거나 게워내기도 합니다. 이때 양육자는 인내심을 가지고 아이가 혼자서 이유식을 먹는 것에 익숙해지도록 도와줘야 합니다. 이 시기에 억지로 음식을 먹이게 되면 건강한 식습관 형성이 어렵습니다. 칭찬과 격려를 통해 아이가 즐거운 마음으로 스스로 먹을 수 있게 도와줘야 합니다.

아이는 집중력이 짧기 때문에 너무 오랜 시간 이유식을 먹이지 않도록 합니다. 이유식을 먹이는 시간은 한 번에 20~30분을 넘지 않도록 하고, TV 앞에서 먹이거나 스마트폰 동영상을 틀어주면서 먹이지 않도록 합니다.

초보 부모를 위한 TIP

배달제품 이유식 ✎

집에서 직접 이유식을 만드는 데는 여러 가지 노력이 필요합니다. 한 번에 먹이는 분량이 적기 때문에 식재료를 사서 소분하여 보관해야 하고 한꺼번에 많이 만들어 둘 수 없어서 자주 만들어야 하는 번거로움이 있습니다. 또한, 야채와 과일을 손질해서 익히고 믹서를 이용해 갈아야 하는 등 조리 과정에서도 수고가 따릅니다. 하지만 직접 만든 이유식은 시판 이유식보다 재료나 품질에 대해 믿을 수 있고, 한 가지 재료를 차례로 첨가하면서 며칠씩 반응을 지켜볼 수 있기 때문에 아이에게서 알레르기 반응이 나타났을 때 빠르게 판별하여 원인을 알 수 있는 것이 장점입니다.

반면, 시판 이유식은 간편하게 이용이 가능하고 필요할 때마다 다양하게 구입할 수 있습니다. 최근에는 이유식 배달 서비스도 많아져서 여러 제품들을 비교한 후 부모의 마음에 드는 이유식을 선택할 수 있습니다. 하지만 시판 이유식은 재료의 품질이나 상태를 직접 확인할 수 없고, 아이에게서 갑작스러운 알레르기 반응이 나타났을 때 원인이 된 재료가 무엇인지 확인하기 어려운 점도 있습니다. 따라서 맞벌이 가정이거나 이유식을 직접 만들기 어려운 경우에는 식재료의 품질이나 이유식을 만드는 회사나 공장의 위생 상태, 제조 공정 등을 꼼꼼하게 확인한 후 제품을 구입하도록 합니다. 또한, 아이가 시판 이유식을 먹고 나면 유심히 관찰하여 알레르기 반응 등의 문제가 없는지 면밀히 살피도록 합니다.

위생과 청결의 기본, 아기 목욕시키기

"여보, 애를 이렇게 매일 씻겨야 해?"

"그럼, 안 그러면 금방 냄새나. 애도 땀난 채로 있으면 얼마나 불편하겠어."

"그렇긴 한데 위에 애들은 이렇게는 안 씻겼던 거 같은데?"

"무슨 소리야? 사실 그럴 필요까지는 없었는데 하진이는 겨울인데도 매일 씻겼어. 하준이랑 하민이는 여름에 태어났으니 거의 매일 씻겼지."

"그랬나? 그래도 저녁이면 쌀쌀한 날씨인데 괜히 감기 걸릴까 봐 걱정되는데……"

"요즘 낮에는 기온이 높아서 땀이 많이 나서 안 씻기면 냄새나. 매일 씻겨야 해."

첫째 하진이는 겨울에 태어났습니다. 출산 후 몇 주 동안은 산후조리원에 있었기 때문에 아이 목욕에 대해 크게 걱정하지 않았지요. 그런데 산후조리원을 퇴소하고 집에 오고 나니 신생아 목욕을 어떻게 시켜야 하는지, 하루에 몇 번

씻겨야 하는지 도통 아는 것이 하나도 없었습니다. 신생아 때는 분비물이 많아 자주 목욕시키는 것을 권장하기도 하지만, 기온 차이가 심한 겨울에는 잦은 목욕을 조심할 필요가 있습니다.

목욕, 어떻게 시켜야 할까?

일반적으로 신생아는 일주일에 2~3회 정도, 혹은 격일에 한 번 정도 목욕시키는 것이 적당합니다. 목욕을 매일 시키면 피부가 건조해지고, 겨울에는 온도 차로 인해 감기에 걸리기 쉽습니다. 아기를 키우는 집의 경우 겨울철 실내 온도는 24~26℃가 적당합니다. 겨울철에는 실내 온도가 맞춰진 방으로 욕조를 가지고 가서 따뜻한 온도에서 목욕을 시키는 것이 좋습니다. 다만, 엉덩이는 매일 소변과 대변을 보기 때문에 하루에 한 번 정도 씻겨주고, 여름에는 땀이 많이 나 피부가 찐득찐득해진다면 씻기는 횟수를 조금 늘리거나 부분 목욕을 시키는 것이 좋습니다.

목욕을 시킬 때는 미리 준비를 해둬서 허둥대는 일이 없어야 합니다. 특히 아기를 목욕시키는 중에는 전화를 받는 등 한눈을 팔아서는 안 됩니다. 아이가 감기에 걸리지 않게 하려면 약 5분 내외로 목욕을 마치는 것이 좋습니다. 목욕물은 팔꿈치를 넣었을 때 너무 뜨겁지도 않고, 차지도 않은 38~40℃ 정도가 적당합니다. 욕조에 찬물을 먼저 붓고 나서 따뜻한 물을 조금씩 부어가며 물 온도를 맞춰줍니다. 뜨거운 물을 먼저 부을 경우 욕조의 변형이 생길 수도 있을 뿐만 아니라 자칫 아이가 데일 수도 있기 때문에 늘 찬물을 먼저 받아둔 상태에서 따뜻한 물로 온도를 조절합니다. 신생아는 온도에 민감하기 때문에 물이 식지 않도록 뜨거운 물을 옆에 미리 준비해두었다가 물이 식었을 때 추가로 부어서 사용하는 것도 추천합니다. 이때 아기가 들어가 있는 욕조에 바로 뜨거운 물을 부어서는 절대 안 됩니다. 자칫 뜨거운 물이 아이에게 닿아 화상을 입을 위험이 있으니 물의 온도를 다시 맞추고자 할 때는 아이를 욕조에서 꺼낸 뒤에 물을 붓도록 합니다.

보통 씻기는 순서는 얼굴 → 머리 → 팔 → 가슴 → 배 → 다리 → 등 → 엉덩이 순입니다. 씻길 때는 아기를 옆구리에 끼고 팔뚝으로 아기를 받친 뒤 엄지와 검지로 아기의 양쪽 귀를 접어 물이 들어가지 않게 합니다.

탯줄이 완전히 떨어지기 전인 생후 1~2주 사이에는 통목욕을 시키지 말고, 수건에 물을 적셔서 얼굴과 몸을 닦아주는 정도로 부분 목욕을 시켜줍니다. 탯줄이 떨어진 아이라면 한 팔로 아이의 머리와 몸을 받친 후에 다른 쪽 손으로 두피, 가슴, 배, 팔, 다리를 씻겨줍니다. 꼼꼼하게 닦아주지 않으면 접힌 부위에 태지 등이 그대로 붙어 있는 경우가 많으니 구석구석 잘 닦아주고 목욕 후에는 배꼽이 완전히 마르도록 합니다.

비누는 아기 전용 제품을 사용하는 것이 좋습니다. 비누칠은 가장 더러워지기 쉬운 부위에만 하도록 합니다. 처음 목욕을 시킬 때는 아이가 깜짝 놀라지 않도록 몸에 서서히 물을 묻혀가며 목욕을 시작하고, 목욕한 후에는 마른 수건으로 물기를 깨끗하게 닦아줍니다.

아빠의 육아 참여는 목욕부터

아빠의 육아 참여는 아이의 정서와 건강에 중요한 영향을 미치고 관계 형성에 큰 역할을 합니다. 또한, 아빠가 육아에 적극적으로 참여하면 엄마의 육아 부담을 덜 수 있어 일석이조의 효과가 있습니다. 목욕시키기는 아빠가 할 수 있는 대표적인 육아입니다. 아이가 젖을 먹을 때나 엄마 품을 찾을 때는 아빠가 해줄 수 있는 일이 달리 없지만, 목욕시키기는 엄마에게도 아이에게도 도움이 됩니다. 출산 후 산모는 손목이 약해지기 때문에 아이가 점점 성장할수록 아이를 한 손으로 들기 힘들어집니다. 또한, 아빠가 아이를 주기적으로 안아주고 목욕을 시켜주며 스킨십을 자주 하면 아이와 유대 관계를 형성하는 데도 긍정적인 영향을 끼칠 수 있습니다.

초보 부모를 위한 TIP

신생아 배꼽 관리법 🖊

태아는 엄마 배 속에 있을 때 배꼽을 통해 영양을 공급받고 노폐물을 배설합니다. 배꼽은 태어나고 10~20일이 지나야 닫히는데, 모체와 태아의 배꼽을 연결해줬던 탯줄은 10일 정도 잘 말리면 거무스름하고 딱딱하게 변하면서 저절로 떨어집니다. 그런데 간혹 생후 3~4주가 지나도 탯줄이 안 떨어지는 경우도 있습니다. 생후 한 달이 되어도 탯줄이 떨어지지 않으면 다른 원인이 있는지 확인하기 위해 진료를 받아야 합니다. 탯줄이 떨어진 후 일주일까지는 소독을 해주고, 목욕도 부분 목욕만 시킵니다. 알코올을 면봉에 묻혀 배꼽 부위를 하루 한 번 소독해주고 기저귀는 소독약이 마른 후에 채웁니다. 배꼽이 잘 떨어졌다고 해도 탯줄에서 냄새가 나거나 진물 또는 피가 날 경우에는 꼭 소아과 진료를 받는 것이 좋습니다.

아이를 건강하게 만드는
낮잠

"이제야 겨우 잠들었어."

"오늘은 낮잠 좀 잤어?"

"거의 안 잤어. 아니, 무슨 아기가 이렇게 잠이 없지?"

"그러게, 첫째 때도 낮잠을 안 자서 힘들었는데. 하민이는 더하네?"

"얘는 심지어 늦게 자고 일찍 일어나잖아."

아기들이 낮잠을 많이 자면 밤늦게 자거나 밤에 자다 깨지 않을지 걱정되기
도 합니다. 그렇지만 실상은 그렇지 않습니다. 아기들은 낮에 잠을 충분히 자
야 오후에도 활기가 넘치고 잘 놉니다. 오히려 잠을 잘 못 자면 짜증이 많아지
고 기운이 없으며 쉽게 지칩니다. 그렇기 때문에 아기의 건강을 챙기고 밤잠을
잘 재우려면 낮잠을 충분히 재워야 합니다. 하지만 아기들마다 수면 패턴, 수면

시간이 일정하지는 않습니다. 우리 아이들의 경우에도 특별히 집 안 환경이 달랐던 것이 아닌데도 첫째와 셋째는 잠이 없었던 반면, 둘째와 넷째는 잠을 너무 많이 자는 편이었습니다. 따라서 아이의 성향을 감안하여 낮잠을 재우는 것이 필요합니다.

우리 아이 어떻게 하면 잘 잘까?

생후 1개월이 지나면서부터는 '잠은 안겨서 자는 것이 아니라 누워서 잔다'는 것을 인지할 수 있도록 눕혀 재웁니다. 아기의 수면 패턴은 생후 3~4개월 이내에 어느 정도 완성되기 때문에 이때 안겨서 자 버릇하면 계속 안겨서 자려고 합니다. 따라서 아이가 졸려 하면 완전히 잠들 때까지 안고 있다가 눕히기보다는 어느 정도 의식이 있을 때 잠자리에 눕혀서 그 상태에서 잠이 들 수 있도록 해야 합니다. 아이가 잠들기 전에 기도를 해주거나 책을 읽어주는 반복된 행동들을 해줌으로써 잠잘 시간임을 알려주는 것도 도움이 됩니다. "이제 잘 시간이야"라고 말해주기, 씻겨주고 기저귀 갈아주기, 노래 불러주기, 방의 불빛을 어둡게 해주기 등은 아이가 잠잘 준비를 하는 데 도움이 됩니다.

낮잠은 어떻게 재울까?

신생아 때는 먹는 시간 외에 거의 대부분의 시간에 잠을 자며, 최소 100일이 지나야 일정한 낮잠 패턴을 갖게 됩니다. 생후 4개월 무렵에는 하루 3번, 6개월부터는 보통 오전과 오후에 1번씩 낮잠을 재웁니다. 3세 전까지는 하루에 2번 정도 낮잠을 자도 괜찮지만, 5세 이후부터는 낮잠이 밤잠에 영향을 미치기 때문에 하루 1번 정도로 줄이는 것이 좋습니다.

신생아 시기에는 밤낮 구분이 없지만 생후 100일이 지나고 나서부터는 되도록 낮잠을 자는 습관을 들이는 것이 좋습니다. 아이가 잠을 안 잔다면 억지로 재울 수는 없는 노릇이지만, 낮잠을 재우는 편이 아이의 성장과 체력 회복에 좋습니다.

일단 아이가 오전에 늘 졸려 하는 시간을 찾아 그 시간에 항상 잠을 잘 수 있도록 습관을 들이는 것이 중요합니다. 그리고 배가 고프면 잠들어도 자주 깰 수 있기 때문에 충분히 수유를 하여 배가 고프지 않도록 한 후에 재웁니다. 아이가 편안히 잠드는 데 도움을 주는 특정한 물건이나 상황들이 있다면 그것을 활용해도 좋습니다. 가령, 잠을 재울 때 특정 인형을 곁에 놓아준다거나 어떤 공간에 눕혔을 때 특별히 잠을 더 잘 잔다면 애착 물건이나 환경의 도움을 받아도 좋습니다. 하지만 젖이나 공갈젖꼭지를 물리거나 혹은 무조건 안아서 재우는 것은 바람직하지 않습니다. 오히려 아이가 그것에 집착하게 되어 젖이나 공갈젖꼭지를 물려주지 않거나 안아주지 않으면 잠을 자지 못하는 역효과가 나타날 수도 있으니 주의해야 합니다.

또한, 낮잠 시간이 너무 길어지면 밤잠을 적게 자고 밤낮의 수면 패턴이 바뀔 수 있으니 생후 12개월이 지나고 나서부터는 낮잠을 2~3시간 이상 재우지 않도록 합니다. 아이를 깨울 때는 억지로 흔들어 깨우기보다는 조용히 안아 올려 햇볕을 쬐어주는 등 자연스럽게 깨우는 것이 좋습니다.

낮잠은 아이에 따라 다르게

수면 패턴이나 수면 시간은 아이마다 다릅니다. 일반적으로는 낮잠을 자야 건강하고 튼튼해지지만 만약 아이가 낮잠을 정말 안 자려고 한다거나 싫어한 다면 굳이 낮잠을 재우지 않는 것이 좋습니다. 또한, 낮잠을 자지 않아도 쉽게 지치지 않고 칭얼거리거나 울지 않는다면 무리해서 낮잠을 재우지 않아도 됩니다. 어린이집 선생님께도 이러한 사실을 미리 알려서 아이가 낮잠 시간에 혼자서 조용히 놀 수 있게 합니다.

초보 부모를 위한 TIP

수면 교육, 꼭 필요할까?

아이에게 수면 교육이 필요한지에 대해서는 전문가마다 의견이 다릅니다. 물론 아이마다 성향의 차이가 있기 때문에 무조건 시간에 맞춰 강압적으로 재우는 것은 옳지 않습니다. 하지만 사람의 몸이 건강하려면 규칙적인 생체리듬을 유지하는 것이 좋습니다. 따라서 밤낮이 바뀌었거나 수면 상태가 불규칙하다면 적절하게 수면 교육을 시키는 것이 필요합니다.

생후 9~12개월 전까지는 잠을 자고 깨는 시간이 불규칙적이어서 일정한 수면 패턴의 형성이 어렵지만, 생후 12개월에서 6세까지는 충분한 수면 시간을 확보하고 잠자는 시간을 고정시키는 것이 좋습니다.

적절한 수면 시간은 연령에 따라 조금씩 다릅니다. 미국수면의학회의 권고에 따르면 1~2세 아이들은 하루 총 11~14시간, 3~5세 아이들은 1~2시간 정도의 낮잠 1~2번을 포함하여 하루 총 10~13시간 정도의 잠을 자는 것이 좋습니다. 그리고 늦어도 저녁 9~10시 이전에 잠을 자고 아침 7~9시에 일어나는 것을 규칙으로 삼아 일정한 시간에 잠자리에 들도록 습관을 형성하는 것이 중요합니다. 아이마다 기질이 다르기에 절대적으로 앞서 언급한 수면 시간을 지켜야 하는 것은 아니지만, 되도록 충분히 수면을 취하고 밤낮이 바뀌지 않도록 어릴 때부터 몸에 익히는 것이 건강한 성장의 필수 요소입니다.

공갈젖꼭지와 보행기,
쓰는 게 좋을까?

"여보, 하민이가 공갈젖꼭지를 빼면 자꾸 잠들었다가도 다시 깨."

"보통 6~7개월 지나면 빠는 욕구가 사라져서 빼도 괜찮아질 거라던데."

"근데 어떻게 하지? 하민이는 유독 공갈젖꼭지를 빼기만 하면 자꾸 울면서 찾아."

"빨면서 자는 습관이 들면 안 좋을 것 같아서 걱정이네. 그래도 공갈젖꼭지를 안 물리고 재우도록 노력해보자. 아, 그런데 보행기는 없어도 되나?"

"보행기가 있으면 편하긴 하지. 하진이 하준이 둘 다 잘 썼으니까. 그런데 애들이 호기심이 많아져서 가고 싶은 데로 갈 수 있는 건 좋은데, 가끔 너무 위험한 건 아닌가 해서 걱정이 되긴 해. 일단 아직은 시간이 있으니 좀 더 생각해보자."

초보 부모의 가장 큰 고민 중 하나는 공갈젖꼭지와 보행기 사용입니다. 많은 부모들의 걱정과는 달리 아직까지 공갈젖꼭지를 오래 사용하거나 보행기를 오래 태운다고 해서 심각한 부작용이 나타난다고 보지는 않습니다. 어느 정도 사용하는 것이 적정한지를 두고는 의견이 다소 갈리지만, 아이의 상황과 성향에 맞춰 사용 중단 여부를 결정해도 무방합니다.

공갈젖꼭지, 언제 어떻게 뗄까?

공갈젖꼭지를 쓰지 말라고 하는 데는 크게 2가지 이유가 있습니다. 첫째, 공갈젖꼭지를 빨 때 사용하는 근육이 엄마 젖을 빨면서 만들어진 자연스러운 근육과는 달라 발달이 불완전할 수 있습니다. 둘째, 공갈젖꼭지를 너무 오래 사용할 경우 치아의 변형이 올 수 있습니다. 또한, 공갈젖꼭지를 물 때 들어오는 공기로 인해 귀에 가해지는 외부와 내부의 공기 압력 차로 중이염이 생길 수도 있어서 공갈젖꼭지의 사용을 권하지 않기도 합니다.

반면, 공갈젖꼭지를 쓰면 정서적으로 안정이 되고 특별한 이유 없이 울고 보채는 영아산통이 줄어들며 손가락을 빠는 행동을 줄일 수 있다는 의견도 있습니다. 공갈젖꼭지 사용을 둘러싼 이와 같은 찬반 의견은 의학적인 근거가 있다기보다는 대부분 경험에서 나온 의견이 많기 때문에 각각의 의견을 참고하여 내 아이의 상황에 맞게 사용하는 것이 좋습니다.

공갈젖꼭지를 사용한다면 일반적으로 생후 4주 이후부터 사용할 것을 권고합니다. 만약 그보다 너무 일찍 사용하면 아기가 공갈젖꼭지의 감촉에 익숙해져서 엄마 젖을 빨지 않으려고 하는 유두 혼동이 일어나 모유 수유에 어려움을 겪을 수도 있습니다. 생후 6~7개월 정도가 되면 빠는 욕구가 줄어들어서 자연스럽게 공갈젖꼭지 물기를 멈추는 경우도 있지만, 그렇지 않은 경우 너무 오랜 기간 동안 사용하지 않도록 합니다. 공갈젖꼭지를 장기간 사용하다 보면 수유나 언어 발달에 지장을 줄 수도 있습니다.

배고파서 우는 아이에게 무조건 공갈젖꼭지를 물리면 나중에는 먹을 것을 줘도 잘 안 먹을 수 있으니 배고플 때 주는 것은 피하도록 합니다. 빈 젖병 꼭지를 공갈젖꼭지 대용으로 사용하면 아기가 공기를 들이마셔서 속이 불편해지기도 하니 유의하도록 합니다. 아이에게 공갈젖꼭지를 물릴 때는 깨끗하게 잘 소독해서 건네도록 합니다.

보행기, 아이의 위험과 모험 사이

보행기는 아이가 혼자 앉아 있을 수 있는 생후 7~8개월 이후에 사용하도록 합니다. 그전에는 아이가 허리에 힘을 줄 수 없기 때문에 사용을 권하지 않습니다. 무엇보다 보행기를 사용하면 아이가 보행기를 끌면서 자신의 주변을 탐색하며 노는 동안 부모가 쉬거나 다른 일을 할 수 있다는 장점이 있습니다. 또한, 아이가 이리저리 보행기를 끌고 다니며 왕성한 호기심을 충족시킬 수 있습니다.

하지만 아이가 보행기를 너무 자주, 오래 타는 것을 권하지는 않습니다. 보행기를 오래 타게 되면 정상적인 척추 발달에 지장을 줘 걷는 것이 늦어질 수 있습니다. 게다가 아이가 보행기를 타면 활동 반경이 넓어지면서 자칫 계단이나 턱이 있는 곳에 가게 되어 다치는 경우가 생길 수도 있습니다. 호기심에 눈에 보이는 것마다 잡아당겨 사고를 당할 확률도 높아집니다. 이러한 이유들 때문에 최근에는 보행기 사용을 권장하지 않는 추세이며 보행기 사용을 아예 금지하는 나라들도 있습니다.

필요하다면 지혜롭게 사용하자

아이의 기질과 이를 받아들이는 부모의 생각은 저마다 다릅니다. 따라서 공갈젖꼭지나 보행기 등이 필요하다고 판단되면 과하지 않은 범위 내에서 지혜롭게 사용하도록 합니다. 공갈젖꼭지나 보행기를 비롯해 아이를 키우는 동안 사용하게 되는 여러 육아 도구들을 둘러싸고 다양한 의견이 존재합니다. 장단점이 명확한 경우에는 더욱 그렇습니다. 어느 정도의 위험성이 존재하는 도구라면 가급적 사용하지 않는 것이 좋다는 의견에는 공감합니다. 하지만 부모의 양육과 아이의 발달 등에 일정 부분 장점이 있다면 무작정 안 된다고 금지하기보다는 과하지 않은 정도로 사용의 수위를 조절하는 지혜가 필요할 것입니다.

초보 부모를 위한 TIP

영유아의 마스크 착용

코로나19 유행을 비롯해 미세먼지 등의 이유로 외출 시 마스크 착용은 이제 필수가 됐습니다. 하지만 영유아의 경우 마스크를 어떻게 사용해야 하는지에 대해서는 아직까지도 의견이 분분합니다. 다만 협의된 바가 있다면, 생후 24개월 미만의 아이들은 호흡이 힘들거나 숨이 찰 때 본인의 의사를 표현하기 어려울 수 있기 때문에 마스크를 착용하지 않도록 권고합니다. 자칫 잘못하다가는 질식이나 산소 공급 부족으로 인한 뇌 손상까지

올 수 있기 때문입니다. 마스크 착용을 하지 않은 생후 24개월 미만의 아이들은 유모차에 태운 후 바람막이를 해서 다른 사람들과의 직접적인 접촉을 피하도록 합니다. 또한, 생후 24개월 이후의 아이라도 마스크를 장시간을 착용하거나 마스크를 낀 채 잠들게 되면 역시 산소 공급 부족을 일으킬 수 있으니 짧은 시간만 사용할 수 있도록 주의해서 살펴봐줘야 합니다.

선택 예방접종,
어디까지 맞춰야 할까?

"로타릭스로 할까? 로타텍으로 할까?"

"무슨 소리야?"

"선택 예방접종 말이야. 로타릭스는 두 번이면 되고, 로타텍은 세 번 맞아야 해."

"아니, 로타 바이러스 예방접종을 꼭 해야 해?"

"당연하지. 영유아 때는 장염이 잘 발생해서 꼭 필요해. 나중에 크게 아프고 고생하는 것보다는 맞추는 게 낫지."

"필수 예방접종은 했잖아. 선택 예방접종을 꼭 해야 하는지 모르겠네."

아이가 태어난 후 우리 부부는 예방접종 문제로 많이 다투었습니다. 필수 예방접종은 맞았지만 추가 비용을 들여가며 선택 예방접종을 꼭 해야 하는지, 하게 되면 무엇을 해야 하는지에 대해서 의견을 모으기가 쉽지 않았습니다. 지금은 예전과 달리 폐렴구균, B형 헤모필루스 인플루엔자는 국가필수 예방접종 항목이 되었고, 2023년 3월부터는 로타 바이러스도 국가필수 예방접종 항목으로 편입됐습니다.

예방접종의 필요성

예방접종에 대한 규정은 그동안 여러 번 변경됐습니다. 현재 국가필수 예방접종으로 예방 가능한 감염 질환은 16가지입니다. 예방접종은 백신을 통해 미리 해당 병에 걸린 효과를 일으켜 아이의 체내에 병원체를 만들어 향후 병에 걸리지 않기 위한 것으로 예방접종을 한다고 해서 100% 해당 질병을 예방할 수 있는 것은 아닙니다. 하지만 B형간염처럼 예방접종을 통해 질환의 발생률이 현저히 낮아진 질환도 있고, 독감과 같은 유행성 질환은 예방접종을 할 경우 병에 걸리더라도 경미한 증상만 나타내고 지나가기 때문에 예방접종은 꼭 하도록 정하고 있습니다. 나라에서는 이를 필수 예방접종으로 분류하여 국가 차원에서 그 비용을 지원하고 아이의 건강을 위해 시기에 맞게 접종할 수 있도록 합니다. 반면, 필수 예방접종 항목에 포함되지 않은 질환에 대해서는 백신을 선택적으로 접종할 수 있는데, 이는 추가 비용이 발생하기 때문에 부모가 여러 상황을 고려하여 판단하게 됩니다.

선택 예방접종 중 부모들이 가장 많이 고민하는 것은 영유아의 장염을 일으키는 로타 바이러스와 뇌수막염을 일으키는 수막구균에 대한 백신입니다. 현재 보고에 따르면 85%의 부모님들이 로타 바이러스에 대한 선택 예방접종을 실시하고 있다고 알려져 있습니다. 가장 많이 사용하는 백신은 로타릭스(2회), 로타텍(3회)으로 둘 중 선택하여 접종이 가능합니다. 로타 바이러스에 대한 백신도 2023년 3월부터 생후 2~6개월 영아를 대상으로 국가필수 예방접종 항목으로 시행되고 있고, 로타릭스(2회), 로타텍(3회) 모두 접종이 가능하다고 하니 꼭 지정의료기관 및 보건소에 문의해보는 것이 좋습니다.

뇌수막염을 일으키는 세균은 폐렴구균, 수막구균, B형 헤모필루스 인플루엔자Hib입니다. 그중에서 B형 헤모필루스 인플루엔자와 폐렴구균 예방접종이 각각 2013년, 2014년도에 필수 예방접종 항목에 포함됐습니다. 하지만 수막구균 예방접종은 아직까지 선택 항목으로 남아 있습니다. 수막구균 감염은 수막구균이라는 세균에 의해 뇌수막이 감염되어 나타나는 세균성 뇌수막염 중 하나로 치명적인 후유증을 남길 수 있으나 백신 접종으로 예방이 가능합니다. 생후 2개월에 접종을 실시하면 4회, 2세 이후에 접종하면 1회만 접종하기 때문에 종종 2세 이후에 접종하는 것을 권하는 이야기도 있지만, 뇌수막염의 발병률은 생후 6개월 이전에 가장 높기 때문에 이를 고려해서 수막구균 예방접종 시기를 판단해야 합니다.

예방접종 시 주의 사항

예방접종은 되도록 오전에 하도록 합니다. 경우에 따라 열이 나기도 하고 알레르기 반응이 나타날 수도 있으니 오후에 경과를 살펴보기 위해 오전 접종을 권합니다. 예방접종을 한 날은 되도록 목욕을 시키지 않기 때문에 미리 목욕을 시켜두는 것이 좋습니다. 부득이하게 목욕을 시켜야 한다면 빠르게 마쳐 아이

국가필수 예방접종 시기 및 횟수

감염병	예방백신 종류	횟수	개월										만 나이			
			0	1	2	4	6	12	15	18	24	36	4	6	11	12
B형간염	HepB	3	1차	2차			3차									
결핵	BCG	1	1차													
디프테리아, 파상풍, 백일해	DTaP	5			1차	2차	3차		4차				5차			
	Tdap/Td	1													6차	
폴리오	IPV	4			1차	2차	3차						4차			
B형 헤모필루스 인플루엔자	Hib	4			1차	2차	3차	4차								
폐렴구균	PCV	4			1차	2차	3차	4차								
로타 바이러스	RV(로타릭스)	2			1차	2차										
	RV(로타텍)	3			1차	2차	3차									
홍역, 유행성 이하선염, 풍진	MMR	2							1차				2차			
수두	VAR	1							1차							
A형간염	HepA	2						1~2차								
일본뇌염	JE(사백신)	5							1~2차		3차		4차			5차
	JE(생백신)	2							1차		2차					
인유두종 바이러스	HPV	2													1~2차	
인플루엔자	IIV	–					매년									

가 지치지 않도록 합니다. 만약 접종 당일 날 아침 아이가 열이 나거나 컨디션이 좋지 않으면 접종을 미루도록 합니다. 예방접종은 미리 날짜를 당겨서 맞는 것은 안 되지만 날짜를 미루는 것은 괜찮으니 무리해서 맞기보다는 아이의 상태가 좋지 않다면 다음으로 미루도록 합니다. 그리고 혹시나 모를 실수를 방지하기 위해 아기 수첩의 예방접종 내역을 확인하여 몇 차 접종을 실시해야 하는지 알고 있는 것이 좋습니다. 예방접종은 나누어서 하기보다는 같이 접종할 수 있다면 되도록 같은 날 한 번에 접종하는 것을 추천합니다.

초보 부모를 위한 TIP

결핵 예방접종과 혼합 백신 ✏️

- 결핵BCG 예방접종은 피내용과 경피용, 2가지 종류가 있습니다. 예전부터 '불주사'라고 불렸던 피내용 접종은 필수 예방접종으로 무료입니다. 반면, 9개의 침을 2번 눌러서 접종하는 방식의 경피용 접종은 흉이 덜 남는다고 하여 요즘 부모들이 피내용 접종 대신 많이 선택하는 결핵 예방접종입니다. 경피용 접종은 별도의 비용을 부담해야 합니다.

- 최근에 6가지 질환을 한 번에 예방하는 6가 혼합 백신이 출시됐습니다. 디프테리아, 파상풍, 백일해DTaP를 예방하는 기존의 예방접종에서 소아마비와 B형 헤모필루스 인플루엔자까지 예방하는 5가 백신에 이어 한 단계 더 발전하여 B형간염까지 예방하는 백신입니다. 6가 혼합 백신은 아직까지 유료입니다. 하지만 접종 횟수를 줄이고자 한다면 비용을 내고 6가 혼합 백신으로 접종이 가능합니다. 6가 혼합 백신은 생후 0개월에 B형간염 백신을 접종한 생후 2개월 이상 영아를 대상으로 생후 2, 4, 6개월에 3회 접종합니다.

아이에게 좋은 소아과, 한의원 고르기

공중보건의 시절, 다른 지역에서 근무할 때 아이가 기침이 너무 심해져서 지인들에게 주위의 이비인후과나 소아과를 추천해달라고 한 적이 있었습니다. 마침 주변의 이름난 의원을 추천받았는데 알고 보니 치료를 잘한다고 소문난 그 의원은 여러 문제가 있었습니다. 이제 돌을 갓 지난 아이에게 항생제를 지나치게 처방하는가 하면, 기침 증상이 있을 때는 기관지를 확장시키는 천식 패치를 처방했습니다. 나중에 건너서 들은 이야기에 따르면 대부분의 부모들이 아이가 빨리 낫기를 바라기 때문에 센 약을 처방받기를 원하고, 오히려 과하지 않은 약을 써서 증상이 바로 사라지지 않으면 치료를 못한다고 생각하기 때문에 어쩔 수 없는 면이 있다고 하더군요. 하지만 아이들의 건강을 우선적으로 고려한다면 적정한 약을 처방해야 합니다. 부모님들도 무조건 빨리 낫는 약을 바라기보다는 안전한 치료를 고집해야 합니다.

항생제 처방 내역을 확인하자

최근에는 건강보험심사평가원을 통해 주변의 병원에서 항생제를 얼마나 처방하고 있는지 알 수 있습니다. 건강보험심사평가원 홈페이지에 접속해 의료평가정보 중 병원평가 항목을 클릭한 후 병원평가 검색 탭으로 들어가 상세 항목들을 입력하면 주위에 있는 병원 및 의원에서 항생제를 얼마나 사용하는지를 살펴볼 수 있습니다. 이에 따르면 급성 상기도감염(감기)의 경우 각급 병원의 항생제 처방률은 2002년 73.95%에서 2012년 44.26%, 2021년 35.14%로 점점 감소하여 지난 20년간 거의 절반 수준으로 떨어졌음을 알 수 있습니다. 이는 무분별한 항생제 사용이 아이에게 유익하지 않다는 것을 의료진과 많은 부모들이 우려하고 있기 때문으로 보입니다. 하지만 아직까지도 인구 1,000명당 1일 항생제 소비량을 찾아보면 경제협력개발기구 평균(18.3)에 비해 우리나라는 26.5로 그 사용량이 31개국 중에 세 번째로 높게 나타나고 있어 전반적으로 항생제 처방률이 높음을 알 수 있습니다(2019년도 데이터 기준).

하지만 과도한 항생제의 남용은 항생제 내성을 일으키고, 기관지 확장제가 들어간 패치는 교감신경을 항진시켜 불면, 악몽, 손 떨림, 경련 등의 부작용이 나타날 수도 있기 때문에 빠른 호전을 위해 무분별하게 약을 처방하는 것은 지양해야 합니다. 빠르게 낫고 거짓말처럼 좋아지는 의원보다는 조금 천천히 낫더라도 길게 보았을 때 아이를 건강하게 치료하고자 하는 병원을 선택하는 것이 현명합니다.

좋은 한의원 선택법

한의학은 같은 증상이라고 하더라도 무엇에 중점을 두느냐에 따라 치료 방향과 치료법이 다를 수 있기 때문에 한의원마다 처방이 다양합니다. 한의원을 선택할 때는 이 증상이 어떤 이유로 생긴 것인지, 해당 원인을 치료하기 위해서는 어떤 과정이 필요한지, 치료 후에는 어떤 결과를 기대할 수 있는지 충분히 설명해주는 곳을 선택하는 것이 좋습니다. 과도한 마케팅이나 상업적 광고에 현혹되어 높은 비용을 지불하기보다는 깨끗하고 검증된 약재를 사용하여 정직하게 약을 제조하는 한의원이 나으며 아이를 대하는 태도가 따뜻하고 세심한 곳이면 더욱 추천합니다.

< 한의사 아빠의 육아 이야기 >

예전부터 내려오는 전통 놀이, 단동십훈

단동십훈은 단군왕검의 혈통을 이어받은 아이들이 지켜야 할 10가지 가르침인 '단동치기십계훈檀童治基十戒訓'의 준말로 오래전부터 이어져온 교육법이자 놀이법입니다. 단동십훈은 각 시기별로 아이의 신체 및 정서 발달에 좋은 활동들로 구성되어 있어서 오늘날의 관점에서 봐도 그 효용성이 뛰어납니다.

시기	추천 놀이	기대되는 발달 사항	시기	추천 놀이	기대되는 발달 사항
3개월	도리도리	목 가누기	9개월	불아불아 섬마섬마	다리 힘 증진
6개월	지암지암 짝짜꿍짝짜꿍	눈과 손의 협응력과 소근육 발달	12개월	곤지곤지	손가락 미세근육 발달
7개월	질라아비휠휠 시상시상	전신근육 및 균형감각 발달			

불아불아弗亞弗亞

아이의 허리를 잡고 좌우로 흔들면서 '불아불아'라고 해줍니다. 불弗은 하늘의 기운이 땅으로 내려온다는 뜻이고, 아亞는 땅의 기운이 하늘로 올라간다는 뜻입니다. 이 운동은 기운을 위아래로 순환시키면서 척추를 바로 세우는 효과가 있어 뇌와 척추의 성장에 도움을 주고 다리의 힘을 길러줍니다.

시상시상詩想詩想

아이를 앉혀놓고 앞뒤로 흔들면서 '시상시상'이라고 해줍니다. 이는 사람의 심신은 하늘에서 받은 것으로 자연과 하늘의 뜻에 순응하라는 의미입니다. 앞뒤로 흔들어주는 동작은 균형감각과 신체 발달에 도움이 됩니다.

도리도리道理道理

아이의 머리를 좌우로 돌리며 '도리도리'라고 해줍니다. 이는 하늘의 이치와 만물의 도리를 깨닫는다는 뜻입니다. 목을 좌우로 흔들어주면 경추 및 척추의 발달을 돕고 뇌신경을 활성화시키는 작용을 합니다.

지암지암持闇持闇

두 손을 쥐었다 폈다 하면서 '잼잼'이라고 해줍니다. 이는 쥐고 놓음을 알라는 뜻입니다. 손가락 운동으로 소근육을 발달시키고 심장 기능과 혈액순환을 강화하는 효과가 있습니다.

곤지곤지坤地坤地

오른쪽 집게손가락으로 왼쪽 손바닥을 찔으면서 '곤지곤지' 해줍니다. 하늘의 원리와 함께 땅의 이치도 깨닫는다는 뜻입니다. 손바닥의 혈을 자극함으로써 혈액순환을 촉진하고, 뇌 기능의 발달을 강화하는 작용을 합니다.

섬마섬마西摩西摩

아이를 손바닥 위에 올리고 척추를 펴면서 중심을 잡도록 서게 하고 '섬마섬마'라고 해줍니다. 스스로 일어나 독립적으로 살라는 뜻입니다. 척추를 곧게 펴게 해주고 운동감각을 강화시키며 소뇌를 발달시키는 작용을 합니다.

업비업비業非業非

아이가 하지 말아야 할 것을 할 때 '어비어비'라고 말해줍니다. 어떤 일을 하든지 바르지 않은 것은 하지 말라는 뜻입니다.

아합아합亞合亞合

손바닥으로 입을 막는 흉내를 내며 '아함아함' 말해줍니다. 입을 막은 것처럼 말을 늘 조심하라는 뜻입니다.

작작궁작작궁作作弓作作弓

두 손바닥을 마주치며 박수를 치면서 '짝짜꿍짝짜꿍' 해줍니다. 하늘과 땅의 조화를 깨닫고 흥을 돋운다는 뜻입니다.

질라아비훨훨의地羅亞備活活議

아이의 팔을 잡고 춤추는 동작을 하며 '질라아비훨훨' 해줍니다. 땅의 기운인 지기地氣를 받아 훨훨活活 잘 자라라는 뜻입니다. 손과 발을 흔들면 혈액순환이 촉진되고 심장 기능이 튼튼해집니다.

이것이 아이 키우는 재미

키 큰 아이로
성장시키는 비법

"하진이가 키가 몇이지?"

"저번에 검진할 때 보니까 100센티 정도였는데. 발육 백분율이 어느 정도 될까?"

"음, 보자…… 100센티면 지금 만으로 4살이고 여아니까, 엥? 아직 50프로도 안 되네?"

"정말? 크지는 않네. 이러다 나중에 또래보다 작으면 어쩌지?"

"그러게, 그래도 너무 걱정하지 마. 어린 나이에는 키 몇 센티에도 퍼센트 차이가 많이 나니까. 너무 신경 쓰지 말고 참고만 하자."

상담을 하다 보면 이미 훌쩍 커버린 자녀를 둔 부모님들이 공통적으로 아쉬워하는 부분이 있는데 그중 하나가 키에 대한 것입니다. 자녀의 성별에 관계없이 자녀의 키를 두고 아쉬워하는 부모님들이 생각보다 많습니다. 남자아이를 둔 부모님들이 키에 더 관심을 보이는 경향이 있긴 하지만, 최근에는 여자아이를 둔 부모님들도 그에 못지않게 키에 관심을 보이곤 합니다.

아무래도 외모에 대한 관심이 예전에 비해 더 높아진 사회적 분위기 때문이기도 하고, 체중은 나이가 들어서도 조절할 수 있지만 키는 시기를 놓치면 노력을 기울여도 바꿀 수 없기 때문에 더 아쉬움이 생기는 것 같습니다.

키 크는 생활 습관을 키워주자

키는 유전, 식성, 수면, 운동, 질병 등 여러 가지 요인이 복합적으로 작용하기 때문에 성장기에 딱 한 가지만 잘 관리해서 키를 키우는 것은 어렵습니다. 하지만 같은 맥락에서 유전적 요소를 고려하더라도 누구나 키가 커질 가능성이 있기 때문에 적절한 생활 습관을 갖추고 충분한 영양을 섭취한다면 더 못 클 이유도 없습니다.

키를 키우기 위해 가장 중요한 것은 성장호르몬의 원활한 분비를 위해 일찍 자는 것입니다. 일반적인 생체리듬을 고려하면 성장호르몬은 이른 밤부터 분비되기 시작해 깊이 잠들면 왕성하게 분비되는 것으로 알려져 있습니다. 일찍 자는 것이 어릴 때부터 습관으로 배어 있지 않으면 아이가 커갈수록 점점 늦게 잠들기 때문에 하루아침에 일찍 잠자리에 들기 쉽지 않습니다. 따라서 어릴 때부터 일찍 잠자리에 드는 습관을 길러주어 성장호르몬이 충분히 분비될 수 있도록 합니다.

당연한 이야기이지만 적절한 영양이 뒷받침되지 않으면 건강하게 클 수 없습니다. 인스턴트식품, 냉동식품에 입맛이 길들여지기보다는 여러 가지 영양소가 충분히 포함된 식사를 어릴 때부터 할 수 있게 해야 합니다. 충분한 영양소를 섭취하지 않으면 신체가 성장하고 발달하는 데 한계를 겪게 됩니다. 하지만 반대로 영양 과잉으로 너무 비만해지지 않도록 조절하는 것도 필요합니다. 성장호르몬은 지방을 태워서 없애주는 역할도 하는데 체내 지방이 너무 많으면 성장호르몬이 지방을 연소하는 일에 집중하게 되어 성장이 더뎌질 수밖에 없습니다.

잦은 감기 등의 잔병치레가 많아도 키가 제대로 크지 않습니다. 비염, 수면장애, 장염 등의 질병이 있으면 소화장애 및 식욕부진이 동반될 수 있어 영양이 충분히 공급되지 못하고 인체가 그 질환의 치료와 회복에 집중하기 때문에 키 성장이 제대로 이루어지지 않습니다. 따라서 아이가 앓고 있는 질병이 있다면 질병을 먼저 치료하고 면역력을 높이는 것이 우선입니다. 규칙적인 운동은 면역력 강화에도 도움이 되지만 성장판을 직접 자극시켜 키 성장을 촉진시키는 역할도 합니다. 줄넘기나 농구 등 무릎을 사용하는 운동이나 일주일에 3~4회 이상의 유산소운동을 하는 것만으로도 키 성장에 도움이 될 수 있습니다.

키 크는 마법이 있다?

그렇다면 키를 크게 하는 약은 있을까요? TV 등을 보면 키 성장에 효과가 입증됐다고 광고를 하는 건강기능식품들을 접할 수 있습니다. 하지만 이러한 약들은 체계적 연구와 실험을 거친 약들이 아님을 알고 무분별한 광고나 후기에 현혹되지 않는 것이 좋습니다. 아이의 키에 도움이 되는 약은 아이의 상태를 잘 분별하여 아이의 성장에 방해되는 요소를 제거해줘서 키가 크는 데 가장 좋은 환경을 만들어주는 약입니다. 가령, 잠을 못 자는 경우, 식욕부진이 있는 경우, 혹은 비염이나 축농증 등으로 성장에 방해를 받고 경우라면 이런 증상들을 근본적으로 치료하여 키 성장에 방해가 되지 않도록 돕는 것이 우선입니다. 부모의 키가 작아 유전적으로 아이의 키가 작을 것이라고 예상될지라도 적절한 영양과 바른 생활 습관, 충분한 수면과 운동 등을 통해 키 성장의 가능성을 높이는 것이 가장 좋은 방법임을 잊지 않아야 합니다.

초보 부모를 위한 TIP

성조숙증

성조숙증은 몸의 변화를 일으키는 성호르몬이 보통의 경우보다 이르게 분비되어 신체에 빠른 변화가 생기는 경우를 말합니다. 여아가 남아보다 5~10배 정도 더 많이 발생하는 경향이 있고, 의학적으로는 원인을 알 수 없는 경우가 더 많으나 뇌종양, 뇌염, 수두증 등의 뇌 문제로 인한 성호르몬 분비 이상으로 성조숙증이 발생할 수도 있습니다. 이때는 성호르몬이나 성장 자극 호르몬의 분비가 떨어졌는지, 반대로 성호르몬이 과다 분비되고 있는 것은 아닌지에 대해서도 검사가 필요합니다. 만일 그렇다면 이에 대한 약물치료가 필요합니다.

성조숙증 진단 기준은 다음과 같습니다.

① 만 8세 이전의 여아가 유방 발달을 겪거나 혹은 만 9세 이전의 남아가 고환이 4㎖이상으로 커지는 경우(보통의 경우 여아는 10세경에 유방이 발달하고, 남아는 12세경에 고환

이 커집니다.)

② 골연령이 실제 나이보다 많은 경우

③ 성선자극 검사상 성호르몬 수치가 일정 수준 이상인 경우

: 성선자극 호르몬분비 호르몬GnRH을 투여한 후 15~30분 간격으로 2시간 동안 혈중 황체화 호르몬LH, 난포자극 호르몬FSH 농도를 측정했을 때 황체화 호르몬의 최고 농도가 5IU/L 이상이면 활성화됐다고 판단합니다.

위 조건에 해당하는 경우에 성조숙증으로 진단합니다. 이 진단에서 문제가 발견되면 의료진과 상의해서 기질적인 문제가 있는 경우 치료에 임해야 합니다. 하지만 이러한 조건에 해당되지 않고 단지 털이 나고 가슴이 발달한다는 막연한 외형적인 사실만으로 성조숙증을 걱정할 필요는 없습니다. 아이들마다 성장 속도가 다르며, 가족력에 따라서 사춘기가 빨리 시작되는 아이도 있고, 늦게 시작하는 아이도 있기 때문입니다. 따라서 의학적으로 문제가 있는 상태가 아니라면 단순히 성호르몬을 조절하는 것보다는 아이에 대한 지속적인 관심과 관찰을 통해 성조숙증을 일으키는 원인(비만, 스트레스, 운동 부족 등)을 찾아 이를 교정하는 것이 바람직합니다.

비만한 아이가 되는 것을 예방하려면

"원장님, 우리 아이는 몸무게가 너무 많이 나가는 것 같은데 괜찮을까요?"

"정도에 따라 다르지만 심각할 정도만 아니면 괜찮아요. 몸무게 백분율이 어느 정도 되는지 아세요?"

"지난 영유아 검진 때 키는 50프로인데, 몸무게는 상위 10프로 정도라고 했어요."

"키는 보통인데 몸무게가 상위 10프로에 해당하면 많이 나가는 편이네요. 하지만 성장할 시기이니 먹는 것을 너무 제한할 수는 없고, 일단 먹는 걸 바꿔보세요. 빵이나 떡 같은 탄수화물은 좀 줄이고 고기류 섭취는 늘려보세요."

소아의 경우에는 어른과 달리 비만을 조심하고, 또 조심해야 합니다. 소아비만으로 인해 어릴 때 늘어난 세포 수는 성인이 되어도 줄어들지 않아 지속적으로 비만으로 발전할 가능성이 높기 때문입니다. 게다가 소아비만은 또 다른 질병인 당뇨, 고혈압, 고지혈증과 같은 합병증을 유발하기 때문에 이를 피하기 위해서라도 반드시 주의를 기울여야 합니다. 또한, 비만으로 인해 몸에 지방이 많이 쌓이면 성호르몬 분비를 자극시켜서 2차 성징이 다른 아이들보다 빨리 나타날 수 있습니다.

아이들의 체형은 다양하다

먼저 비만에 대한 경각심을 갖되 너무 죄악시하는 분위기를 되돌아볼 필요가 있습니다. 사람의 체형은 다양합니다. 마른 사람이 있는가 하면, 골격이 큰 사람도 있고, 뚱뚱한 사람도 있습니다. 그러나 오늘날에는 마른 체형이 아름답다고 강조하는 분위기가 있다 보니 살이 찌거나 체형이 큰 사람들은 마치 문제가 있는 사람으로 낙인찍히곤 합니다.

물론 의학적으로 문제가 될 만한 비만은 여러 건강상의 문제를 야기하는 것이 사실입니다. 하지만 그렇다고 해서 마른 체형이 무조건 건강한 체형인 것은 아닙니다. 따라서 이런 잘못된 인식을 바꾸어 외부의 기준에 맞춰 자신의 체형을 조정하기보다는 자신의 타고난 기본적인 체형에 맞춰 건강을 유지하는 것이 좋습니다.

소아의 경우 체형이 크고 살이 많이 쪘다고 해서 아이에게 무조건 살 빼기를 강요하면 아이의 자존감이 낮아지는 등의 부작용이 뒤따를 수 있습니다. 따라서 아이의 타고난 체형과 유전적인 요소를 고려해 본연의 건강함을 유지하는 방향이 가장 바람직합니다. 성인이 다이어트를 하듯 엄격하게 체중 감량에 집중하기보다는 아이가 자신에 대한 긍정적인 자아상을 가질 수 있도록 하면서 건강을 위해 체중을 줄이도록 도와야 합니다.

균형을 맞추는 것이 중요하다

아이는 어른처럼 무조건 안 먹거나 적게 먹는 다이어트를 할 수 없습니다. 아이는 성장 중이기 때문에 발육을 고려해서 다양한 영양소를 골고루 잘 먹는 것이 필요합니다. 즉, 먹어야 하는 것과 먹지 말아야 하는 것 사이의 균형이 중요합니다. 따라서 무조건 먹는 양을 줄이기보다는 아이가 평소에 주로 무엇을 먹는지를 살펴보고 식습관을 바꾸는 데 주력해야 합니다. 실제로 비만으로 의심되는 아이들은 초콜릿, 과자, 빵, 음료수, 아이스크림 등의 음식을 좋아하는 경향이 크고 냉동식품이나 인스턴트식품 등을 즐길 확률이 높습니다. 먼저 이런 음식들의 섭취를 끊게 하고 균형 잡힌 식단으로 바꿔야 합니다.

탄수화물을 즐긴다면 탄수화물 대신 단백질 위주로 식단을 바꾸는 것이 좋습니다. 탄수화물도 아이의 성장에 반드시 필요한 필수영양소임은 맞습니다. 하지만 밥이나 밀가루, 면류를 즐기다 보면 쉽게 체중이 증가합니다. 따라서 탄수화물을 줄이되 고기류 섭취를 늘리는 편이 더 나을 수 있습니다. 고기류도 기름기가 적은 부위를 사용하거나 눈에 보이는 기름기가 있다면 미리 제거합니다. 조리 시에도 기름을 이용하는 요리(튀김, 전 등)보다는 굽거나 찌는 방법으로 조리한 음식을 섭취하게 합니다.

소아비만을 예방하려면 부모가 관심을 가지고 아이를 위해서 식단 조절 등에 신경 써주는 노력이 많이 필요합니다. 아이는 혼자서 식단을 조절하거나 좋아하는 음식을 끊을 수는 없습니다. 실제로 아이의 체중을 줄이기 위해서 집 안의 간식을 모두 없앨 것을 조언하면 많은 부모님들이 머뭇거리거나 실천하지 못하는 경우가 많습니다. '이 정도는 괜찮겠지' 혹은 '아이는 안 먹어도 부모인 내가 좋아하니 안 돼'라고 생각하여 과감히 끊지 못합니다. 조부모님이 아이를 양육하는 경우에는 식단 조절이 더 어려운 경우가 많습니다. 조부모의 경우 부모보다 허용적인 육아를 하는 경향이 크고, 아이들은 많이 먹어야 한다고 생각하는 편이어서 제약 없이 먹이는 경우가 많기 때문입니다. 물론 성장 발달 중인 아이가 잘 먹는 것은 중요합니다. 하지만 지나치게 많이 먹어 아이가 비만에 이른 상황임에도 '나중에는 살이 키로 간다'라는 막연한 생각으로 이를 합리화시켜서는 안 됩니다. 아이의 식성을 바꾸는 것은 쉬운 일이 아니기 때문에 온 가족의 노력과 협력을 통한 부단한 개선이 필요합니다.

작은 생활 습관이 비만을 예방한다

소아비만의 예방은 사소한 생활 습관에 달려 있기도 합니다. 아이가 아주 어릴 때는 우는 것을 달래기 위해 무조건 젖병을 주는 행동은 피해야 합니다. 아이가 우는 데는 다양한 이유가 있는데, 울 때마다 젖병을 주는 것이 습관화가 되면 아이가 다양한 욕구를 충족시키는 방법을 학습하지 못해 그저 먹는 행위로만 충족시키게 됩니다. 또한, 밥을 잘 먹지 않으려고 할 때 억지로 아이들에게 밥을 먹이는 행동, 쉽게 먹이기 위해 유튜브 동영상을 보여주며 먹이는 행동도 식사에 대한 잘못된 행동 양식을 심어줄 수 있으므로 피해야 합니다. 아이가 목말라할 때 물 대신에 우유나 주스 같은 음료를 먹이는 경우도 많은데, 목이 마를 때는 물을 먹게끔 교육하는 것이 필요합니다. 가까운 거리는 걸어다니게 하는 것도 작은 습관이지만 활동량을 늘리는 데 도움이 됩니다.

식사 시간을 제한하는 것도 좋습니다. 적어도 취침 2~3시간 전에는 먹는 것을 끝내는 것이 좋고 밥을 먹기 전 습관적으로 간식을 달라고 하는 것도 제한하는 등 식사 규칙을 세워서 따르게 하는 것이 좋습니다. 부모가 늦은 시간에 야식을 먹는 등의 습관이 있으면 아이도 따라서 먹게 되거나 조르게 되니 부모도 되도록이면 저녁 식사를 일찍 마치도록 하고 저녁 식사를 마치고 난 후에는 먹는 것을 자제해야 합니다. 잦은 간식 섭취나 야식을 먹는 습관이 들면 고치기 힘들어지니 어릴 때부터 바른 식습관을 가지도록 해야 합니다.

체중을 줄이기 위한 꾸준한 운동은 비만 예방에 도움이 됩니다. 체중을 감량하기 위해서는 계단 오르내리기, 줄넘기 같은 간단한 운동에서부터 걷기, 달리기, 자전거 타기, 수영, 에어로빅 같은 유산소운동을 추천하지만 아직 어린 소아의 경우는 충분한 야외 활동만으로도 효과가 있습니다. 여러 아이들과 야외에서 1시간 정도 매일 뛰어다니며 놀게 하고 주말에는 가족이 같이 외부 활동을 하는 것을 추천합니다. 나이가 어린 경우는 정해진 운동을 어려워하고 지루해할 수 있으니 짜인 운동보다는 생활 속에서 신체 활동을 늘리고 흥미를 가질만한 실외 활동을 지속적으로 하기를 권합니다.

비만에 대한 잘못된 상식

1. 어릴 때 찐 살은 다 빠진다?

돌이 되기 전에 비만인 아이는 나중에도 비만일 확률이 50%를 넘는다는 보고가 있습니다. 이는 지방세포 수가 증가하면 나이가 들어도 줄어들지 않기 때문입니다. 어릴 때 많이 먹는 습관이 들면 나이가 들어서도 그런 습관이 이어지는 경우가 많기 때문에 어릴 때 단것을 좋아하거나 과식하는 습관이 있다면 이을 고치는 것이 중요합니다.

2. 보약을 먹이면 살이 찐다?

보약을 먹는다고 해서 살이 찌는 것은 아닙니다. 약재의 종류에 따라 비위기관을 좋게 하는 약재는 있지만 아이들의 보약은 아이의 건강 상태에 따라 순환기, 호흡기 등 약한 부분을 보완해주는 약재 등도 사용합니다. 따라서 체질에 맞게 한약을 잘 지어 복용한다면 살찌는 것은 걱정하지 않아도 됩니다.

아이를 위한
건강 식단의 원칙: 편식

"아니, 애들이 버섯이랑 야채는 손도 안 대는데 이렇게 편식이 심하면 어떡하지?"

"그뿐만이 아니지. 생선이나 해산물처럼 비린 것도 안 먹고, 야채 중에서도 파, 양파, 호박, 브로콜리도 특히 잘 안 먹어."

"어떡하지⋯⋯ 어릴 때부터 저렇게 가려 먹으면 안 되는데."

"막내는 면 종류나 두부 등 몇 가지만 제외하면 밥을 잘 안 먹으려고 하니 정말 큰일이야."

"그래도 크면서 입맛이 점점 변하기도 하니 좀 더 지켜보자. 일단 싫어하는 재료를 이용해서 좀 다르게 요리를 해보는 건 어때?"

부모들이 아이를 키우며 많이 하는 걱정 중 하나는 밥을 잘 먹지 않는 것과 편식하는 것입니다. 밥을 잘 먹지 않는 아이는 식사 때마다 투정을 부리고 식사 시간이 길어짐에 따라 자칫 식사 분위기를 망치기도 합니다. 음식물을 오래 물고 있다 보면 치아 건강도 해칩니다. 또한, 편식이 심하면 고른 영양 섭취를 하지 못해 건강에도 영향을 미칩니다.

편식에 대한 생각을 바꾸자

부모가 아이의 편식을 바로잡으려는 이유는 편식으로 인한 영양 불균형이 아이의 성장을 방해하지 않을까 하는 걱정 때문입니다. 하지만 그 이유 때문에 편식을 걱정한다면 조금 다른 방향으로 생각해볼 필요도 있습니다. 아이가 골고루 잘 먹어서 쑥쑥 크면 좋겠지만, 그렇지 못할 경우 일단 아이를 크게 만들고 난 후 본인의 체력 유지를 위해 스스로 잘 먹게 만드는 방향도 고려해볼 수 있는 것이지요. 골고루 잘 먹어야 아이가 크는지, 큰 아이가 골고루 먹는지에 대해서는 명확한 순서가 없습니다.

아이들마다 적어도 자신이 좋아하는 음식이 하나둘씩은 있습니다. 인스턴트식품이나 불량식품이 아니라면, 일단 좋아하는 것이라도 많이 먹여서 키와 몸무게를 키워주고 나면 이후에 스스로 그 체중과 열량을 유지하기 위해 가리지 않고 많이 먹게 되기도 합니다. 마치 키가 큰 아이들이 밥을 두 그릇씩 먹고, 200ml 우유를 2~3개씩 집어 먹는 것과 유사한 원리입니다. 물론 골고루 잘 먹고 잘 크면 좋겠지만 그렇지 않다고 해서 스트레스를 받고 아이와 식사 시간마다 실랑이를 벌이기보다는 일단 좋아하는 것을 먼저 충분히 줘서 키와 몸무게를 키우는 편이 더 나을 수 있는 것이지요. 그리고 어릴 때는 안 먹던 음식도 커가면서 아이가 자연스럽게 먹게 되는 경우도 있기 때문에 무조건 골고루 먹여야 한다는 부모의 강박에서 조금은 벗어나도 괜찮습니다. 우리 부부의 아이들도 커가면서 예전에 비하면 편식하는 습관이 많이 좋아졌습니다. 그러니 싫어하는 음식을 강제로 먹이기보다는 마음의 여유를 갖고 지켜보는 태도도 필요합니다.

맛있는 음식으로 기억하도록

아이가 싫어하거나 거부하는 음식이 있다면 입맛이 없거나 또는 아이가 그 음식에 예민해서 그럴 수 있습니다. 그리고 특정한 음식이 한번 맛없는 것으로 기억되면 성장한 후에도 그 음식에는 이유 없이 손이 가지 않는 경우도 있습니다. 그래서 아이의 편식을 예방하고자 한다면 일단 아이가 처음 맛보는 음식이 맛있는 것으로 기억될 수 있도록 해주는 것이 좋습니다.

아이가 싫어하는 음식이 있으면 조리법을 바꿔보는 것도 하나의 방법입니다. 가령, 채소를 싫어하는 아이는 통으로 주기보다는 잘게 다져서 좋아하는 음식과 섞어 조리를 해주거나 주먹밥, 볶음밥, 김밥 등의 형태로 조리해봅니다. 고기를 싫어한다면 좋아할 만한 소스를 곁들이고, 생선을 싫어한다면 생선가스 형태로 만들어 먹여봅니다. 아이가 처음 음식을 먹을 때는 간을 세게 하기보다는 담백한 것이 좋지만 아이가 새로운 음식을 거부감 없이 접할 수 있도록 하고자 한다면 약간의 융통성을 발휘할 필요도 있습니다.

반면, 조리법이나 첨가물, 맛이 조금만 바뀌어도 절대 먹지 않는 아이들도 있습니다. 같은 반찬이라도 식당에서 먹는 반찬이 집에서 먹는 반찬과 다른 맛이거나 매일 먹던 음식이 그날따라 맛이 달라지면 음식을 거부하는 경우인데요. 이런 경우에는 아이의 감각이 민감하고 예민해서 그럴 수도 있습니다. 새로운 곳에 가면 잠을 잘 못 잔다든가, 새로운 환경에 적응하는 데 오래 걸리는 아이들은 작은 자극이나 변화에도 몸이 민감하게 반응하는데 음식 역시 예민하게 반응하는 것입니다. 한의학에서는 이러한 성격이나 성향을 단순히 기질로 단정 짓기보다는 장부의 기능과 연관된다고 보고 억지로 음식을 먹이기보다는 장부의 불균형을 해소시켜주면 예민함으로 생기는 식욕부진이 좋아질 수 있다고 봅니다.

다양한 맛을 경험하게 하자

아이에게 처음부터 간이 센 음식이나 단 음식을 먹이게 되면 담백한 음식은 잘 먹지 않을 수도 있습니다. 그래서 자극적인 맛으로부터 아이를 보호하기 위해 되도록 달거나 간이 센 음식은 늦게 먹이도록 합니다. 하지만 이와 동시에 여러 방식을 통해 다양한 맛을 느끼게 해주는 것 또한 중요합니다. 가령, 김치가 너무 맵고 짜다는 이유로 어릴 때 잘 주지 않으면 나중에는 김치의 생소한 맛을 피하는 경우가 많습니다. 된장도 어릴 때부터 그 맛을 전혀 모르고 자란 아이는 나중에 나이가 좀 더 들었다 하더라도 좋아하지 않습니다. 오히려 어릴 때부터 된장, 김치 등을 먹어본 아이들이 커서도 잘 먹습니다. 자극적인 맛은 피하되 적절한 시기에 여러 방법을 통해 다양한 맛을 경험시켜주는 것은 편식을 줄이는 방법 중 하나입니다. 김치가 매워서 싫어한다면 백김치 혹은 물김치로 맵지 않게 조리해서 주거나 김치가 들어간 파스타나 피자 등을 만들어줘서 맛에 익숙해지도록 하는 것이 좋습니다. 백김치는 돌이 지난 다음부터, 일반적인 김치는 세 돌이 지난 후부터 먹여도 큰 문제가 없으니 어릴 때부터 다양한 방식으로 음식을 접하게 하는 것이 좋습니다.

초보 부모를 위한 TIP

식사 중 영상 시청은 피하자

밥 먹이는 것이 힘든 아이들에게 TV나 핸드폰을 보여주면 잘 먹기 때문에 자주 보여주게 되는 경우가 많습니다. 하지만 TV나 핸드폰 화면에 정신이 팔린 채 식사를 하게 되면 아이가 올바른 식사 습관을 기르지 못할뿐더러 식사의 의미도 배우지 못합니다. 또한, 영상 시청에 정신이 팔려 밥을 씹기도 전에 급하게 삼키면 저작 기능도 잘 발달하지 못해 지능 발달에도 영향을 미칠 뿐만 아니라 씹는 데 사용하는 근육 역시 발달하지 못합니다. 되도록 식사를 할 때는 영상 기기 시청을 피해 올바른 식사 습관을 길러주도록 합니다.

간식

아이를 위한
건강 식단의 원칙: 간식

"엄마, 또 애들 과자 사줬어?"

"응, 애들이 하도 사달라고 해서……"

"아니, 아무리 사달라고 해도 안 된다고 해야지. 안 그래도 자꾸 과자만 찾아서 밥도 잘 안 먹는단 말이야."

"아이고, 너네는 부모니까 마음대로 되지. 할머니 할아버지는 그렇게 안 돼. 애들이 먹고 싶다는데 사줘야지. 그럼 할머니 할아버지가 할 수 있는 게 뭐가 있니?"

"집에 먹다 남은 과자도 많아. 앞으로는 과자나 사탕은 사주지 마세요."

달콤한 사탕이나 과자 없이 아이를 키울 수 있을까요? 많은 책에서 아이스크림, 사탕, 과자, 패스트푸드 등은 온갖 합성 감미료와 화학물질을 섞어놓은 제품이기 때문에 다량 섭취할 경우 아이 몸에 독을 쌓이게 된다고 말합니다. 실제 이런 간식들은 아이가 밥을 잘 먹지 않는 원인이 되기도 합니다. 그래서 자라나는 아이의 건강과 발달을 생각한다면 이런 간식은 되도록 피하는 것이 좋습니다. 하지만 막상 아이를 키우다 보면 이런 간식들을 피하기가 여간 어려운 일이 아닙니다. 집에서는 부모의 의지에 따라 어느 정도 통제가 가능하지만 어린이집이나, 친구 집, 식당 등을 가게 되면 완벽하게 노출을 피할 도리가 없습니다.

과자는 최대한 늦게 주자

아이의 건강을 생각할 때 과자나 사탕, 아이스크림 등은 최대한 주지 않으려고 하는 것이 좋습니다. 아이가 좋아한다고 해서 혹은 아이가 떼를 쓴다고 해서 무분별하게 허용하다 보면 아이의 건강과 습관을 망칠 수도 있습니다. 처음에는 아이가 너무 좋아하니 주기도 하고 상으로 혹은 달래기 위해 주게 됩니다. 또한, 조부모님들이 손주들이 좋아하니 손주들이 방문할 때마다 사다두기도 하고, 반대로 아이들이 할머니, 할아버지만 보면 사달라고 졸라서 피치 못하게 허용하기도 합니다. 하지만 과자 섭취 등을 지나치게 허용해주면 시간이 지날수록 아이가 조르는 횟수가 늘 뿐만 아니라 통제가 되지 않아 간식을 밥 대신 먹으려고 하기도 합니다. 이로 인해 건강을 해칠 뿐만 아니라 실랑이를 하다 보면 아이와 부모 사이의 관계를 망치기도 합니다. 따라서 과자 등은 최대한 늦게 접하게 해서 통제가 어려워지는 것을 예방해야 합니다.

물론 아이가 커감에 따라 활동 범위가 늘어나면서부터는 간식을 완전히 피하기가 어렵습니다. 집에서 최대한 피한다고 해도 마트, 백화점, 식당, 어린이

집 등 많은 곳에서 과자 등을 접하게 되고, 다른 아이들과 같이 있는 경우에는 우리 아이만 먹지 말라고 하는 것이 사실상 어렵습니다. 그렇기 때문에 일정 연령이 지나면 아이의 간식 섭취를 어느 정도는 허용해주되 원칙을 세우는 것이 필요합니다.

간식의 원칙을 세우자

규칙을 세우지 않으면 아이 스스로 참는 능력이 아직 발달하지 않았기 때문에 문득문득 간식 생각이 날 때마다 요구하게 됩니다. 그때마다 부모가 매번 안 된다고 말하는 것도 나중에는 지치는 일이지요. 따라서 아이와 부모가 함께 간식 섭취에 대해 규칙을 마련한 다음, 그것을 지키도록 해야 합니다. 가령, '좋아하는 간식이 있으면 주말에만 먹을 수 있다', '한 번에 몇 개까지만 먹을 수 있다', '밥 먹기 전에는 먹지 않는다' 등의 규칙들을 정하는 것입니다. 이때 규칙은 무조건 엄격하기보다 아이가 지킬 수 있는 수준이어야 합니다. 부모도 집 안에 불필요한 간식을 사두지 않으려는 노력이 필요합니다. 처음에는 아이가 받아들이기 힘들어할 수도 있으나 부모가 단호하게 규칙을 지키면 아이도 규칙을 준수할 줄 아는 능력도 생기고 점차 부모와 실랑이를 벌이는 일도 줄어듭니다.

간식 속에 들어 있는 좋지 않은 식재료 ✏️

현대사회는 먹거리가 풍부해진 대신 첨가물이나 환경호르몬 등의 노출 위험이 커졌습니다. 가공식품에는 색과 맛을 내기 위해 첨가물과 L-글루탐산나트륨 등을 첨가합니다. 가공 버터에는 식품첨가물과 트랜스지방이 함유되어 있습니다. 그렇기 때문에 알레르기가 있거나 복통을 자주 겪는 아이들은 이런 제품들의 섭취를 피하는 것이 좋습니다. 또한, 밀가루, 햄, 냉동식품, 패스트푸드, 통조림 등은 소화력이 약하거나 위장이 약한 아이에게 만성 복통을 일으킬 수도 있습니다. 집에서 요리를 할 때도 가공 버터 대신에 천연 버터를, 설탕 대신에 꿀이나 매실청 등을 사용하는 것이 좋습니다.

평생 건강을 위한
작은 습관 길러주기

"아니, 벌써 이가 세 개나 썩었대."

"매일 양치를 시키는데도 그렇게 썩었어?"

"거기다 두 개는 신경치료도 해야 된대. 이번 주에 한 번 더 오래."

"참, 이 관리하는 게 보통이 아니네."

"앞으로 좀 더 건강관리를 꼼꼼히 해야겠어. 우리 애들은 집에 오면 손을 잘 안 씻으니 집에 오면 손 씻는 습관부터 먼저 들이고, 양치 후에 치실도 꼭 하도록 해야겠네."

아이가 양치를 안 하려고 하거나 밖에 나갔다 왔을 때 씻지 않으려고 하는 부분은 그냥 넘어가지 말아야 합니다. 위생 습관을 비롯한 건강 습관은 아이의 성장 발달과 직결되는 부분이므로 아이가 하고 싶어 하는 대로 놔두기보다는 싫어해도 올바른 습관을 꼭 들이도록 해야 합니다. 하지만 그저 혼을 내거나 윽

244

박을 지른다고 습관이 길러지는 것은 아닙니다. 손을 씻거나 양치를 하면 무엇을 들어주겠다는 식의 조건을 내거는 방식도 효과가 지속적이지 않습니다.

필요한 습관은 꼭 키워주자

부모의 가치관이나 신념, 집안 분위기에 따라 아이를 키우는 방식은 다양합니다. 엄격하게 키우는 집이 있는가 하면, 자유롭게 키우는 집도 있습니다. 하지만 어떠한 양육 방식으로 키우든 아이가 어릴 때 꼭 길러줘야 하는 공통된 습관이 있습니다. 이를 잘 길러주지 못하면 이것이 원인이 되어 훗날 다른 문제들이 발생할 수 있습니다. 그러나 그때 가서 행동을 바로잡기란 쉽지 않습니다.

손 씻기, 목욕하기, 양치하기 등 건강과 위생에 관한 행동들은 귀찮아도 꼭 해야 하는 일임을 가르치고 습관을 들이도록 합니다. 올바른 식사 습관과 수면 습관도 어릴 때부터 익숙해져야 합니다. 손 씻기는 2~3세부터 꼭 알려줍니다. 음식을 먹기 전, 외출을 하고 난 후, 볼일을 본 후 등에는 손을 깨끗이 씻어야 한다는 사실을 주지시키고, 손 씻는 방법도 정확히 알려주는 것이 좋습니다. 목욕(샤워)은 하루에 한 번 땀이 많이 나거나 외출 후에 노폐물을 제거하고 몸을 청결히 하기 위해 꼭 하도록 가르칩니다. 양치 교육은 3세 전후로 시작해 윗니와 아랫니를 번갈아 닦아 이 사이의 이물질을 제거할 수 있도록 정확한 방법을 알려줍니다. 영구치가 나는 6세부터는 좀 더 꼼꼼하게 양치를 할 수 있도록 지도합니다. 식사할 때는 쩝쩝거리며 소리를 내거나 음식을 입에 가득 넣고 말을 하지 않도록 가르쳐주고, TV를 보거나 게임을 하면서 식사를 하지 않도록 합니다. 잠은 너무 늦게 드는 습관이 들지 않도록 저녁 8~9시쯤에는 주변 정리를 하고 잘 준비를 하게 합니다.

안전에 대한 부분도 어릴 때부터 교육해야 합니다. 아이들은 호기심이 많고 판단력이 크지 않기 때문에 하고 싶어 하는 대로 허용해주다 보면 자칫 큰 사고로 이어지기도 합니다. 따라서 처음부터 위험한 행동은 하지 않도록 교육해야 합니다. 또한, 위험한 상황을 사전에 예방할 수 있도록 부모가 먼저 주의하는 것이 필요합니다. 가령, 집 안에 아이가 다칠 만한 물건이 보인다면 치워둬야 합니다. 큰 액자나 거울 등은 아이의 손이 닿지 않는 곳에 놓도록 하고, 전선이나 끈에 아이가 걸려서 넘어지지 않도록 선이나 줄, 끈 등은 깔끔하게 정리하도록 합니다. 창문 주위에 밟고 올라갈 만한 의자나 가구를 두지 않도록 하고 파손됐거나 날카로운 장난감 등도 아이 손에 닿지 않게 버리거나 정리해둬야 합니다. 야외에서는 아이를 차 안에 절대 혼자 두지 않아야 합니다. 위험한 찻길이나 계곡, 수영장 등에서도 아이가 혼자 다니지 못하도록 합니다.

또한, 남을 밀치거나 때리는 행동 등도 하지 않도록 반드시 가르쳐야 합니다. 아이들은 순간적으로 자신의 뜻대로 되지 않으면 악의가 없어도 상대방을 밀치거나 때릴 수도 있는데, 요즘은 이러한 행동들이 큰 문제로 발전하기도 합니다.

정돈된 환경은 아이를 위험으로부터 지켜줄 뿐만 아니라, 정서적으로도 안정감을 선사합니다. 그러나 아이들이 정리 정돈을 처음부터 잘하는 것은 매우 어렵습니다. 또한, 정리 정돈이 우선순위가 되어 아이들이 집 안을 조금이라도 어지럽히면 나무란다거나 놀지 못하게 하는 것도 바른 방향은 아닙니다. 마음껏 놀 수 있는 기회를 주되 정리가 필요할 때는 함께 정리 정돈을 해야 한다는 원칙을 알려주도록 합니다.

엄마와 아빠가 함께하자

외출 후 집에 들어오면 손을 씻고 목욕을 하는 것, 밥을 먹고 나면 양치하는 것, 즐겁게 논 다음에는 정리하는 것 등은 아이가 꼭 익혀야 하는 생활 습관입니다. 하지만 아이들이 하기 싫어하고, 어려워하는 일들임에는 분명합니다. 따라서 하지 않거나 못한다고 무작정 혼을 내고 화를 내기보다는 방법을 달리해 아이가 자발적으로 할 수 있도록 유도하는 현명함이 필요합니다. "오늘은 누가 오래 양치하는지 내기할까?" 혹은 "오늘은 아빠 목마 타고 양치할까?" 등 아이의 흥미를 유도할 수 있는 방법을 고안해 아이가 재미도 느끼면서 좋은 습관을 자연스럽게 익힐 수 있도록 돕습니다. 아이가 생활 습관을 익히는 것은 엄마의 몫으로만 남기지 말고, 아빠가 같이하는 것이 유익합니다.

초보 부모를 위한 TIP

불소 도포 ✏️

불소는 충치 예방에 효과적인 성분으로 아이들의 치아 건강을 위해 시기에 맞춰 발라주게 됩니다. 아이들은 충치 발생 가능성이 높기 때문에 주기적으로 불소를 발라주면 항균 작용으로 세균이 형성되는 것을 막아줄 수 있습니다. 불소 도포는 보통 3세부터 시작하는 것이 좋고, 3~6개월 간격으로 시행합니다.

불소 치약은 불소 함유량에 따라 몇 가지 종류로 나뉩니다. 불소 치약은 보통 불소가 1,000ppm 정도 함유된 것을 추천하는데, 4세 이전에는 불소 치약을 삼킬 수 있기 때문에 불소 함유량이 적은 저불소 치약을 사용하는 것을 권합니다.

둘째가 생겼어요

"여보, 하진이가 동생이 생길 걸 아는지 요즘 계속 나한테 붙어 있으려고 해."

"그래? 말도 안 해줬는데 어떻게 그런 느낌이 들었을까?"

"아무래도 이제 동생이 생긴다는 이야기를 해줘야 할 것 같은데, 어디서부터 어떻게 이야기해야 할지 모르겠어."

"동생이 생기면 첫째가 싫어할 수도 있다고 하던데, 걱정이네."

"일단, 엄마 배 속에 동생이 있는데 곧 태어날 거라는 정도로 이야기를 시작하는 게 좋을 것 같아."

새로운 가족이 생기는 것은 매우 축복된 일이지만 첫째 아이에게는 당황스러울 수도 있는 사건입니다. 동생이라는 개념이 없기 때문에 둘째 아이가 실제 집에 오게 되면 첫째 아이가 충격을 받거나 소외감을 느낄 수 있습니다. 따라서 동생이 생기면 첫째 아이가 불안감을 느끼지 않도록 세심하게 준비하는 것이 필요합니다.

동생이 태어나기 전, 부모가 해야 할 것

둘째 임신을 확인했다면, 아이에게 동생이 생긴다는 사실은 천천히 알려주는 것이 좋습니다. 아이들은 시간 개념이 명확하지 못하기 때문에 임신 초기에 바로 알려주기보다는 배가 많이 불러올 무렵에 동생이 생길 것이라는 사실을 알려주는 것이 좋습니다. 또한, 정확한 날짜보다는 '설날이 될 때쯤이면', 혹은 '여름방학이 시작할 때쯤' 등 아이가 기억할 수 있을 무렵을 알려주는 것이 좋습니다. 초음파 사진이나 동영상이 있다면 같이 보면서 동생의 출생에 대한 기대감을 심어주도록 합니다.

또한, 현실적으로 둘째가 태어나면 엄마는 신생아를 돌봐야 하기 때문에 조부모님이나 도와주시는 이모님이 첫째를 케어하는 경우가 많습니다. 따라서 미리 첫째와 첫째를 돌볼 양육자가 친해질 수 있는 시간을 마련하는 것도 추천합니다.

동생이 태어나기 전, 부모가 하지 말아야 할 것

세상에 태어난 동생은 많은 가족의 관심을 받게 됩니다. 첫째는 지금껏 자신이 독차지하던 가족들의 관심이 동생에게로 옮겨지는 상황에 서운함을 느낄 수 있습니다. 그래서 관심을 유발하기 위해 하지 않던 행동을 하거나 투정이 심해지곤 합니다. 하지만 이때 아이를 나무라거나 실망감을 표현하는 것은 좋지 않습니다. 아이가 받는 스트레스를 이해하고 아이가 불안감을 느끼지 않도록 배려해야 합니다.

또한, 첫째라는 이유로 과도한 책임을 요구하거나 역할을 강조하는 것은 옳지 않습니다. 첫째는 무조건 양보하고 참아야 하며 동생을 잘 돌봐야 한다 등의 요구가 계속되면 아이의 성격 형성에도 부정적인 영향을 미칠 뿐만 아니라 동생을 협력적인 관계로 여기기보다는 경쟁 관계로 생각하는 등 잘못된 인식이 생길 수 있습니다.

초보 부모를 위한 TIP

둘째를 낳으러 가기 전, 꼭 알려줘야 하는 것 ✏️

둘째를 출산하기 위해 병원을 내원하기 전에는 첫째에게 동생이 태어나기 때문에 며칠 간 떨어져 있어야 한다는 이야기를 충분히 해줘야 합니다. 만약 아이가 다른 곳에 있을 때 몰래 병원에 간다거나 부재한 이유를 알려주지 않으면 애착 관계가 충분히 형성되지 않은 아이의 경우 엄마가 집에 없다는 사실에 상처를 받기도 하고 불안해할 수도 있습니다. 따라서 얼마 동안, 왜 떨어져 있어야 되는지를 충분히 자세하게 설명해주고 그동안 누가 대신 돌봐주실지 알려주는 과정이 필요합니다. 또한, 둘째 출산 후 엄마가 부재한 상황에서 첫째를 돌봐주실 분과 아이가 미리 친밀한 관계를 형성할 시간을 확보하는 과정도 필요합니다. 아이가 조부모님 댁이나 친척 집에서 지낼 예정이라면 그곳을 미리 방문해 환경에 익숙해질 기회를 주는 것도 좋은 방법입니다.

가족이 함께 떠나는
행복한 여행

"이번 여름에는 휴가를 갈 수 있을까?"

"하진이가 아직 어리니까 어딜 가기가 어려울 것 같은데…… 갈 만한 데가 있을까?"

"작년에도 그래서 안 간 건데, 올해는 갈 수 있지 않을까? 검색해보면 다들 애들이 어려도 많이 놀러가는 것 같던데."

"하긴, 애도 새로운 곳에 가면 좋아할 것 같기도 하고…… 우리도 덕분에 바람도 쐬면 좋을 것 같아."

"일단, 아이들이 많이 가는 곳들이 있을 테니 한번 정보를 찾아보자."

아이가 신생아 시기를 지나 한국 나이로 서너 살 무렵이 되어 걸을 수도 있고 대화를 조금씩 할 수 있을 때가 되면 대부분 가족 여행을 고민하게 됩니다. 어린아이를 데리고 가는 여행은 준비해야 할 것도 많고 여행지에 가서도 어려움을 많이 겪게 되지만 그만큼 인생의 큰 추억으로 남습니다. 아이는 여행지에서 집에서는 할 수 없는 다양한 경험을 하게 됨으로써 감각과 뇌 발달에 좋은 자극을 받게 됩니다. 또한, 그동안 임신과 출산, 신생아 육아로 고된 시간을 거친 부모는 가족 여행을 통해 휴식과 재충전의 시간을 가질 수 있습니다.

여행지 고르기

아이와 함께하는 여행지는 아이 없이 하던 여행지와 같을 수 없습니다. 특히 매우 어린아이를 데리고 하는 여행이라면 더욱 그렇습니다. 따라서 여러 장소를 방문하고 오래 걸어야 하는 관광 목적의 여행지보다는 충분히 쉬고 휴양할 수 있는 여행지를 중심으로 고르도록 합니다. 아이가 어릴수록 차를 오래 타는 것도 어렵고 동선이 길지 않아야 하므로 숙소와 식사, 놀이를 한곳에서 해결할 수 있는 리조트나 복합 공간이면 더욱 좋습니다. 특히 아이들은 물놀이를 좋아하기 때문에 수영장이 있는 곳이나 여름이라면 해변이나 모래사장이 근처에 있는 곳도 좋습니다. 또한, 아이가 지루해하지 않도록 유아용 키즈 카페나 다양한 체험 시설이 있으면 더욱 좋습니다.

아이와 함께하는 여행 시 주의 사항

아이가 분유를 떼지 못했다면 젖병과 일회용 분유 등 챙겨야 할 것들이 많습니다. 하지만 분유를 이미 떼었고 밥을 먹을 수 있는 나이라면 유아용 간식과 아이가 잘 먹을 만한 반찬(김 등) 등만 간단히 챙겨도 충분합니다. 기저귀는 이미 뗐다고 하더라도 만일에 대비해서 챙기는 것이 좋습니다. 여름이라고 하더라도 일교차에 대비해 긴팔과 긴바지 등은 꼭 챙기도록 합니다. 유모차는 가벼운 것, 가능하다면 접을 수 있는 것을 추천합니다. 커다란 디럭스 유모차는 기동력이 떨어지고 이동 시 불편할 수 있습니다.

아이를 동반한 해외여행을 계획한다면

해외여행은 짧지 않은 시간 동안 비행기를 타고 이동해야 하므로 아이가 비행 가능한 연령이 됐을 때 고려하는 것을 추천합니다. 비행 시간이 비교적 짧으며 기후가 따뜻하고 휴양 시설이 잘되어 있는 베트남, 태국, 필리핀 등을 여행지로 추천합니다. 아이가 조금 더 오래 비행기를 탈 수 있다면 유아가 있는 가족에게 인기 있는 지역인 괌, 사이판, 하와이 등도 고려해볼 만합니다. 해외여행 중에는 지역 특성상 물과 음식이 다를 수 있기 때문에 예민한 아이라면 위생에 신경 쓰는 것이 좋습니다. 또한, 많은 것을 체험하고 돌아다니기보다는 안전하고 편안한 여행에 초점을 두고 다녀오는 것이 좋습니다.

영유아와 캠핑 시 안전 수칙 ✏️

영유아를 동반해 캠핑을 떠날 때는 안전에 각별히 유의해야 합니다. 우선 뱀과 같은 야생동물이나 벌레에 물리지 않게 주의합니다. 동물을 만나거나 벌을 만났을 때는 자극하지 않도록 하고 아이가 그런 상황에 놓이지 않도록 부모가 잘 지켜봐야 합니다. 요리를 위해 불판을 사용하거나 장작을 땔 때도 아이가 근처에 있지 않도록 주의하고 불 가까이 가지 않도록 잘 살펴봐야 합니다. 텐트를 치기 위해 고정시켜놓은 줄도 유의해야 할 것 중 하나입니다. 아이들이 뛰다가 걸려 넘어져 크게 다칠 수도 있으므로 줄이 잘 보일 수 있도록 표시를 해두거나 밤에는 램프를 켜서 잘 보이게 해야 합니다. 혹시 모를 상황에 대비해 응급약을 꼭 구비하도록 하고 주변의 가까운 병원도 미리 검색해놓습니다.

스마트 기기로부터
우리 아이 지키기

"여보, 스마트폰으로 뽀로로 좀 틀어줘."

"어제 백화점 가서도 계속 틀어주더니, 또? 그렇게 자주 보여주면 안 좋아."

"안 좋은 거 나도 알지만 지금 봐봐. 애가 가만히 있지를 않잖아. 안 그러면 지금 여기서 우리 밥도 제대로 못 먹고 바로 나가야 돼."

"그래도 이건 너무 자주야. 조금만 힘들면 습관적으로 보여주는 것 같아."

"이만 한 게 없으니까 그렇지. 스마트폰 없으면 육아가 감당이 안 돼."

TV나 스마트폰, 태블릿 PC 등은 이제 우리 생활에서 없어서는 안 되는 필수품이 되어버렸습니다. 병원, 백화점, 식당 등에 가면 스마트폰에 집중하고 있는 아이들을 어디서나 쉽게 볼 수 있습니다. 대부분의 아이들은 새로운 공간에 가면 가만히 있는 경우가 거의 없는 반면, 부모님들은 빨리 볼일을 마쳐야 하니 스마트폰을 쥐어주는 것이 가장 손쉬운 해결책이 되어버린 것 같습니다. 실제로 아이를 얌전하게 만들고 아무것도 못하게 막는 데 스마트폰만 한 것이 없기도 합니다. 하지만 이러한 전자 기기는 감각기관이 발달하고 사고력이 풍부하게 자라야 할 시기의 아이들의 성장에 큰 영향을 미칠 수 있습니다. TV나 스마트폰, 태블릿 PC 등은 실생활에서 이루어지는 대화와는 달리 일방적으로 의사가 전달됩니다. 또한, 흥미 위주의 감각적이고 자극적인 내용이 많아 어린아이의 정서 함양과 발달에 부정적인 영향을 끼칠 수 있습니다.

과도한 사용은 금하자

스마트폰이 영유아의 정서 발달에 미치는 영향에 관한 연구는 많습니다. 많은 연구에서 스마트폰의 과다한 이용은 충동성, 공격성, 폭력성을 증가시키고 부모와 친구와의 관계에서도 부정적인 영향을 미치는 것으로 밝히고 있습니다. 또한, 스마트폰의 지속적인 사용은 인내심과 자기 조절력을 상실하게 만들어 사회성 학습, 감정 표현에도 어려움이 생길 수 있다고 합니다. 특히 영유아기의 과도한 스마트폰 사용은 뇌의 불균형을 초래하여 약한 자극에는 반응을 하지 않고 강한 자극에만 반응하는 등 뇌의 정상적인 발달을 방해하고 언어 발달에 지장을 줄 수 있다고 합니다.

그렇다고 해서 TV나 스마트폰, 태블릿 PC를 이용해 영상을 시청하는 것이 무조건 해로운 것은 아닙니다. 많은 프로그램 중에는 아이에게 유익한 프로그램들도 있고, 부모가 급한 일이 있을 때 한시적으로 잠깐 보여주는 정도라면 힘든 육아를 돕는 유용한 도구로 활용될 수 있습니다. 문제는 전자 기기를 이용하는 태도와 습관이 이상적이지 않을 수 있다는 것입니다.

정말 필요한 경우 잠깐씩 이용하는 것은 크게 문제가 되지 않지만, 부모가 그 편의성 때문에 점점 이 방법을 선호하게 되면 습관적으로 아이의 TV나 스마트폰 시청을 허용하게 될 수도 있습니다. 어린아이는 아직 자제력이 발달하지 않았기 때문에 자기가 좋아하는 프로그램이 문득 생각나면 특별한 이유가 없어도 TV나 스마트폰으로 영상을 보여달라고 조르게 될 수 있습니다. 이때 부모가 단호하게 대응하지 못하다면 이는 아이의 영상 시청 횟수와 시간을 늘리게 되는 결과로 이어집니다.

사용을 막을 수 없다면 규칙과 원칙을 세워야

TV나 스마트폰으로 영상을 시청하기 전에 아이와 부모가 함께 규칙을 세워야 합니다. 부모는 스마트폰이나 TV 시청을 아이를 달래는 용도로 사용하지 않도록 합니다. 이런 일이 반복되면 아이가 영상 시청을 위해 일부러 떼를 쓰거나 우는 행동을 보이는 동기로 작용할 수 있습니다. '울거나 떼를 부린다 → 엄마 아빠가 TV나 스마트폰으로 영상을 보여준다'라는 잘못된 연관 관계가 생겨버리는 것입니다.

전문가들의 조언에 따르면 3세 이전에는 스마트폰이나 TV 등의 디지털 기기로 영상을 보여주지 않기를 권하지만, 만약 불가피하게 보여주게 된다면 1회 시청 시간이 15~20분을 넘기지 않도록 사용 시간을 정하고 준수하는 것이 좋습니다.

부모 역시 아이 앞에서 스마트폰 사용을 줄여 아이가 궁금해하지 않도록 하는 것이 좋습니다. 즉, 부모가 먼저 아이 앞에서 스마트폰을 자주 사용하는 습관을 개선하려고 노력해야 합니다. 그 대신 부모와 아이가 상호작용 하는 놀이를 하는 등 아이가 스마트폰이나 TV로부터 관심이 멀어질 수 있도록 해야 합니다.

때로는 과감한 선택이 필요하다

TV나 스마트폰 사용에 대한 원칙과 규칙을 잘 세우고 실천할 수 있다면 정말 좋겠지만, 그렇게 하기가 어렵다고 판단되면 때로는 과감한 선택이 필요하기도 합니다. 우리 집의 경우에는 TV를 없앴습니다. 눈에 보이면 켜달라고 조르기 십상이고, 아이들과 매번 실랑이를 벌이는 것에 지치기도 했기 때문입니다. 또한, 생각보다 영상 기기 활용 규칙을 지키기가 어려웠기에 아예 TV를 처분하는 선택을 내렸지요. TV를 없애고 몇 년이 지난 지금 돌이켜보면 아이들은 TV가 없는 환경에 금방 적응했던 것으로 기억합니다. 그 대신 장난감을 가지고 노는 등 다른 방식의 놀이법을 찾아내더군요.

아이가 조금 더 크면 자기 스스로 판단하고 통제할 수 있는 힘을 길러주는 것이 필요합니다. 모든 것이 디지털로 바뀌는 현실에서 TV나 스마트폰, 태블릿 PC 등의 기기 사용을 원천적으로 차단하는 것은 무리한 처사입니다. 따라서 6세 정도가 지나게 되면 일정 시간 제한은 두되 아이 스스로 시청 여부와 시청 횟수, 시간 등을 결정하고 지킬 수 있도록 도와줘야 합니다. 또한, 시청한 영상에 대해 부모님이 알고 지속적으로 그 내용에 대해 대화를 나누는 것도 필요합니다. 더불어서 SNS 등에 너무 빠지거나 몰입하지 않도록 알려줘야 합니다. 마지막으로 전자 기기의 과도한 사용은 성장호르몬의 분비를 방해하여 키 성장에 영향을 미칠 수 있으니 잠자기 전에는 사용하지 않도록 하고, 충분한 수면 시간을 확보할 수 있게 합니다.

초보 부모를 위한 TIP

스마트폰 증후군 ✏️

스마트폰 증후군은 과도한 스마트폰 사용으로 인해 뇌가 불균형적으로 발달하는 것을 말합니다. 게임, 과도한 TV 시청, 유전적 요인, 가정환경 등으로 인해 한쪽 뇌의 기능이 다른 한쪽에 비해 떨어지는 경우를 '뇌의 불균형적인 발달'이라고 하는데, 이는 뇌의 손상이나 구조적 이상을 의미하는 것이 아니라 행동, 감정, 학습 등을 조절하는 뇌의 기능적인 영역의 문제라고 볼 수 있습니다. 스마트폰을 과도하게 사용하는 경우, 이와 같은 증상을 동반하는 스마트폰 증후군이 나타날 수 있습니다. 또한, 유사 발달장애, 게임 중독, ADHD, 틱장애, 사회성 결핍 등이 동반될 수도 있습니다.

우리 아이에게 맞는 한약 선택하기

"원장님, 보통 애들이 언제부터 한약을 먹죠?"

"심한 감기나 경기 등 특별한 이유가 있으면 돌 이전에 먹이기도 하는데 일반적으로는 돌 지나고 먹여요."

"아, 그래요? 어릴 때 녹용 넣은 보약 먹이면 살찐다고 하던데, 괜찮나요?"

"어릴 때 보약 먹으면 살찐다는 건 근거 없는 말입니다. 오히려 녹용은 면역력을 강화시켜주고 키를 크게 하는 데 도움을 주는 약이에요."

"그래요? 그래도 주변에서 너무 어릴 때 약 먹이면 안 좋다고 해서요."

"돌 지나면 괜찮으니 걱정 마세요."

세간에는 한약에 대한 오해와 부정확한 지식이 참 많이 떠돕니다. 한의학과 약재를 연구하는 본초학에 근거한 소견이 아닌, 현대의학이라는 다른 기준의 잣대로 한약을 평가해 판단하는 것을 보면 많이 안타깝습니다. 한약은 특히 아이들에게 많은 도움이 될 수 있는 치료약 중 하나입니다. 한의학을 공부한 숙련된 전문가의 처방을 받아 조제된 한약은 아이들의 건강에 큰 도움이 됩니다.

아이를 위한 시기별 한약 선택법

아이에게 언제부터 한약을 먹여도 되느냐는 질문을 주변에서 참 많이 받습니다. 한약은 일반적으로 만 1세 이후에 충분한 상담과 복약 지도 아래 복용한다면 문제가 없습니다. 또한, 천연으로 산출되는 자연물을 가공한 생약으로 만든 간단한 가루약은 약재나 성분에 따라 생후 3개월부터도 복용이 가능합니다. 원래 생후 6개월 전까지는 엄마로부터 전달받은 면역 물질 덕분에 아이에게 질병이 없다고 여겨집니다. 하지만 다른 형제자매가 감기에 걸리면 영유아라 해도 감기 바이러스에 노출되어 증상이 나타날 수 있습니다. 그런데 어린아이가 감기에 걸려 기침이 심하고 코가 그렁그렁하여 잠을 못 자면 약을 먹여야겠다는 생각은 들지만 어떤 약을 먹일지, 너무 어린아이에게 해롭지는 않을지 부모로서 걱정이 됩니다. 일반적인 양약의 경우 1세 이하인 아이는 대부분 주의해서 처방하기 때문에 오히려 생약 성분으로 된 한약이 대안이 될 수 있습니다.

아이에게 한약을 처음 먹인다면?

아이에게 처음 한약을 먹이는 것은 부모로서 큰 도전 중 하나입니다. 어른에게도 쓴 약을 아이가 잘 먹을지 걱정도 되고, 아직 대화가 잘 안 통하는 아이가 무조건 거부를 하면 어떻게 대응해야 할지도 고민됩니다. 하지만 아이는 어른의 입맛과 다를 수 있기 때문에 처음부터 '한약은 쓰고 맛없다'라는 선입견을 심어주지 않아야 합니다. 일단 처음에는 조금씩 맛보게 하되 크게 거부하지 않으면 용량을 서서히 늘리도록 합니다. 만약 아이가 처음부터 한약 맛을 싫어한다면 올리고당이나 시럽을 타서 달게 만들어 친숙하게 만드는 것도 방법입니다. 또한, 입맛이 워낙 예민하여 보기만 해도 거절하는 경우라면 포도 주스 등에 섞어 아이의 거부감을 없앨 수도 있습니다. 아이가 좋아하는 젤리나 비타민이 있으면 약을 다 복용한 후 보상으로 주는 것도 좋습니다.

일반적으로 한약은 아이의 경우 1년에 2번 정도 먹이기를 권합니다. 특별히 질병은 없지만 전반적으로 아이가 키가 작고, 체력이 약하고, 잘 지치며, 감기를 달고 산다면 아이의 상태를 고려해 6개월에 1번 정도 복용할 것을 추천합니다. 아이에게 한약을 권하는 이유는 단순히 보약 차원에서 먹인다기보다는 호흡기, 소화기, 순환기, 면역계 등 아이의 약한 부분을 판별하여 이를 보완해줘서 건강하게 자라도록 해주려는 목적이 큽니다. 하지만 비염, 축농증, 중이염, 야뇨증 등 치료가 필요한 경우에는 상태에 따라 복용 기간이 달라집니다.

녹용과 홍삼

'어릴 때 녹용이 들어간 약을 먹여도 되나요?', '녹용을 먹이면 살이 찌지 않나요?'라는 질문도 굉장히 많이 받는 질문들입니다. 하지만 세간의 편견과 달리 녹용은 본초학적으로 보양약補陽藥으로 분류가 되며, 뼈와 근육을 강하게 하고 생장 발육을 촉진하며, 몸의 혈액과 물질을 생성하는 작용을 해 살이 찌게 하지는 않습니다. 오히려 녹용은 성장기 아이들의 생장 발육을 촉진하는 효과가 있습니다. 더 나아가 허약하거나 선천적으로 발달장애나 근골격계의 발육부전인 경우, 치료제로 사용할 수도 있습니다. 이 때문에 아이가 언어 발달장애, 운동기능 발달 지연, 보행 지연, 발육 불량 및 근골격계의 선천적인 질환을 겪고 있다면 적극적으로 사용해볼 수 있는 한약재입니다. 감기를 달고 산다거나 식욕부진, 빈혈이 있거나 질병으로 인해 쇠약한 경우에도 사용해볼 수 있습니다.

홍삼은 요즘 판매되고 있는 건강기능식품들 중 단연 최고의 인기 상품입니다. 어른 아이 할 것 없이 선물로도 인기가 많아 다양한 형태와 성분 구성으로 홍삼 제품들이 출시되고 있습니다. 시중에는 어린이 전용 홍삼 제품도 많이 판매되고 있습니다. 그렇지만 한의학적으로 본다면 무분별한 홍삼 복용은 바람직하지 않습니다. 홍삼은 인삼에 열을 가해 쪄서 만든 약재로 성질이 따뜻하고 소화기와 호흡기에 뛰어난 약효가 있는 약재입니다. 그렇기 때문에 몸에 열이 많거나 화가 있으면 홍삼을 복용하는 데 신중해야 합니다. 특히 아이는 한의학적으로 '양기가 강하고 음이 부족하다陽常有餘 陰常不足'고 표현합니다. 즉, 아이는 양기가 충만하거나 오히려 양기가 넘칠 때가 있으니 양기를 더욱 강하게 하는 것은 조심해야 합니다. 아이가 코피를 잘 흘린다거나 눈 충혈이 잘된다거나, 혹은 아토피나 태열이 있었다면 홍삼 복용은 오히려 열을 더하는 격이므로 더욱 문제를 일으킬 수 있습니다. 아이의 건강과 면역력 향상에 홍삼이 무조건 좋다는 인식은 바람직하지 않으며 아이의 상태를 고려해서 신중하게 복용하도록 합니다.

육아 119

열

아이가
열이 날 때

"여보, 애가 열이 37.8도까지 나서 해열제 먹였어."

"뭐라고? 아니, 열이 별로 높지도 않은데 벌써 약을 먹이는 건 좀 그렇지 않아? 열이 나는 건 체내에서 나쁜 것에 대항해 싸우는 과정인 건데, 그걸 약을 써서 억지로 내리는 게 맞는지 모르겠어. 몸은 자체적인 회복력이랑 자생력이 있는데 그걸 살려줘야지, 무조건 열이 난다고 해서 낮추려고만 들면 우리 몸의 조절 장치는 다 망가질 거야."

"그래도 열이 높은 건 분명 무슨 문제가 있다는 건데, 혹시라도 뇌수막염이나 폐렴이 있어서 그런지 모르고 그냥 넘어갔다가 나중에 문제가 생기면 어떡해?"

"그럼 다른 증상이 같이 있지 않았을까? 열이 높지도 않고 콧물, 기침만 나는 걸로 봐서 지금은 감기 정도일 것 같은데. 아마 당신처럼 생각하면 열이 날 때마다 병원 가서 검사해야 할 수도 있어."

"그럼 애가 열이 나서 힘들어하는데 나보고 가만있으라는 거야? 난 그렇게 못 해."

열熱은 아이 건강의 바로미터입니다. 우리 부부가 처음에 한의와 양의로 가장 첨예하게 충돌했던 부분도 바로 아이가 열이 났을 때였습니다. 열에 대한 생각이 너무 다르기 때문에 아이에게 열이 나면 어김없이 대처법을 두고 갈등을 빚었습니다. 특히 육아가 처음인 데다 열이 잦았던 첫째 하진이를 키울 때 자주 그랬습니다.

열이 나는 이유

열은 아이들에게서 가장 흔히 발생하는 증상입니다. 원래 사람의 체온은 하루 중에도 여러 차례 변하는데, 아이들은 체온조절 기능이 아직 완성되지 않았기 때문에 성인보다 쉽게 열이 났다가 내릴 수 있습니다. 심지어는 심하게 뛰어놀았을 경우 열이 잠깐 오르기도 하고, 추운 곳에서 바로 들어왔을 때는 체온이 훅 내려가기도 합니다. 따라서 일시적으로 열이 나는 것은 크게 걱정할 필요 없이 잘 쉬게 하면 됩니다.

하지만 2~3일간 지속적으로 38℃ 이상의 열이 난다면 무엇인가 원인이 있다는 뜻입니다. 인체가 그 원인에 대처하기 위해 다양한 기전을 작동시키면서 열이 난다고 해석할 수 있는 것이지요. 아이는 성인에 비해 면역력이 약하고 몸 안의 장기나 기관의 발달이 미숙해 바이러스의 침입에도 쉽게 열이 날 수 있습니다. 또한, 열로 인해 뇌, 호흡기, 소화기계 등이 손상될 가능성이 높기도 합니다.

열을 바라보는 양의학과 한의학의 관점 차이

한의사의 입장에서 열이란 '인체가 병사病邪에 대항하여 싸우는 과정'이기 때문에 열을 무조건 없애야 한다고 생각하지 않습니다. 이는 한의학이 기본적으로 인간 본연의 치유력을 중요하게 생각하고, 그 능력을 돕는 것을 치료의 목적으로 삼기 때문입니다. 반면, 현대의학에서는 중심이 되는 기준점보다 수치가 높거나 낮으면 그 원인이 되는 것을 해결하는 데 중점을 두기 때문에 열이 높은 상태는 비정상적인 상태로 간주하고 이를 정상으로 되돌리는 치료를 하고자 합니다. 거기에다 열이 나는 증상은 종종 뇌 손상을 비롯해 생명에 치명적인 손상을 초래하는 경우가 있으므로 그냥 두는 것은 옳지 않다고 봅니다.

이러한 관점 차이 때문에 치료 방식에 있어서도 한의학과 현대의학은 차이가 있습니다. 아이의 치유력을 믿고 극대화하려는 것은 한의학적 치료 방식이고, 바이러스나 세균의 침입으로부터 적극적으로 대처해야 한다는 것은 현대의학적 치료 방식입니다. 가령, 아이가 열이 나더라도 잠을 푹 자고 있거나 잘 놀고 있으면 한의학에서는 몸이 현재의 상태를 이겨내고 있다고 보기 때문에 크게 개의치 않습니다. 하지만 현대의학적인 관점에서는 주관적인 상태보다는 열이 난다는 객관적인 지표가 더 중요하기 때문에 약을 복용해야 하고 또 다른 2차 감염이나 합병증을 예방하기 위해서라도 선제적인 치료를 해야 한다고 봅니다.

기준을 세우자

돌이켜보면 아이가 열이 날 때마다 우리 부부는 같은 문제로 매번 충돌했던 것 같습니다. 본인의 관점이 더 옳다고 생각했기에 서로 물러설 수가 없었고, 아이의 건강이라는 중요한 문제였기에 상대가 의료 전문가임을 알면서도 상대가 제시하는 치료 방식을 이해하고 넘어가는 것이 쉽지 않았습니다. 그 결과, 서로의 자존심이 상하는 날이 많아지면서 더 이상 감정 소모를 줄이기 위해 결국 두 사람의 협의 아래에 하나의 기준을 만들어 적용하기로 했습니다.

아이가 열이 날 때 우선적으로 고려한 것은 아이의 컨디션이었습니다. 만일 아이의 컨디션이 안 좋으면 해열제를 바로 복용하기로 했지만, 잘 먹고 잘 놀고 칭얼대지 않는 등 컨디션이 좋은 경우에는 체온 38.5°C를 기준으로 치료 방향을 정했습니다. 만약 아이의 체온이 38.5°C를 넘어가면 일단 해열제를 먹이고 그래도 열이 떨어지지 않으면 다른 검사를 위해 늦은 밤이라도 병원에 데려가는 등의 적극적인 치료를 하기로 했습니다. 반면, 열이 나지만 38.5°C를 넘지 않으면 해열제 사용을 줄이고 아이를 쉬게 하면서 삼소음蔘蘇飮이나 소청룡탕小靑龍湯 등 한약 제제로 된 약을 복용하게 한 뒤 지켜보기로 했습니다.

다시 생각해보면 그렇게까지 첨예하게 대립할 문제는 아니었는데, 우리 부부가 왜 그렇게까지 싸웠을까 싶기도 합니다. 앞에서 설명한, 우리 부부가 만든 기준은 두 사람이 정말 수도 없이 다투면서 나름의 합의점으로 만든 것이기 때문에 어디까지나 우리 부부의 개인적인 의견입니다. 또한, 38.5°C는 의료인으로서의 임상 경험과 그간에 쌓은 지식을 바탕으로 세운 기준일 뿐, 특정 의료기관이나 연구 보고서 등에 적시된 공식적인 기준은 아닙니다. 하지만 당시에는

269

이러한 기준을 만들기까지 두 사람 모두 참 많은 고민을 했습니다.

열이 나는 원인을 파악하는 것이 우선

한의학과 현대의학 사이의 관점 차이는 접어둔다고 해도, 아이가 열이 나면 집에서 해열제를 먹이면서 돌볼지, 바로 병원으로 데려갈지를 두고 많은 초보 부모님들이 선택의 어려움을 겪습니다. 그 상황이 지나고 나면 대부분은 크게 문제되는 경우가 없음을 알지만, 혹시나 부모의 잘못된 선택으로 아이에게 큰 문제라도 생길까 봐 부모는 늘 고민하게 됩니다.

우리 부부의 경우를 말씀드린다면, 4명의 아이를 키우다 보니 언젠가부터 아이에게 열이 난다고 해도 바로 해열제를 꺼내들지 않고 기다리는 여유가 생겼습니다. 반대로 체온이 높지 않은 경우라도 아이가 힘들 것을 생각하여 아이의 컨디션이나 상황에 따라 해열제를 먹이는 선택을 할 줄도 알게 되었습니다. 우리 부부의 경우처럼 모든 부모님들이 38.5℃라는 기준에 맞춰 해열제 복용 여부를 판단할 필요는 없습니다. 다만, 부모님들이 아이가 열이 나고 아플 때 너무 쉽게 해열제나 항생제 복용을 시키는 것은 아닌지, 혹은 아이의 상태를 호전시키는 데 도움이 되는 약을 지나치게 금기시하는 것은 아닌지를 되돌아보았으면 좋겠습니다.

만일 아이가 아플 때 언제 병원을 가는 것이 좋을지 고민될 경우, 어떨 때 열이 나는지를 미리 숙지하고 있으면 판단에 도움이 됩니다. 아이가 열이 난다면 의심해볼 만한 질환은 크게 감기, 중이염, 장염, 요로감염 등입니다. 아이의 의식이 떨어지거나 호흡에 문제가 생기거나 원인 모를 고열이 오래 지속되는 경우에는 반드시 병원을 가야 합니다. 하지만 이런 경우를 제외하고 대부분의 경우 아이가 열이 난다면 열감기 정도의 범주에 해당될 때가 많습니다. 열감기는 보통 바이러스 감염으로 인한 것으로 해열제 복용 외에 특별한 조치가 없어도 시간이 지나면 자연스럽게 호전되는 경우가 많습니다. 따라서 아이가 열이 난다고 해서 무조건 겁을 먹거나 급히 응급실로 달려가기보다는 열이 나는 원인을 곰곰이 생각해보는 것이 좋습니다. 또한, 중이염, 장염, 요로감염 등의 질환들은 열이 나는 것 외에 다른 증상들이 같이 동반되는 경우가 흔하므로 아이에게 다른 증상은 없는지도 살펴봅니다.

초보 부모를 위한 TIP

감기나 독감 등 외에 열을 동반하는 경우

일반적으로 아이가 열이 나면 감기, 독감, 중이염, 장염, 요로감염 등을 떠올릴 수 있지만, 뇌수막염이나 수족구병 같은 전염성 질환이나 가와사키 등도 열 증상을 보입니다. 뇌수막염은 뇌를 둘러싼 막과 뇌 사이에 염증이 생기는 질환으로 뇌 발달 문제와 관련되고 치료 후에도 후유증이 생길 수 있어서 주의를 요합니다. 수족구병은 바이러스로 인한 감염성 질환으로 열은 그리 심하지 않으나 입안, 혀, 볼, 손과 발에 빨간 수포가 일어나므로 쉽게 육안으로 구별이 가능한 수포성 질환입니다. 가와사키는 열이 동반되면서 손발에 부종이 있고, 피부에 발진이 생기면서 눈과 혀가 빨개지는 원인 불명의 급성 열성 혈관염으로 면역 글로불린 치료가 필요한 질환입니다.

열 - 감기

아이에게
가장 흔한 질환

"아직까지 열이 38도가 넘어. 하진이 깨워서 약 먹이고 다시 재우자."

"아니, 애가 잘 자고 있는데 꼭 깨워서 약을 먹여야 할 필요가 있어?"

"그럼, 약은 지속되는 시간이 정해져 있기 때문에 시간에 맞춰서 약을 투여해줘야 약효가 지속된단 말이야. 안 그럼 열이 새벽에 다시 올라서 애가 또 깨서 잠을 잘 못 잘 거야."

"그래도 애가 지금 잘 잔다는 건 휴식을 취하면서 몸이 이겨내고 있다는 건데…… 열이 나고는 있지만 잠을 잘 자는 건 좋은 신호니까 굳이 안 깨워도 되지 않을까?"

열이 나는 가장 잦은 원인은 감기입니다. 감기는 호흡기계 상부에 바이러스가 침투하여 나타나는 급성 감염 질환으로 미열이 나며 콧물, 인후통, 코막힘 등의 증상을 동반합니다.

감기의 원인과 치료

감기를 일으키는 바이러스는 다양합니다. 그중에서도 리노 바이러스Rhino virus로 인한 감기가 30~50%로 가장 빈번하고 그 외에 코로나 바이러스Corona virus, 아데노 바이러스Adeno virus 등도 감기의 원인입니다. 감기는 가을과 겨울에 가장 빈번하게 걸리나 계절에 상관없이 언제든 걸릴 수 있고 5세 이하에서 가장 많이 발생합니다. 발병 후 일주일 정도 지나면 자연적으로 호전되는데 감기에 걸린 뒤 1~3일째에 콧물, 코막힘, 인후통, 기침 등의 증상이 가장 심합니다.

감기는 간단한 증상을 동반하며 특별한 치료가 없어도 저절로 자가 치유됩니다. 따라서 감기에 걸리면 충분한 휴식을 취하고 잘 먹게 하는 것이 가장 좋은 치료입니다. 그리고 감기는 바이러스가 원인이므로 세균성 감염에 사용하는 항생제를 쓸 필요가 없습니다. 하지만 아이들은 면역력이 불완전하기 때문에 감기 바이러스에 자주 감염이 되는 편이고, 코막힘이나 인후통이 동반되면 밥을 잘 못 먹고 잠을 잘 못 자기 때문에 증상을 완화시켜주는 적절한 약 처방이 필요하기도 합니다. 기침할 때 나오는 분비물이나 손을 통한 접촉으로 감염이 일어나기 때문에 손을 자주 씻거나 마스크를 쓰는 것이 감기 예방에 도움이 됩니다.

그러나 3~5일 이상 귀가 아프거나, 호흡곤란, 심한 두통 등의 증상이 지속되면 일반적인 감기가 아니라 중이염, 독감, 기관지염 등일 수 있으므로 병원을 방문하여 적절한 검사나 치료를 받아야 합니다.

독감과 감기 ✏️

독감은 감기와 비슷해 보이지만 인플루엔자 바이러스Influenza virus로 인해 감염되는 전혀 다른 질환입니다. 증상도 다릅니다. 감기는 기침, 콧물, 코막힘, 인후통이 주로 나타나고 특별한 치료가 없어도 저절로 낫는 반면, 독감은 두통, 오한, 발열, 심한 근육통 등의 증상에 감기 증상이 동반되어 나타나는 경우가 많습니다. 또한, 독감은 본인의 질환이나 상태에 따라 폐렴 합병증이 나타날 수도 있습니다. 감기는 특별한 예방접종이 없지만 독감은 예방접종으로 예방이 가능합니다. 유행하는 형태에 따라 다르지만 70~90% 정도 예방이 가능하다고 알려져 있습니다. 독감 예방주사는 1년 단위로 해마다 접종하기를 권합니다.

수족구병과 감기 ✏️

수족구병手足口病은 병명처럼 손과 발, 입에 병변이 생기는 질환으로 콕사키 바이러스 Coxsackie virus 혹은 엔테로 바이러스Entero virus에 의해 물집과 궤양 수포가 생기는 질환입니다. 열이 없는 경우도 있지만 지속적으로 오랜 기간 동안 열이 나는 경우도 있기 때문에 자칫 감기와 혼동할 수 있습니다. 아이의 입안에 빨간 수포가 보이거나 손등이나 발등에 발진이 나타나면 수족구병으로 의심할 수 있습니다. 어린이집이나 유치원, 혹은 수영장 등에서 쉽게 옮을 수 있고 보통 7~10일 후 자연적으로 회복이 가능합니다.

아이가
귀를 아파할 때

"하진이가 텔레비전을 너무 가까이서 봐. 그리고 오전에는 몇 번이나 불렀는데 이상하게 잘 듣지도 못해."

"잘 못 듣는다고? 그럼 중이염 있는 거 아냐? 근데 열은 없잖아?"

"지금은 없긴 한데, 저번 주에 열이 났잖아. 혹시 그때 중이염이 생겼을까?"

"내일 병원 가서 귀 한번 확인해보자."

첫아이가 세 살 때 텔레비전 앞에 딱 붙어 있는 모습을 발견하고 '혹시 중이염에 걸린 건 아닌가?'라는 생각에 덜컥 겁이 난 적이 있었습니다. 아니나 다를까. 소아과에 갔더니 고막이 빨갛게 부어 있고 중이염이 있다는 소견을 들었고, 이 중이염은 몇 개월 동안 호전되지 않아 꽤 고생을 했던 기억이 납니다. 해외의 연구에 따르면, 생후 1세까지 62%, 생후 3세까지 83%의 아이들이 중이염에

275

한 번은 걸린다고 합니다. 특히 어릴 때는 코와 귀를 이어주는 이관이 짧고 수평으로 연결되어 있어 2세 전후에 중이염이 가장 많이 발생하는 것으로 알려져 있습니다. 어떤 중이염은 증상이 크게 나타나지 않으면서 점차 진행되는 경우도 있어 치료 시기를 놓치면 다른 문제가 생길 수도 있습니다. 따라서 아이가 어릴 때는 귀와 연관된 특정 행동들을 잘 관찰하는 것이 좋습니다.

중이염의 원인과 증상

중이는 귀의 공간을 나눴을 때 고막부터 시작되는 안쪽 공간을 말합니다. 이 공간 내에 염증이 생기는 것을 중이염이라 부르는데, 시기에 따라 급성 염증이 생기는 경우에는 급성 중이염, 염증이 있는 상태가 3개월 이상 지속된 경우에는 만성 중이염으로 구분합니다. 종종 염증으로 인해 찐득한 농이 고이기도 하고 물이 고이기도 하는데 그 성격에 따라 화농성, 장액성으로 분류하기도 합니다. 중이염은 바이러스나 세균에 의해 걸리기도 하고, 귀 안에서 공기의 환기를 담당하는 이관의 기능적인 문제로 나타나기도 합니다.

중이염의 대표적인 증상은 귀 통증입니다. 아이가 귀를 자꾸 잡아당기거나 찡그리면서 만지는 경우라면 중이염을 의심해볼 수 있습니다. 또한, 자신의 상태를 말로 표현하지 못하는 영유아의 경우, 중이염에 걸리면 잠을 자지 않거나 평소보다 좀 더 보채기도 합니다. 귓속의 농이 심해지면 고막을 터트리고 바깥으로 흘러나오기도 하므로 귀에서 찐득한 물이 나오면 병원에 가서 꼭 치료를 받아야 합니다. 그 외에도 귀가 잘 들리지 않는 증상이 있으므로 아이가 불러도 대답을 잘 안 한다거나 TV를 가까이 가서 보거나 소리를 키운다면 중이염을 의심할 필요가 있습니다.

중이염의 치료

중이염이 경미한 경우에는 시간이 지나면서 자연적으로 치유되기도 하지만, 가끔 염증이 안으로 퍼지기도 하고 난청이 생길 수도 있기 때문에 중이염이 생기면 먼저 항생제를 사용해 선제적으로 합병증을 막고자 합니다. 치료가 잘되지 않아 상태가 심해지면 고막절개술이나 환기관삽입술 같은 수술적 처치를 하기도 합니다. 중이염은 감기와 동반되어 나타나는 경우가 많으니 열이 난다면 한 번쯤 중이염을 의심해봐야 합니다.

초보 부모를 위한 TIP

고막절개술과 환기관삽입술

중이염이 낫지 않는 경우, 삼출물이 귀 안에 꽉 차서 난청이 있는 경우에는 고막절개술이나 환기관삽입술을 시행하기도 합니다. 고막절개술은 칼이나 레이저를 통해 고막을 절개해 삼출물을 배출하는 방법으로 항생제를 투여해도 호전되지 않거나 두개 내 합병증이 있는 경우 등에 시도해볼 수 있습니다. 삼출물이 배농되면 자연적으로 통증이 줄고 청력이 좋아지며 평균적으로 3~4주 정도 지나서는 고막이 다시 재생되는 것으로 보고되고 있습니다.

환기관삽입술은 작은 플라스틱 관으로 고막에 구멍을 뚫어 삽입하는 시술입니다. 이를 통해 귀 외부와 내부의 압력이 같아지고 꽉 차 있던 삼출물이 배출되면서 난청이 사라지고 증상이 호전되는 효과를 가져옵니다. 다만, 환기관이 수술 후 생활하면서 저절로 빠질 수도 있고 수술을 해야 한다는 부담감이 있기 때문에 담당의와 잘 상의해서 진행해야 합니다.

열이 나는 동시에
배가 아플 때

"하민이가 또 열이 자꾸 나네. 감기인가?"

"기침이나 콧물은 없는 것 같은데…… 혹시 다른 증상은 없었어?"

"어제 저녁에는 먹은 것도 토하고 오늘 아침에는 계속 설사를 했어. 그럼 혹시 장염인가?"

"그런가 보네. 요즘 로타 바이러스가 유행이라던데 장염인가 보네."

장염은 성인뿐 아니라 아이에게서도 흔하게 발생합니다. 아이의 경우 장염에 걸리면 열이 나는데 여기에 더해 설사와 구토를 하며 배가 아프다고 한다면 장염을 의심해볼 수 있습니다. 아이들은 위장관이 미숙하고 면역력이 약하기 때문에 장염에 걸리기가 쉽습니다.

장염의 원인과 치료

　장염은 바이러스나 세균에 의해 발생합니다. 아주 어린 영유아는 대부분 로타 바이러스나 노로 바이러스, 아데노 바이러스 등에 의한 바이러스성 장염에 많이 걸리고, 2세 이후 아이들은 상한 음식에 들어 있는 대장균이나 살모넬라균 등으로 인한 세균성 감염이 많습니다. 영유아들은 로타 바이러스 예방접종을 통해 바이러스성 장염을 미리 예방하는 것이 가능합니다.

　장염의 가장 주된 증상은 설사입니다. 설사 외에 열이 나기도 하고 복통, 구토가 있기도 합니다. 특히 노로 바이러스로 인한 장염은 초기에 구토가 주된 증상으로 나타납니다. 설사는 2주까지도 지속될 수 있기 때문에 어린 영유아의 경우 잦은 설사로 인한 탈수 방지에 신경 써야 합니다. 심한 경우 수액을 맞기도 하지만 일반적으로는 충분한 휴식과 적절한 수분 공급, 안정을 취하는 것이 제일 좋습니다.

　간혹 설사하는 동안에 금식을 시키기도 하는데, 이런 처치는 영유아의 경우 탈수를 악화시키는 위험성이 있어 피하도록 하고 적절한 영양 공급을 해줘야 합니다. 설사하는 동안에는 쌀미음이나 죽, 바나나 같은 음식을 먹이고, 당이 많이 들어 있는 음식은 가스 생성과 복통을 유발하므로 피하도록 합니다. 고지방 음식도 잘 소화되지 않으니 피해야 합니다. 만일 구토가 심하거나 세균성 장염이라는 진단이 나오면 추가로 항구토제나 항생제를 처방하기도 합니다.

유당불내증 ✏️

유당불내증은 장 속에 유당을 분해시키는 효소(락타아제)가 부족해 우유를 마시면 소화가 되지 않아 설사를 하는 질환을 말합니다. 락타아제는 영아기 때는 아이의 장 속에 풍부하게 존재하나 이유기를 거치면서 점점 감소하는 경향을 보입니다. 그래서 유당불내증은 영유아보다 성인에게서 더 흔히 볼 수 있는 질환입니다. 유전이 원인이 되어 선천적으로 장내 락타아제가 부족하면 영유아임에도 불구하고 유당불내증 증상이 나타나기도 합니다. 하지만 간혹 로타 바이러스 등의 감염으로 인한 장염 이후에 염증에 의해 세포에 상처가 남에 따라 락타아제가 부족해져 유당불내증이 발생하는 경우도 있습니다. 이런 경우는 일시적일 때가 많아 장 점막이 회복되면 호전될 수 있습니다. 선천성 유당불내증은 매우 드문 경우인데 치료가 빨리 이루어져야 합니다. 선천성 유당불내증을 앓는 아기는 무유당 분유를 먹여야 하는데 이때 담당의와 상의 후 먹이도록 합니다.

지속적으로
열이 난다면

"하민이가 열나기 시작한 지 이틀이 지났는데도 열이 안 떨어져. 어떻게 해야 해?"

"열이 몇 도인데? 다른 증상은 없어?"

"콧물도 없고 설사를 하는 것도 아냐. 근데 열이 계속 37.5도에서 올라갔다 내려가기를 반복해."

"37.5도면 크게 걱정할 건 아니지만, 하루 더 있어도 계속 미열이 지속되면 병원에 가봐. 원인 모르는 열이 더 무서운 거니까."

기침, 콧물, 인후통, 설사, 구토 등 특별한 증상이나 이상 소견이 없는데 지속적으로 열이 나고 있다면 요로감염을 의심해볼 수 있습니다. 요로감염은 소변을 만들고 배출하는 기관에 감염이 일어난 것을 말하는데 요도, 요관, 신장, 방광 등에 나타나는 감염을 두루 포함합니다.

요로감염의 원인과 치료

요로감염은 영유아 시기에 흔하게 나타나는 감염성 질환입니다. 여자아이의 요도는 남자아이보다 짧고 소변을 보고 난 후 청결하게 유지하는 것이 쉽지 않기 때문에 남자아이들보다 여자아이들이 요로감염에 잘 걸리는 경향이 있습니다. 항문이나 생식기 주변의 세균이 요도를 통해 침투하여 증상을 일으키는데, 초반에는 특이한 증상 없이 열만 나기에 요로감염임을 쉽게 알기 힘들기도 합니다.

어기적거리며 걷거나 기저귀를 갈기 싫어하는 것도 요로감염의 대표적인 증상이며, 종종 소변을 볼 때마다 보채거나 분비물이 나오기도 합니다. 만약 2세 이상의 자신의 의사를 표현할 줄 아는 아이가 소변을 볼 때 '따갑다'고 표현하거나 혹은 소변을 너무 자주 보러 간다면 이때도 요로감염을 의심할 수 있습니다.

요로감염은 소변 검사를 통해 진단하고, 세균으로 인해 생기는 질환이므로 항생제를 사용해 치료합니다. 대부분은 항생제를 사용하고 2~3일 후면 증상이 호전됩니다. 대소변을 스스로 가리지 못하는 영유아는 기저귀를 자주 갈아줘야 하고 목욕을 할 때 요도와 항문 주위를 깨끗이 닦아줘야 요로감염을 예방할 수 있습니다. 종종 요도를 따라 균이 올라가 신장에 손상을 입히는 경우가 있기 때문에 소변 역류나 요로에 기형이 있는지 검사하기도 합니다.

방광염과 신우신염 🖊

요로감염은 발생한 위치에 따라 이름이 달리 붙여지는데 방광을 침범하게 되면 방광염, 그보다 더 위쪽까지 염증이 침투해서 신장까지 세균에 감염되면 신우신염이라고 부릅니다. 방광염이 생기면 소변을 자주 보거나 반대로 소변을 잘 못 보기도 합니다. 가끔은 혈뇨가 나오거나 아랫배 통증을 호소하기도 합니다. 방광염은 항생제 치료 후 증상이 없어지면 치료를 중단합니다.

신우신염에 걸리면 38℃ 이상의 고열이 나고 아이가 등이나 옆구리 쪽이 아프다고 말할 수도 있습니다. 신우신염은 치료가 제대로 이루어지지 않으면 신장 손상이 생길 수 있어 증상이 좋아진다고 해서 치료가 완료된 것으로 보진 않기 때문에 입원해서 치료하는 경우가 대부분입니다. 또한, 치료 기간도 10~14일 정도로 좀 더 긴 편입니다.

열

아이가 열이 나면 급한 불을 끄기 위해 해열제로 열을 다스리고, 이후 원인을 찾아 그에 맞는 치료를 해야 합니다. 그리고 상황에 따라 2차 감염을 예방하기 위해 항생제를 처방할 수도 있습니다. 열은 상황에 따라 치명적인 손상을 일으킬 수도 있기 때문에 고열이 나거나 오랜 기간 열이 떨어지지 않으면 병원에 내원해야 합니다.

우선은 열을 내리자

열이 나면 해열제를 복용하고 미온수 마사지로 열을 내리도록 합니다. 그렇게 해서도 열이 내려가지 않으면 그다음에는 종류가 다른 해열제를 교차 복용해 열이 내려가는지를 살펴봅니다. 여기서 다른 종류의 해열제라 함은 계열이 다르다는 의미입니다. 이부프로펜과 덱시부프로펜은 같은 계열이니 만약 이 중한 성분의 해열제를 복용했는데 열이 내려가지 않는다면 아세트아미노펜 계열인 어린이 타이레놀 약을 복용해야 합니다. 또한, 동반되는 증상을 살펴 기침이나 가래가 끊이지 않고 며칠씩 지속된다면 폐렴으로 진행될 수도 있으므로 병원에 가서 검사를 받는 것이 좋습니다. 혹시라도 의식이 명료하지 않은 인상을 보인다면 즉, 자꾸 자려고 하거나 이름을 불러도 정확하게 대답을 하지 못하는 상황이 지속되거나 심한 고열과 근육통이 동반된다면 뇌수막염이 의심될 수도 있습니다. 동반 증상이 없더라도 오랜 기간 열이 지속되면 역시 병원에 가서 검사를 통해 명확히 진단해보는 것이 좋습니다.

신생아의 경우

신생아나 영유아의 경우 엄마로부터 물려받은 면역으로 인해 생후 6개월 이전까지는 특별한 질병에 걸리지 않는다고 봅니다. 따라서 만약 이 시기에 열이 난다면 더욱 조심해서 지켜봐야 하며, 임의적으로 집에서 처치하기보다는 병원을 방문해야 합니다. 병원에서는 영유아가 열이 나는 경우 패혈증을 우선순위에 두고 검사를 진행할 만큼 흔치 않은 경우로 봅니다. 또한, 뇌수막염이나 요로감염 등도 고려할 수 있어서 아이는 혈액 검사, 요로감염 검사, 뇌수막염 검사 등 다양한 검사를 받게 됩니다. 이러한 검사들은 신생아인 아이와 부모 모두에게 힘들고 고통스러운 검사들입니다. 하지만 신생아의 열은 그 원인을 제대로 규명해야 하는 증상이므로 어렵고 힘들더라도 해당 검사들을 꼭 받아야 합니다.

해열제의 사용 기준

• 38.5℃ 이상의 열로 아이가 괴로워할 때

- 39℃ 이상의 열이 날 때
- 심장이나 신장에 문제가 있는 아이의 경우 38℃ 이상의 열이 날 때

해열제를 사용하는 기준은 3가지입니다. 기준에 의하면 체온이 39~40℃ 정도까지 올라갔을 때는 해열제를 복용하는 것을 원칙으로 합니다. 하지만 일반적인 경우 아이가 열이 나면 조바심이 나기 때문에 38℃가 되어도 해열제를 사용하는 경우가 많습니다. 참고로 아이의 체온은 성인과 달라서 신생아는 36.7~37.5°C, 1세 미만은 36.5~37.5°C, 3세 이하는 36.0~37.2°C, 7세 이상은 36.6~37°C가 정상 범위입니다. 물론 체온은 측정하는 부위에 따라 다르게 측정되기도 합니다. 항문 안쪽의 직장 내부 온도를 체온계로 측정한 직장 체온이 심부의 열과 가장 유사하지만, 직장 체온을 측정하기는 쉽지 않기 때문에 귀 체온을 재어 가장 많이 참고합니다.

해열제의 종류

해열제의 종류에는 아세트아미노펜을 주성분으로 하는 어린이 타이레놀 Children's Tylenol(한국얀센)이나 이부프로펜을 주성분으로 하는 부루펜 시럽Brufen (삼일제약), 그리고 덱시부프로펜이 주성분인 맥시부펜Maxibupen(한미약품) 등이 있습니다. 가장 많이 사용되는 타이레놀은 해열·진통의 효능이 있고 안전하여 생후 6개월 이하의 아이들에게도 사용합니다. 반면, 부루펜이나 맥시부펜은 해열·진통 효과 외에도 항염증 작용이 있어 중이염이나 인후염 등 염증이 있을 때 조금 더 효과적이지만, 위장장애나 알레르기 반응이 나타날 수도 있어서 생

후 6개월 미만의 아이들에게는 권하지 않습니다.

타이레놀은 효과가 30분에서 1시간 내로 빠르게 나타나는 반면, 약효 지속 시간은 4~6시간 정도로 짧습니다. 반면, 부루펜이나 맥시부펜은 효과가 복용 후 1~2시간 정도 지나야 나타나는 반면, 약효 지속 시간은 6~8시간 정도로 긴 편입니다.

성분	아세트아미노펜	이부프로펜	덱시부프로펜
제품명	타이레놀, 챔프, 콜대원키즈, 세토펜	부루펜, 챔프이부펜, 콜대원키즈이부펜	맥시부펜, 맥시부키즈, 애니펜
효과	해열·진통	해열·진통+항염	
효과 발현 시간	30분~1시간 내	1~2시간 내	
지속 시간	4~6시간 정도	6~8시간	
복용 간격	4~6시간	6~8시간	
1회 복용량 (시럽 기준)	10~15mg/kg	5~10mg/kg	
1일 최대 투여량 (시럽 기준)	75mg/kg(5회)	40mg/kg(25ml)(4회) (30kg 미만 소아 기준)	
기타	6개월 이하 영유아 사용 가능	위장장애, 알레르기 반응	

해열제를 복용 시 약의 종류마다 약효 지속 시간이 정해져 있기 때문에 복용 시간과 1회 복용량을 지켜서 복용하도록 합니다. 열이 매우 높다고 해서 해열 제를 많이 복용시키지 않습니다. 또한, 약효 시간을 마음대로 당겨서 자주 복용 하는 것도 좋지 않습니다. 해열제는 체온을 낮추는 역할을 하기 때문에 해열제

를 복용 후 아이의 컨디션이 좋아졌다고 해서 병이 나았다고 보지는 않습니다.

해열제를 복용해도 고열이 떨어지지 않는 경우라면 2가지 종류의 해열제를 교차 복용할 수 있습니다. 가령, 타이레놀과 부루펜 2가지를 준비하고 3~4시간 간격으로 교대로 복용하는 것입니다. 다만, 정해진 용량을 넘겨서 투여하면 약물 과다가 될 수 있으니 해열제를 복용한 후 열이 내리지 않더라도 약효 시간이 지난 후에 다른 해열제를 복용하도록 합니다. 또한, 교차 복용은 고열이 떨어지지 않는 상황에 한정해 권고하는 방편이므로 미열이 나거나 열이 심하지 않다면 과량의 약물 복용을 우려하여 교차 복용을 권장하지는 않습니다.

미온수 마사지 방법

마른 수건을 미지근한 물로 적셔 목이나 사타구니, 팔꿈치 내측이나 겨드랑이 등 살이 접히는 곳을 닦아주면 열을 내리는 데 도움이 됩니다. 고열이 난다고 해서 너무 차가운 물을 이용하게 되면 오히려 열 손실이 커지고 아이의 불편감이 심해지기 때문에 30~33°C 사이의 미지근한 물을 사용하도록 합니다. 미온수 마사지는 보조적인 방법일 뿐 이것만으로 체온을 낮추는 효과는 적습니다. 그러므로 해열제를 복용하고도 열이 많이 떨어지지 않으면 미온수 마사지를 함께하는 것입니다. 또한, 너무 오랜 시간 마사지를 하지 않도록 하고 해열제를 복용한 직후에는 미온수 마사지를 하지 않습니다. 만일 아이가 춥다고 떨면서 오한으로 힘들어한다면 미온수 마사지를 중단하고 얇은 긴팔을 입혀주는 것이 좋습니다.

항생제 복용도 필요하다

　감기는 '상기도 감염' 혹은 '급성 비인두염'을 말합니다. 상기도 감염은 코와 인후두, 기관 등 상기도가 감염됐다는 의미로 급성 비염, 급성 인후염, 급성 기관지염 등을 포괄하는 용어입니다. 급성 비인두염 역시 코와 인두 부위에 급성 감염으로 인한 염증이 생긴 질환을 말하는데 감기, 상기도 감염 등과 동의어로 쓰입니다. 대부분은 바이러스가 원인이기 때문에 과도한 항생제 복용은 사실 필요하지 않습니다. 그러나 종종 감기로 시작된 증상이 며칠 동안 회복되지 않고 계속 지속되면 다른 질환이 생길 수 있습니다. 중이염이 생기기도 하고 기침이 심하게 동반되다가 기관지염이나 폐렴으로 넘어갈 수도 있습니다. 그렇기 때문에 너무 오래 감기가 지속되거나 다른 증상이 동반된다면 항생제 사용이 필요할 수도 있습니다.

한의사 아빠의 처방전

　해열제는 체온을 떨어뜨리는 역할을 하기 때문에 해열제로 단순히 열을 내린다고 하여 몸이 온전히 치료되는 것은 아닙니다. 따라서 몸의 기능을 살리면서 병에 대응하는 힘을 길러 이겨내는 것이 중요합니다.

해열제가 꼭 필요한 것은 아니다

열이 난다고 해서 반드시 해열제를 복용할 필요는 없습니다. 부위와 연령에 따라 정상 체온의 범주는 약간 다르지만 37°C를 약간 넘는 정도의 체온은 정상 범주에 해당합니다. 만약 체온이 38°C가 넘는다면 상황에 따라 해열제를 복용할 수 있습니다. 체온이 높아져 아이의 컨디션이 떨어지고 잘 먹지도 못한다면 해열제를 복용했을 때의 장점이 큽니다. 하지만 아이가 잘 놀고 잘 먹는 등 처진 상태가 아니면 굳이 해열제를 복용하지 않아도 됩니다.

한의학의 관점에서 보면 열이 무조건적으로 인체에 해악을 끼치는 것만은 아닙니다. 적정한 열은 면역 기능을 증가시켜 바이러스나 세균에 대응하는 힘을 높여줍니다. 반대로 세균이나 바이러스의 활동력은 낮추는 효과가 있습니다. 즉, 인체는 병균이 침입했을 때 열이라는 기전을 작동시켜 스스로 이겨내고자 합니다. 따라서 열을 나쁜 것으로 규정하고 열이 나면 무조건 열을 없애기보다는 인체의 방어 능력을 길러주기 위해 스스로 이겨낼 수 있도록 해주는 처방도 필요합니다.

너무 심한 고열은 아이가 힘들 수 있기에 그런 상황에서는 해열제의 유익한 점을 고려하여 해열제를 복용하도록 합니다. 하지만 열이 날 때는 무조건적인 해열제 처방보다 충분한 수분 공급과 영양 섭취, 휴식이 우선임을 기억해야 합니다. 아이의 컨디션을 고려해 잘 먹이고 충분히 쉬게 해주면서 수분 공급도 잘해주면 열은 곧 떨어질 수 있습니다. 일반적으로 감기에 걸리면 면역 활동이 활발해지면서 뇌의 체온 설정점이 정상 체온일 때보다 올라갑니다. 이에 우리 몸은 올라간 체온 설정점만큼 체온을 올리기 위해 열을 생성하려 하고 열을 생성하기 위해 우리 몸의 대사 작용은 활발해집니다. 그래서 활발한 대사 작용을 위해 우리 몸은 많은 에너지를 요구하게 됩니다. 이를 위해서는 충분한 수분과 영양, 휴식이 꼭 필요합니다. 아이가 아플수록 잘 먹고 잘 쉬고 잘 잘 수 있도록 해줘야 하는 이유입니다.

간단한 치료를 이용하자

아이에게 아픈 증상이 나타나면 간단한 음식이나 생약으로 증상 완화에 도움을 줄 수 있습니다. 기침에는 도라지나 배즙이 좋습니다. 도라지는 '길경桔梗'이라는 이름으로도 불리는데, 기침을 가라앉히고 인후부의 통증과 부기를 내리며 염증을 호전시키는 효과가 있습니다. 끓인 후 따뜻한 상태로 복용하면 기침을 멈추는 데 도움이 됩니다. 또한, 배는 폐를 튼튼하게 해주고 기관지를 촉촉하게 하여 기침이나 인후통을 가라앉히는 데 좋습니다. 배를 물에 넣어 끓인 후 즙을 내서 복용합니다.

요즘은 탕약뿐만 아니라 간단하게 물에 타 먹을 수 있는 가루 형태에서 짜 먹을 수 있는 연조엑스제까지 다양한 종류의 생약 성분 제제들이 개발되었습니다. 또한, 증상에 따라 제품이 세분화되어 나와서 아이들에게 다양하게 처방할 수 있습니다. 같은 감기라고 하더라도 열이 높으면 소시호탕小柴胡湯이나 대시호탕大柴胡湯, 체력이 약하면서 감기 기운이 있는 경우에는 삼소음蔘蘇飮, 기침을 하는 경우에는 맥문동탕麥門冬湯, 목이 많이 부어 있는 경우에는 필용방감길탕必用方甘桔湯을 복용할 수 있습니다. 간단한 과립제의 경우에는 약국에서도 구입이 가능하지만 한의원에서 진료를 받고 증상에 따라 처방받는 것이 더욱 좋습니다.

한의학에서는 감기로 열이 나는 증상을 '상한傷寒', '온병溫病'이라고 불렀습니다. 쉽게 구분하자면 상한은 오한·발열이 나는 감기 같은 질환을 뜻하며, 온병은 급격한 고열과 급변하는 증상을 동반하는 폐렴이나 독감과 같은 질환을 가리킵니다. 따라서 열이라는 같은 증상일지라도 상한이나 온병의 2가지의 범주로 구분해야 합니다. 만약 독감이나 전염성 질환에 해당할 때는 온병의 치료법인 열을 발산하는 방법을, 간단한 감기의 경우에는 상한의 치료법인 주로 땀을 나게 하는 방법을 추천합니다.

미온수 마사지의 경우도 이렇게 구분해서 적용할 수 있습니다. 독감이나 코로나 같은 전염성 질환인 경우에는 열 발산을 위해 미온수 마사지를 고려해봄 직하나 감기의 경우에는 미온수 마사지보다는 얇은 옷을 입혀 적당히 땀을 내는 것이 효과적입니다.

아이가
복통을 호소할 때

"어머니, 현준이가 오늘 열이 있거나 토하거나 설사하지는 않았나요?"

"열도 없었고 오늘 아침에도 잘 먹고 평소대로 잘 놀았어요. 그런데 왜 이러죠?"

"음, 그럼 최근에 스트레스 받거나 종종 배가 아프다고 한 적은 없었나요?"

"그럴 만한 일도 없었고 배가 아프다고 한 적도 없었는데……"

얼마 전 교회에서 일곱 살 현준이가 갑자기 울기 시작했습니다. 잘 놀던 아이가 갑작스럽게 배를 움켜쥐고, 움직이지도 못하자 현준이의 부모님은 당황했습니다. 우리 부부는 마침 그 주변에 있었던 터라 어머님께 양해를 구하고 아이의 증상을 물어본 뒤, 아이 배의 여러 부위를 눌러보았습니다. 하지만 특별히 한 부위를 눌렀다고 해서 튕기듯이 아파하는 증상도 없고, 설사나 구토도 없었기 때문에 큰 문제는 아닐 것 같다는 말씀을 드린 후 인근 병원을 내원하시도록 안내했습니다. 한참 뒤에 전해 들은 바로는 병원에서 엑스레이를 찍어본 결과, 아이의 배가 갑자기 아팠던 이유는 변비였다고 했습니다.

갑작스러운 복통의 원인

갑작스러운 복통의 경우 아이의 연령이나 통증 부위에 따라 원인이 다릅니다. 단순히 '배가 아프다'는 증상만으로는 그 원인이 다양하기 때문에 특정 질환으로 확신할 수 없습니다. 앞의 예시처럼 변비에 걸렸을 경우에도 갑작스러운 복통을 호소합니다. 장염이나 맹장염이라고 부르는 충수돌기염일 때도 갑작스럽게 복통을 호소하기도 합니다. 따라서 아이가 갑자기 복통을 호소한다면 먼저 다른 증상도 있는지 확인하는 것이 좋습니다. 혈변을 보았는지, 구토를 하는지, 시간 간격을 두고 복통을 호소하는지, 어느 쪽 부위의 배가 아프다고 하는지를 세심하게 살펴봅니다. 만약 특정한 증상이 동반된다면 바로 병원을 내원하는 것이 좋습니다. 하지만 특별한 사항이 없거나 증상이 심하지 않다면 하루 정도 좀 더 지켜봐도 됩니다.

영아산통은 3개월 이전 아기들이 자기 전, 주로 초저녁에 갑자기 몹시 울고 보채는 증상을 말합니다. 특별히 건강상에 이상은 없고 특별한 다른 증상이 없으면 생후 100일 무렵이 지나면서 사라지는 경우가 대부분입니다.

아이들이 겪는 대부분의 복통은 대개 기질적 문제가 없는 기능적 복통입니다. 기능적 복통이란 종양이나 구조적 문제를 지니는 기질성 복통이 아닌, 심리적·기능적인 원인으로 복통을 호소하는 경우를 가리킵니다. 보통 4~16세 사이

소아에게서 3개월에 3회 이상 반복적으로 나타나는 만성 복통입니다. 기능적 복통은 위장관의 운동장애, 과민성, 스트레스 같은 여러 가지 원인으로 발생하는 것으로 여겨집니다. 기질적 문제가 없기 때문에 특별한 치료약도 없습니다. 그렇지만 꾀병과는 달리 실제 아픈 증상이 나타나므로 무조건 가볍게 치부할 일은 아닙니다. 기능적 복통의 중요한 원인 중 하나가 심리적 스트레스이기 때문에 학교 문제나 불안감 등 스트레스의 원인을 찾아서 교정해주면 증상이 소실되는 경우가 많습니다.

스트레스를 줄여주자

스트레스로 인해 복통이 나타남이 확인됐다면, 아이가 어떤 스트레스를 받고 있는지 찾아내는 것이 중요합니다. 이사를 했다거나 어린이집 등 기관에 처음 가는 등 환경이 바뀌는 경우에 이런 증상이 많이 나타날 수 있습니다. 가정 내에서 문제가 있을 때도 아이가 스트레스를 받을 수 있습니다. 아이에게 스트레스는 질병을 일으키는 큰 요소 중 하나로 아이에 따라 복통뿐만 아니라 아토피 같은 알레르기 질환도 나타날 수 있기 때문에 어떤 것이 아이에게 스트레스로 작용하는지 잘 살펴보고 파악해야 합니다.

심리적인 복통일 때는 원인을 찾아 해결해주는 과정도 필요하지만, 당장은 배가 아픈 증상이 나타나기 때문에 이를 호전시킬 방안을 강구할 필요가 있습니다. 만일 진통제를 복용해도 복통 증상이 잘 사라지지 않는다면, 찬 음식 섭취를 자제시키고 배를 따뜻하게 해주거나 배를 쓰다듬어주는 것이 가장 쉬운 치료 방법 중 하나입니다. 기능적 복통은 배꼽 주위에 통증이 발생하는 경우가 많기 때문에 배꼽 주위를 쓰다듬어주는 것이 좋습니다. 손으로 전해지는 따뜻한 기운 덕분에 정서적으로 안정될 뿐만 아니라 배를 쓰다듬어주는 동작이 장의 움직임을 활발하게 해 그것만으로도 큰 효과를 볼 수 있습니다.

초보 부모를 위한 TIP

장중첩증 🖊

장중첩증腸重疊症, Intussusceptions은 응급으로 생각해야 하는 복통 관련 질환들 중 하나입니다. 장중첩증은 장의 한 부분이 안쪽으로 말려 들어가서 생기는 질환인데 특별한 원인 없이 발생하는 경우가 대부분입니다. 생후 6개월부터 2세 사이에 주로 발생합니다. 장중첩증이 있으면 아이는 갑작스러운 복통을 호소하며, 간격을 갖고 자지러지게 울다 멈추기를 반복합니다. 또한, 젤리 같은 혈변을 보거나 구토를 합니다. 일단 이러한 증상이 나타난다면 경과를 지켜보기보다는 빨리 병원에 가는 것이 좋습니다. 시기를 놓쳐서 장기에 구멍이 뚫리는 천공穿孔이 일어나게 되면 수술 치료까지 고려해야 합니다.

아이에게
변비가 생겼을 때

"하준이가 변을 못 본 지가 벌써 며칠째야?"

"저번 주부터 이번 주까지 내내 그래. 변을 너무 오랫동안 못 보는데 관장이라도 해야 되는 거 아냐?"

"관장? 애가 변을 못 본다고 바로 관장을 하는 건 좀 그래. 관장은 진짜 문제가 있을 때 고민해보는 거지, 며칠 변을 못 본다고 관장을 하면 어떡해."

"그럼 애가 변을 며칠째 못 보고 있는데 어떻게 할 건데? 애가 저렇게 하루에도 몇 번씩 힘을 주고 힘들어하는데…… 방법이 없으면 관장이라도 해야지."

"그래도 관장처럼 대변을 인위적으로 빼내는 건 좋지 않아. 배변 기전이 망가지니 다른 방법을 다시 생각해보자."

변비가 있으면 아이들은 힘주기를 반복하다가 항문이 찢어지기도 하고, 피가 맺힌 변을 보기도 합니다. 하루에도 몇 번씩, 변을 볼 때마다 아파서 우는 모습을 보면 변비가 단순한 질환이 아닌, 꽤 심각한 문제라는 생각이 들 때도 있습니다. 하지만 무작정 변비약을 쓰기 시작하거나 반대로 변비인 상태를 그대로 놔둔다면 배변 기전을 망가뜨려서 배변장애를 유발할 수도 있고 악순환이 생기기도 합니다. 따라서 변비는 지속적이고 꾸준한 식습관 관리 및 생활 습관 관리가 필요합니다.

변비의 원인과 해결

변비는 일주일에 배변 횟수가 3회 미만이거나 횟수에는 문제가 없더라도 배변 시 과도한 힘을 주어야 할 만큼 통증이 있는 경우를 말합니다. 이러한 변비가 3개월 이상 지속되면 만성 변비가 됩니다. 크론병 같은 염증성 장 질환이나 당뇨 같은 대사 질환 등 기질적 원인이 있을 가능성도 있지만, 대부분은 원인이 없는 기능성 변비인 경우가 많습니다. 변비가 생기면 아이들이 변을 볼 때 아프니 참게 되고, 변을 참게 되면서 배가 더부룩해져서 식욕부진이나 소화불량으로 이어집니다. 악순환인 것이지요.

변비를 해결하려면 우선 평소에 물을 많이 마시고 식이섬유, 야채, 과일 등을 충분히 섭취하도록 해서 변이 부드러워지도록 해야 합니다. 그리고 조금 더 큰 아이들이라면 불규칙적인 배변 습관이 들지 않도록 변의가 느껴지면 참지 않고 변을 보게끔 교육해야 합니다. 식습관도 중요합니다. 규칙적인 식습관은 물론이고 아침을 먹고 난 후 30분 이내에 변을 보는 것을 습관화해야 합니다. 저녁에 먹은 음식물로 인해 아침에 장운동이 가장 활발하기 때문입니다. 거기에 더해 아침 식사를 하면 장운동이 더욱 활발하게 일어나기에 아침 식사 후 화장실을 가는 것을 추천합니다. 그러나 사람마다 배변하기에 편한 시간의 차이가 있으므로 아침에 변을 보는 것이 아이에게 힘들 경우 아이의 생활 패턴이나 성향에 맞춰 조절해도 무방합니다.

설사의 원인과 치료

설사는 하루 3회 이상 변을 보거나 혹은 물기가 많은 변을 보는 경우를 말합니다. 설사가 심하면 기운이 약해져 체력이 떨어지는데, 영유아의 경우에는 탈수증이 생길 수 있으니 이를 주의해야 합니다. 음식이 원인인 식이성 설사의 경우 대부분 쉽게 낫지만, 바이러스 감염 혹은 세균 감염으로 인한 장염일 때는 며칠 동안 설사 증상이 나타나기도 합니다. 대부분의 설사는 바이러스에 의한 경우가 많습니다.

설사를 할 때 가장 중요한 치료의 목표는 수분 보충입니다. 따라서 물을 수시로 섭취하도록 하고 심한 경우에는 수액을 처방받기도 합니다. 아이가 설사를 할 때는 무조건 금식시키지 말고 죽이나 미음을 소량씩 먹입니다. 그 대신 당이 많은 음료(주스, 탄산음료)는 설사 증상을 악화시키니 먹지 못하게 합니다.

유산균과 프룬 주스 🖋

변비가 있는 아이들에게는 유산균과 프룬 주스가 도움이 됩니다. 유산균은 일반적으로 장운동을 활발하게 하고 음식을 소화시키는 데 효과적이라고 알려져 있습니다. 최근에는 알약이나 가루 형태로 된 제품들이 다양하게 출시되어 간편하게 복용할 수 있습니다. 프룬은 식이섬유와 펙틴, 솔비톨이라는 성분이 들어 있어 배변을 유도하고 변을 부드럽게 만들어주는 효능이 있습니다. 천연 식품이므로 아이들이 변비 증세를 보이면 이용할 수 있습니다. 하지만 무턱대고 많이 마시면 복부팽만이나 설사를 유발할 수 있고 살이 찔 수도 있습니다. 용량은 정확히 정해진 바가 없으나 대략 '15㎖(원액 기준)×나이'로 생각하여 12개월 미만인 아이들은 10~15㎖ 정도를 적정 섭취량으로 생각하되 아이에게 맞게 조절하도록 합니다.

소화기 질환

의사 엄마의 처방전

아이가 배가 아프다고 할 때 가장 먼저 살펴볼 것은 열이 나는지 여부입니다. 아이들의 경우 배가 아프면서 열이 난다면 장염이라고 의심해볼 수 있습니다. 반면, 배는 아픈데 열이 없다면 대부분은 변비나 기능적 복통일 가능성이 높습니다. 하지만 이 경우도 아니라면 병원에 내원하는 것이 좋습니다.

장염 – 수분 공급이 중요하다

아이가 복통을 호소하는 동시에 설사를 하거나 열이 난다면 장염을 의심할 수 있습니다. 영유아의 경우에는 장염으로 인한 설사가 지속되면 탈수증이 올 수도 있기 때문에 수분 공급을 충분히 해줘서 체내의 전해질과 수분의 균형을 맞춰줘야 합니다. 신생아나 영유아라면 모유나 분유는 그대로 먹이고 적절히 경구 수액제로 수분을 보충해주면 됩니다. 하지만 심한 설사가 멎지 않는다면 병원에 내원하여 약물을 처방받고 필요시 수액을 맞는 것이 좋습니다.

장염에 걸렸을 경우 설사는 독소가 변으로 배출되는 과정이기 때문에 설사가 여러 차례 있다고 해서 지사제를 함부로 쓰는 것은 좋지 않습니다. 바이러스로 인한 장염은 물 같은 설사 양상을 보이고, 세균에 의한 장염은 점액이 많은 설사 양상을 보이는 특징이 있어 어느 정도 구별이 가능합니다. 만약 식중독으로 인한 세균성 장염일 경우에는 적절히 항생제를 쓰는 것도 필요합니다.

변비 – 유산균이나 섬유질을 복용하자

배가 아픈데 며칠 동안 변을 못 보았고, 평소에도 변비 증상이 있었으면 가장 먼저 변비를 생각해볼 수 있습니다. 변비가 있는 경우 식습관 조절을 꼭 해야 하고, 유산균이나 섬유질 복용을 꾸준히 해야 효과를 볼 수 있습니다. 변비가 있는 아이들은 물을 많이 마시게 하고 섬유질이 많은 미역, 파래, 김 등의 해조류와 시금치, 나물과 같은 채소류, 요구르트 등을 먹는 것이 도움이 됩니다. 만약 변비가 심하고 변을 아이가 혼자서 볼 수 없는 상태까지 간다면 관장을 고려할 수도 있습니다. 하지만 심각한 경우를 제외하고는 함부로 관장을 하지는 않습니다. 관장을 자주 하게 되면 장운동을 방해하게 되고 아이에게 나쁜 기억을 심어줄 수도 있습니다. 변비가 심한 경우 임의로 치료 방법을 결정하기보다는 병원에 내원하여 의사와 상의해야 합니다.

심리적 복통도 있다

열도 없고, 변비 증상도 없는데 배가 자주 아프다고 한다면 심리적인 복통일 수 있습니다. 만약 아이가 일상생활 중에는 문제없이 잘 놀다가 이따금씩 배가 아프다고 하고서는 또다시 아무렇지도 않게 잘 논다면 이는 심리적 원인이 있는 기능성 복통일 가능성이 높습니다. 또한, 기능성 복통일 경우에는 배꼽 주위가 아프다고 하거나 여기저기 막연하게 통증을 호소하는 경우가 많습니다.

복통의 위치에 따라 질환이 다를 수 있다

아이가 복통을 호소할 때는 아픈 부위로 나누어 원인을 생각해볼 수 있습니다. 만약 명치 부분이 아프다면 소화불량, 급체, 혹은 드물지만 급성 위염, 위십이지장궤양 등의 질환이 있을 수 있고, 배꼽 주위 통증은 초기 충수돌기염(일명 맹장염) 등을 생각할 수 있습니다. 오른쪽 위쪽에 통증을 호소한다면 간과 담의 문제, 반대로 왼쪽 위쪽 통증은 신우염 등의 질환을 의심할 수 있습니다.

반면, 오른쪽 아래쪽에서 통증이 일어난다면 급성 충수돌기염(통증이 주로 배꼽 주위에서 시작해서 서서히 오른쪽 아래로 이동)이나 탈장 등을 의심할 수 있습니다. 왼쪽 아래쪽의 통증은 변비, 대장염이나 이질을 고려할 수 있습니다. 아이가 특별한 부위를 지칭하지 않고 배가 아프다고 하면 복막염이나 장염을 의심할 수도 있습니다.

그러나 통증이 느껴지는 위치가 칼로 자르듯이 경계가 정확히 나눠지지 않고, 통증이 일반적이지 않을 때도 있기 때문에 위치로 추정하는 것은 확실한 진단이 아닙니다. 일단 원인을 추측하고 그것에 맞춰 치료를 해보기는 하지만 호전되지 않거나 다른 증상이 생길 시, 또는 증상이 점점 심해질 시에는 반드시 병원을 찾아 검사를 통해 정확한 원인을 파악하는 것이 필요합니다.

한의학에서는 아이들의 위장장애나 복통 등 소화기계 증상을 예방하기 위해 배를 따뜻하게 할 것을 강조합니다. 어릴 때는 소화기와 관련된 증상이 쉽게 생길 수 있습니다. 무엇보다 잘 자라고 성장하기 위해서는 소화기를 잘 다스리는 것이 중요합니다.

배를 따뜻하게 해주자

《동의보감》에는 아이를 잘 키우기 위한 원칙으로 '양자십법養子十法'이라는 10가지 원칙을 소개하고 있습니다. 그중에서도 특히 '소화기계를 따뜻하게 하라'는 말이 2번이나 언급됩니다. 이는 아이들이 자랄 때 특히 소화기를 중요하게 생각하라는 뜻입니다.

배를 따뜻하게 하라는 것은 물리적·기능적 의미를 다 포함합니다. 물리적으로는 말 그대로 배를 차게 하면 안 된다는 뜻입니다. 아이들이 잘 때 이불을 다 걷어차고 잔다면 배를 덮어 따뜻하게 해줘야 하고, 만약 갓난아이라서 배밀이를 한다면 수건이나 따뜻한 이불을 바닥에 깔아줘서 찬 곳에서 배를 밀지 않게 해줘야 합니다.

배를 따뜻하게 하라는 말의 또 다른 뜻은 찬 것을 먹지 않도록 하라는 의미입니다. 이는 소화기계에 찬 음식이 들어가서 탈이 나지 않게 하라는 뜻입니다. 아이들의 소화기는 차가운 자극에 약하고 차가운 음식으로 인해 장의 움직임이 떨어질 수 있습니다. 아이에게 우유나 물을 주더라도 냉장고에 있던 우유를 바로 주기보다는 차갑지 않게 해서 주고, 덥다고 찬물을 벌컥벌컥 마시게 하기보다는 미지근하게 해서 줘야 복통이나 배탈이 나지 않습니다.

한의학에서 '찬 성질을 가진 음식'이라는 말은 온도 외에 약간의 다른 의미도 내포합니다. 음식이나 약재의 기미氣味를 설명할 때 사용되는 '차다', '뜨겁다'의 의미는 그것이 가진 고유의 특징을 나타냅니다. 가령, 맥주를 마시면 배가 아프고 설사하는 경우 맥주의 성질을 차다고 표현합니다. 새우, 오징어 등과 같은 찬 성질을 가진 해산물이나 돼지고기, 채소 등을 잘 익히지 않고 먹인 경우 아이에 따라서는 탈이 날 수 있습니다. 되도록이면 날것으로 먹이기보다는 열을 가해 찬 성질을 없애고 먹이도록 합니다. 해산물이나 생선은 회 종류보다는 찜이나 구이로 익혀서 먹이고, 채소나 야채의 경우도 샐러드보다는 뜨거운 물에 한번 익힌 음식 위주로 먹이는 것이 좋습니다.

배가 아플 때 마시면 좋은 한방 차

아이가 설사를 하거나 배가 아프다고 한다면 생강차가 도움이 됩니다. 생강은 위장의 활동을 도와 배가 아프고 설사를 할 때 배를 따뜻하게 해주는 효과가 있습니다. 또한, 보리차, 현미차, 밥을 끓인 물인 숭늉도 아픈 배를 가라앉히는 데 도움이 됩니다. 쌀은 '갱미粳米'라고 하여 위장과 비장의 기운을 보하고 설사를 멈추게 할 때 사용하던 약재입니다. 매실차 역시 '오매烏梅'라고 해서 설사와 복통 치료제로 오래전부터 사용했는데 설사뿐 아니라 변비에도 도움이 될 수 있습니다.

복통이나 설사 또는 변비 증상이 있을 때 다양한 한약 처방을 하는 것이 아이들에게 도움이 됩니다. 설사나 변비가 심한지, 소화를 잘 못 시켜 잘 체하는지, 입맛이 없고 가리는 것이 심한지 등에 따라서 소화기를 다스리는 다양한 약재를 바탕으로 처방합니다. 배가 차고 설사를 자주 하는 경우에는 이중탕理中湯이나 위령탕胃苓湯이라는 처방을 사용할 수 있습니다. 변비가 심한 경우에는 대건중탕大建中湯이나 자윤탕滋潤湯을 사용해 변을 부드럽게 해줍니다.

아이의
코가 막혔을 때

"선생님, 우리 애가 지금 4학년인데 코 막히는 게 너무 심해요. 치료가 될까요?"

"얼마나 오래됐을까요?"

"유치원 때부터 이랬으니 굉장히 오래됐죠. 그리고 증상이 너무 심해요."

"증상이 어떤가요? 코막힘, 콧물, 목구멍으로 코가 넘어가는 경우도 있나요?"

"다 있어요. 코가 목 뒤로 넘어가서 늘 킁킁거리는 소리를 내고, 얼마 전에는 갑자기 코가 너무 심하게 막혀서 응급실에 간 적도 있어요."

심한 비염을 호소하는 아들을 둔 부모님이 코막힘 증상 때문에 진료를 받으러 온 적이 있습니다. 아이는 어릴 때부터 코막힘과 콧물이 심해서 비염, 축농증 등의 진단을 받아 치료도 하고 약도 먹었지만 증상이 호전되지 않았습니다. 학년이 올라갈수록 킁킁대는 소리에 주변 친구들도 싫어하고, 본인도 공부에 집중하기 힘들어 속상해하고 있었습니다.

비염의 증상과 치료

콧물, 코막힘을 달고 사는 아이들이 매우 많습니다. 또한, 가려움증 때문에 눈이나 코를 문지르기도 하고 눈 밑이 검기도 합니다. 정도의 차이가 있지만 심한 경우 숨 쉬는 것이 어려워 입으로 숨을 쉬고, 코가 막히니 잠자는 것도 힘들어합니다. 비염은 증상이나 원인에 따라 1년 내내 지속되는 통년성 비염, 환절기에 꽃가루 등에 반응하여 주로 나타나는 알레르기성 비염으로 크게 나누지만, 많은 증상이 유사하여 임상적으로 딱 잘라 나누기는 어렵습니다. 보통은 콧물, 재채기, 코막힘 등의 증상이 나타나면 비염으로 진단합니다. 비염에 걸리면 먼지나 동물의 털, 꽃가루에 노출될 경우 가려움이나 발작적인 재채기가 심해지는 경우가 많습니다.

특정한 항원에 알레르기 반응이 일어난다면 그것을 피하는 것이 가장 좋습니다. 그 외에 증상에 따라 항히스타민제를 비롯한 증상 완화제를 사용할 수 있지만, 근본적으로 치료하는 것은 어렵습니다. 감기에 걸린 후 비염 증상이 심해지는 경우가 많으니 감기에 걸리지 않도록 위생에 신경 쓰는 것이 중요하고, 평소에 비염 증상이 있으면 주사기와 생리심염수를 이용하여 코 세척을 하는 것이 도움이 됩니다. 축농증이라고 부르는 부비동염이 심한 경우에는 항생제를 장기간 사용하거나 수술을 고려하기도 합니다.

축농증 ✏️

부비동염副鼻洞炎, Sinusitis이라고도 불리는 축농증은 알레르기 비염과 유사한 증상을 보이지만, 염증이 부비동까지 퍼진 상태를 말합니다. 감기나 알레르기 비염이 심해져 얼굴뼈 안의 비어 있는 공간인 부비동에 농성 분비물이 차게 되면 누런 콧물이나 코 뒤로 콧물이 넘어가는 후비루 증상도 나타나게 됩니다. 감기 같은 가벼운 부비동염은 저절로 치유되지만, 알레르기 비염이 동반되면 자주 재발합니다. 부비동염에 걸리면 항생제 치료를 하게 되며 약에 반응이 없으면 수술을 고려할 수도 있습니다. 축농증 수술을 할 때는 내시경을 이용하며 부비동의 자연적인 구멍으로 배액이 되게끔 하는 수술을 시행합니다. 만약 부비동의 구조 이상이 원인이면 이를 교정하고 점막의 병변에 문제가 있다면 점막을 제거하여 염증을 치료합니다.

아이의 호흡기에
문제가 있을 때

"지난주에 세진이가 감기에 걸린 줄 알았는데 폐렴이어서 입원했다고 하더라."

"정말? 세진이가 힘들었겠네. 애들은 열이 났다가 쉽게 폐렴까지 생기니 조심해야 겠더라고. 근데 이번이 처음이야?"

"아니, 작년에도 폐렴이 왔었으니 두 번째네. 그래서 그런지 아이가 약해서 자꾸 폐 렴이 생기는 것 같다고 상담을 한번 하고 싶어 했어."

"그래, 호흡기가 약한 애들은 면역력도 중요하니까 약이 좀 필요할 것 같긴 하네."

코로나19로 인해 폐렴과 독감 등의 감염성 질환에 대한 관심이 많아졌습니 다. 폐렴은 주로 0~9세 소아에게서 많이 발생하는데, 감기와 증상이 유사하여 감기로 오인하는 경우도 많습니다. 폐렴은 치료 시기를 놓치게 되면 염증이 폐 전체에 퍼져 상태가 악화되는 경우가 많습니다.

폐렴

폐렴은 폐에 염증이 생기는 질환으로 호흡기 세포융합 바이러스, 아데노 바이러스 혹은 인플루엔자 바이러스 등의 바이러스로 생기거나 폐렴구균이나 마이코플라즈마 같은 세균에 의해서도 생길 수 있습니다. 바이러스성 폐균으로 인한 폐렴이 80% 정도로 가장 많고, 초기에는 미열, 콧물 등의 감기 증상으로 시작되다가 기침, 가래, 빠른 호흡을 동반하면서 고열이 나는 것이 특징입니다. 그렇기 때문에 초기에는 감기로 오해하는 경우가 많은데, 증상이 같더라도 일주일 이상 열과 기침이 이어진다면 폐렴을 의심해야 합니다.

아이들이 폐렴에 걸리면 숨 쉬는 것을 힘들어하고 몸이 처지고 탈수를 동반할 수 있기 때문에 입원 치료를 하는 경우가 많습니다. 치료법으로는 충분한 수분과 영양을 공급하고 기침 및 가래를 삭여주는 약을 처방합니다. 세균성 폐렴일 때는 항생제 치료가 수반되는데, 원인균과 증상에 따라 사용하는 항생제가 달라집니다. 증상의 정도에 따라 치료 기간에 차이가 있지만, 크게 합병증이 없을 때는 경과를 보고 치료를 끝냅니다.

모세기관지염

모세기관지염은 기관지의 끝부분에 염증이 생기는 것으로 주로 2세 미만의 영유아에게서 발생합니다. 폐렴이나 감기와 마찬가지로 호흡기 세포융합 바이러스, 인플루엔자 바이러스 등의 바이러스가 질병을 일으키는데, 마른기침을 하고 숨이 가빠져 쌕쌕거리는 소리가 날 수 있습니다. 초기에는 감기로 오해하는 경우가 많은데, 마른기침과 빠른 호흡이 2주 이상 지속된다면 모세기관지염을 의심하는 것이 좋습니다. 모세기관지염 발병 초기에는 발열, 기침 등 감기나 폐렴에 걸렸을 때 보이는 증상이 나타나기 때문에 감기나 폐렴으로 오해하기 쉽고, 증상만으로는 모세기관지염인지 감별하기가 어렵습니다. 그러므로 병원을 방문해 진료를 받아야 합니다. 방사선 소견과 청진기상의 소견을 바탕으로 정확한 감별 진단이 가능합니다.

초보 부모를 위한 TIP

천식

천식은 폐렴과 감기, 모세기관지염과는 다른 질환입니다. 기도에 만성적인 염증이 있는 상태로 다양한 자극에 의해 과민성이 생겨 쌕쌕거리는 호흡음이 있고 발작적이고 심한 기침을 하거나 숨이 차고 가슴이 압박을 받는 듯한 증상이 나타납니다. 지속적으로 천식이 있는 경우에는 기도에 변형을 일으켜 일생 동안 호전되지 않는 경우도 있습니다. 바이러스나 세균이 질환을 일으킨다기보다는 알레르기 반응이나 유해한 환경 등 다른 원인에 의해 기관지에 염증이 생겨 기관지가 반복적으로 좁아지는 것으로 보입니다. 원인이 되는 알레르겐을 피하는 것이 좋고, 약물 치료를 실시해 치료합니다.

호흡기 질환

아이가 자주 코가 막히거나 콧물이 난다면 무엇보다 온도와 습도 유지에 가장 신경 써야 합니다. 그리고 차나 물을 많이 마시게 하여 체내 수분을 보충해 줘야 합니다.

온도와 습도를 유지하자

실내 온도가 너무 높으면 공기가 건조해지기 때문에 좋지 않습니다. 그렇다고 실내 온도가 너무 낮으면 면역력이 약한 아이들이 쉽게 감기에 걸릴 수 있습니다. 따라서 적정 실내 온도로 22~24°C 정도를 추천하고, 환절기일수록 일교차가 심하기 때문에 급격한 체온 변화에 주의합니다. 습도는 숨 쉬기 편안한 정도로 유지하는 것이 좋은데 일반적으로 50~60% 정도를 추천합니다.

코 스프레이 뿌리기

아이에게 코막힘 증상이 보인다면 코 스프레이를 사용할 수 있습니다. 일반적으로 약국에서 구입 가능한 제품은 생리식염수 스프레이와 코 점막의 부기를 완화시켜주는 비충혈완화 스프레이입니다. 하지만 1세 미만의 아이들은 생리식염수 스프레이만 사용이 가능합니다. 2세 이상의 아이가 코막힘으로 힘들어한다면 비충혈완화 스프레이를 사용해 빠른 효과를 볼 수도 있지만, 너무 자주 사용하면 코 점막이 위축되거나 변형되는 부작용이 나타날 수 있으니 주의해야 합니다.

생리식염수 세척도 좋다

아이가 조금 커서 코 세척을 스스로 할 수 있다면 생리식염수를 이용해 코를 세척하는 것이 도움이 됩니다. 코 세척은 코 안의 이물질을 제거하고 비강 내 순환을 활발하게 해줘서 감기로 인한 코막힘뿐만 아니라 비염과 축농증에도 도움이 됩니다. 코 세척 기구나 큰 주사기를 준비하여 생리식염수를 넣은 다음, 한 번에 한쪽 코씩 교대로 생리식염수를 투여합니다. 수돗물이 아닌 생리식염수를 사용하도록 하며, 미지근하게 데워서 사용하는 편이 좋습니다. 7세 정도의 소아는 1회당 100cc(한쪽당 50cc) 정도의 생리식염수를 사용해 세척하는 것을 권합니다.

코막힘에 처방하는 약

알레르기가 생기면 우리 몸에서 히스타민이라는 물질이 가려움증, 콧물, 재채기 등을 유발합니다. 그래서 알레르기 반응을 보일 경우 히스타민의 작용을 막는 항히스타민제를 처방합니다. 대표적인 제품으로는 액티피드Actifed(삼일제약) 등이 있습니다. 물론 액티피드는 항히스타민 성분만 있는 것은 아니고 충혈제거제가 조합된 약입니다. 액티피드는 콧물, 재채기뿐만 아니라 코막힘에도 사용할 수 있는데, 코막힘이 없고 콧물과 재채기 증상만 심하다면 지르텍 Zyrtec(한국유비씨제약) 같은 약도 사용할 수 있습니다. 하지만 액티피드나 지르텍과 같은 알레르기 약은 2세 미만에게 사용하지 않습니다. 필요시에는 의료진의 처방을 받아야 합니다.

한의사 아빠의 처방전

코는 외부의 공기를 폐로 들여보내는 관문입니다. 이물질이 있으면 걸러주고 찬 공기가 있으면 데워서 통과시킵니다. 그런데 환절기에는 일교차가 커서 코의 기능에 과부하가 걸리게 되고 붓게 되면서 여러 가지 증상이 나타나게 됩니다.

감기와 비염을 예방하려면

감기와 비염은 증상이 비슷하지만 열이 나는지 여부로 구별됩니다. 감기는 열이 나면서 부수적으로 기침, 콧물이 나는 경우가 많지만, 비염은 열은 없이 장기간 콧물이나 코막힘이 나타납니다. 하지만 영유아의 경우에는 감기와 비염의 명확한 구분이 어렵고, 감기에 걸린 후 비염이나 중이염 등으로 이어지는 경우가 많으므로 감기에 걸리지 않게 하는 것이 중요합니다.

감기와 비염을 예방하기 위해서는 평소 생활 습관 관리가 중요합니다. 일교차가 심할 때 아이의 몸은 온도 변화에 민감하므로 외출 시에는 마스크를 착용해 코로 들어오는 공기의 온도와 습도가 일정할 수 있게 해줍니다. 또한, 얇은 옷을 여러 겹 껴입어 온도에 따라 벗거나 입을 수 있게 하는 것이 좋습니다. 아울러 차가운 음식은 피하는 것이 좋습니다. 찬 음료, 찬물, 아이스크림 등은 피하고 따뜻한 음식 위주로 먹어 체온을 일정하게 유지하는 것이 좋습니다.

호흡기에 좋은 한방 차

호흡기를 튼튼히 하기 위해 평소에 차를 복용하는 것도 도움이 됩니다. 앞에서 언급한 길경차(도라지차)는 폐를 깨끗하게 해주고 코와 인후의 부기를 가라앉히는 효능이 있습니다. 총백차는 파뿌리의 흰 부위를 가리키는 총백을 끓여낸 차로 기침 및 가래를 삭혀주고 코를 뚫리게 하는 효과가 있습니다.

코막힘이나 콧물이 있는 경우에도 생약 성분의 한약 처방이 도움이 됩니다. 처방은 콧물의 색이나 점성도에 따라 달라지는데, 간단한 가루약부터 시럽, 알약까지 다양하게 처방받을 수 있습니다. 만약 아이의 코에서 맑은 콧물이 줄줄 흐르는 경우에는 소청룡탕小靑龍湯, 누런 콧물이 있는 경우에는 연교패독산蓮翹敗毒散, 찐득한 경우에는 형개연교탕荊芥連翹湯 등을 처방합니다.

면역력이 제일 중요하다

가벼웠던 증상이 해결되지 않고 점점 심해지는 경우에는 근본적인 치료가 필요합니다. 또한, 면역력이 떨어진 경우에는 증상이 호전되지 않고 지속적으로 일상생활을 방해할 수도 있기 때문에 면역력을 높이는 치료가 꼭 필요합니다. 단기적인 증상의 치료는 소아과나 한의원에서 약을 처방받아서 해결이 가능하지만, 반복적으로 비염이 재발하거나 염증이 두루 퍼진 축농증의 단계에서는 호흡기와 비강의 점막 조직을 살리고 면역력을 높이는 처방이 필요할 수 있습니다. 하지만 무엇보다 중요한 것은 아이의 소화기를 튼튼히 만들어주고 긴장을 완화시켜 숙면을 취하게 해주는 등 근본적인 차원에서 이루어지는 건강관리입니다.

아이가
경련을 일으킬 때

"여보, 애가 떨고 있어. 이거 경련 아니야?"

"경련? 어떻게 떨고 있는데?"

"심하지는 않은데 계속 떨고 있어. 빨리 병원에 갈까?"

"하진이가 대답도 하고, 동공도 괜찮은 걸 보니 경련이 아니라 열로 인한 쉬버링 같은데?"

첫아이가 돌을 막 지날 때였습니다. 고열이 심하다 싶었는데 어느 순간 살펴보니 아이가 부르르 떨고 있는 모습이 발견됐습니다. 경련은 증후 자체가 부모에게 큰 공포를 주기 쉽습니다. 하지만 경련은 아이들에게 드물지 않게 나타나는 질환입니다. 영유아의 경우 뇌신경의 발달이 완성되지 않았기 때문에 열성 경련을 앓고 지나가는 경우가 많고, 그 외에도 뇌수막염, 전해질 및 대사 장애,

319

간질 등 다양한 원인으로도 경련이 일어날 수 있습니다.

열성경련

열성경련은 아이에게 나타나는 가장 대표적인 경련입니다. 갑작스럽게 고열이 나면서 호흡이 불안정해지고 의식이 없어지면서 침을 흘리거나 온몸이 굳는 증상을 보입니다. 짧게는 몇 초 안에 끝나는 경우도 있지만, 수분 동안 지속되는 경우도 있습니다. 열성경련은 대부분 증상이 지속되는 시간이 짧아 뇌에는 문제가 없으며 열로 인해서 생기는 경련이기 때문에 특별한 약을 투여하지는 않습니다. 또한, 뇌에 이상이 생기지 않기 때문에 향후 지능이나 학습에 문제가 생긴다고 보지 않습니다. 하지만 5세 이후에도 열성경련이 나타난다거나, 지속 시간이 길어진다거나, 여러 번 몰아서 경련을 한다면 추가적인 검사를 요합니다.

열성경련은 생후 6개월부터 5세까지 나타날 수 있는데, 대개 생후 12~18개월에 가장 많이 나타납니다. 열성경련이 나타나면 보통 2~3분의 경련이 일어난 뒤 1시간 이내로 의식을 회복합니다. 고열이 난 지 24~48시간 내에 열이 갑자기 오르는 시기에도 열성경련이 일으킬 수 있는데, 이틀이 지나서도 경련을 일으킨다면 다른 원인을 찾아봐야 합니다. 만 1세 이하의 영유아는 38°C 정도에서 열성경련이 발생하는 경향이 많지만, 열이 높을수록 경련이 더 잘 일어난다는 연관성은 없습니다.

뇌수막염으로 인한 경련

뇌수막염이 뇌실질을 침범해도 경련이 나타날 수 있습니다. 뇌수막염은 뇌를 둘러싸고 있는 막 아래에 염증이 생기는 다양한 질환을 통칭하는 병명인데, 크게 바이러스성과 세균성으로 나뉩니다. 바이러스성 뇌수막염은 치료만 잘 받으면 될 정도로 위험하지는 않은 반면, 세균성 뇌수막염은 치사율이 높고 신경학적 후유증을 남깁니다. 아주 어린아이의 경우 뇌수막염에 걸리면 계속 잠만 자거나 보채거나 수유할 때 힘들어합니다. 간혹 입을 씰룩거리거나 눈이 떨리는 증상, 혹은 팔다리에 마비가 오는 경련이 나타날 수 있습니다.

오한으로 인한 경련

아이가 떨면서 의사소통이 안 되거나 이름을 불렀을 때 반응이 없다면, 혹은 이후 깨어나서 이를 기억하지 못한다면 이는 신경계의 문제로 인한 경련일 가능성이 높으니 병원에 가서 검사를 받아야 합니다. 하지만 아이가 열이 나면서 떨고 있을 때 의사소통에 문제가 없으면 이는 열로 인한 쉬버링Shivering, 즉 떨림이나 오한인 경우가 많습니다.

쉬버링은 저체온증 초기에 우리 몸이 보이는 반응으로 몸의 체온이 저하됨에 따라 우리 몸이 열 생산을 늘리기 위해 근육이 떨면서 나타나는 현상입니다. 열이 나면 뇌에 있는 뇌하수체의 체온조절 중추인 온도 고정점이 올라가게 되고, 증가한 기준 온도까지 체온을 끌어올리는 과정에서 환자가 춥다고 느끼게 됩니다. 이때 오한이 나타납니다. 그렇기 때문에 오한, 떨림으로 나타나는 증상은 경련과 혼동될 수는 있지만, 감기의 한 증상 중 하나라는 것을 염두에 두어야 합니다.

초보 부모를 위한 TIP

뇌전증(간질) 🖊️

뇌전증腦電症, Epilepsy은 발작이 반복되는 질환을 말합니다. 원인은 매우 다양한데 소아의 뇌전증은 뇌의 발달 이상이나 선천적인 문제, 혹은 중추신경계의 감염 등이 주된 원인으로 지목됩니다. 뇌전증의 증상은 다양합니다. 4~13세 소아의 경우 주로 잠을 잘 때 한쪽 입 주위가 씰룩거리는 등 얼굴 주위에 반복적인 발작을 보이는 양성롤란딕 뇌전증이 많고, 4~10세 정상 소아들 중에도 멍해지면서 일시적으로 의식을 잃는 소발작(결신발작)이 많이 나타납니다.

신경계 질환

의사 엄마의 처방전

영유아는 열성경련을 겪을 수 있습니다. 열성경련은 특별한 이유 없이 열이 오르면서 발생하고 뇌의 문제로 생기는 것이 아니기 때문에 크게 걱정하지 않아도 됩니다. 하지만 뇌전증이나 뇌수막염 등 다른 원인에 의해서 경련이 일어날 수도 있으므로 원인을 잘 감별하여 치료에 임해야 합니다.

침착하게 대응하자

아이가 경련을 하면 일단 기도 확보를 하는 것이 가장 중요합니다. 우선 아이 주변의 위험한 물건들을 모두 치웁니다. 구토를 한다면 기도 확보를 위해 아이 얼굴을 오른쪽이나 왼쪽으로 돌린 후 입안에 음식물이 보이면 흡입되지 않게 빼줘야 합니다. 경련이 일어날 때 팔이나 다리를 꽉 잡거나 주무르는 경우가 상당히 많은데, 이런 처치는 경련을 멈추는 데 도움이 되지 않습니다. 경련이 너무 오래 지속되면 빠르게 병원을 내원하는 것이 좋습니다. 아이가 경련을 일으키면 당황하기 십상이지만, 침착하게 대응하도록 합니다. 특히 부모가 그

323

순간의 증상을 잘 기록해두는 것이 진단에 도움이 됩니다. 증상 지속 시간, 팔다리가 떨리는 모양, 팔다리가 떨린다면 양쪽이 다 떨리는지 한쪽만 떨리는지, 눈동자는 어떠했는지 등의 특징을 잘 기억해놓는 것입니다. 요즘은 스마트폰이 있으므로 동영상 촬영을 해놓는다면 진료에 많은 도움이 됩니다.

항경련제와 해열제

아이가 열성경련을 자주 반복하거나 다른 신경학적 이상 징후가 있다면 담당의와의 상담하에 열이 있는 동안에만 항경련제를 투여할 수 있습니다. 다이아제팜Diazepam(벤조디아제핀 계열)은 대표적인 항경련제로 열성경련의 재발률을 낮추는 효과가 있습니다. 하지만 아이가 처지거나 잠을 자려고 하거나 흥분하는 등의 부작용이 생길 수 있기 때문에 아이의 상태에 맞게 사용하도록 합니다. 그러나 경련하는 중에는 약을 먹이면 오히려 질식의 위험이 있기 때문에 항경련제 투여를 결정했다고 해도 발열 시에 먹이는 것임을 기억해야 합니다. 경련 중에 갑자기 약을 입에 넣는 행동을 해서는 안 됩니다. 해열제 또한, 열성경련이 생기기 전 열을 내리기 위해 사용하거나 의식이 돌아온 후에 복용합니다. 절대 경련이 일어나는 중간에 약을 복용하지 않도록 합니다.

한의사 아빠의 처방전

경련은 예로부터 '경풍驚風'이라고 하여 소아의 병 중에서도 위중하고 예후가 좋지 않은 것으로 보았습니다. 하지만 최근에는 경련을 빠르게 진단할 수 있게 되었고, 원인에 따라 여러 가지 치료법이 발달되어 적절한 치료 시 후유증을 최소화하고 일상생활을 하는 것이 가능합니다.

경련의 원인은 다양하다

한방에서는 경풍의 원인으로 중추신경계의 원인 외에도 감기나 식체, 크게 놀라는 일, 넘어지거나 부딪혀서 다치는 외상 등이 자극이 되어서 생길 수 있다고 보았습니다. 아이들이 감기나 뇌수막염 등 감염성 질환이 걸리면 열이 오르고 경련이 생길 수 있습니다. 또한, 아이들은 소화 기능의 발달이 완전하지 않아 음식을 먹고 체한 경우 기운이 막혀 열이 나거나 경풍이 생길 수 있습니다. 출산 시 이루어진 손상이나 외상으로 인해서도 경련이 나타날 수 있으며 높은 곳에서 떨어지거나 심하게 놀란 경우에도 미성숙한 신경계에 교란이 일어나 경련이 나타날 수 있습니다.

포룡환과 기응환

포룡환抱龍丸은 오랜 기간 동안 아이들의 위급 질환과 경련에 사용된 약입니다. 포룡환의 재료인 우황과 사향은 열을 내리고 마음을 안정시켜주는 효능이 있어 크게 놀란 경우, 경련을 하는 경우, 밤에 잠을 자지 않고 보채는 경우 등에 다양하게 사용할 수 있습니다. 한의원에서 처방이 가능하고 유사한 약으로는 기응환이 있습니다. 기응환 역시 웅담, 사향 등을 함유하고 있어 크게 놀란 경우나 신경과민, 경련 등에 사용할 수 있으며, 약국에서도 구입이 가능합니다.

포룡환은 나이에 따라 복용량이 다릅니다. 백일 전에는 1회 1/3개, 생후 6개월에는 1/2개, 12개월 이후에는 1개를 하루 3회 복용하도록 합니다. 반면, 기응환은 생후 12개월 미만은 1회 1~3환, 1세는 4~6환, 2~3세는 7~10환, 4~6세는 11~14환을 1일 3회 복용합니다. 복용법은 생후 12개월 전에는 따뜻한 물이나 모유에 개어 녹여서 먹이고, 생후 12개월이 지나 씹을 수 있는 아이는 그냥 물과 함께 씹어 먹도록 합니다.

아이의 피부가 이상할 때

"여보, 막내 얼굴에 뭐가 많이 났어. 이거 아토피인가?"

"어디 봐. 주로 뺨에 많이 나고 울긋불긋하네."

"어떡하지, 아토피가 있으면 큰일인데."

"다른 데는 없어? 머리나 등 같은 데도 한번 봐봐."

"음, 지금 보니 두피에도 물집 같은 게 많은데?"

"그럼 아토피는 아닌 것 같은데. 그냥 땀띠인가 보네."

막내가 태어나서 집에 온 지 3일째 됐을 때 아이의 얼굴을 보니 뺨과 이마, 미간에 좁쌀 같은 작은 물집이 돋아나 있었습니다. 병원에서는 몰랐는데 집에 와서 얼굴을 자세히 들여다보니 붉고 뾰루지 같은 발진이 있어 크게 놀랐지요. 다른 아이들의 경우에는 한여름에 등에 땀띠가 난 적은 있었지만, 태어난 직후

327

부터 얼굴과 두피 등에 이런 뾰루지 같은 발진이 난 경험은 없었기에 조금 더 많이 놀라고 걱정이 됐던 것 같습니다.

아토피 피부염

많은 부모님들이 아이의 피부에 갑자기 빨간 물집이 여러 부위에 걸쳐 솟아 있으면 '아토피가 아닐까'라고 생각되어 걱정이 앞서게 됩니다. 아토피 피부염은 가려움과 특징적인 습진을 지닌 만성적인 염증성 피부 질환입니다. 유아기부터 뺨과 팔다리에 습진이 나타나면서 가려워하고 밤에는 잠을 잘 자지 못합니다. 아이가 성장하면 팔이 굽혀지는 부분이나 무릎 뒤의 굽혀지는 부위에도 증상이 나타납니다. 아토피 피부염은 환경이나 음식, 유전적 요인, 면역력 등 다양한 원인으로 나타나는데, 반복적이고 만성적이어서 치료가 쉽지 않습니다.

지루성 피부염

지루성 피부염은 주로 성인에게 나타나지만 생후 3개월 이내의 유아나 청소년에게서도 쉽게 볼 수 있습니다. 두피, 얼굴, 겨드랑이처럼 피지선이 발달한 부위에 생길 수 있으며, 주로 두피에 피지의 과잉 분비로 분비물이 쌓이면서 머리에 비듬처럼 가루가 생기거나 쇠똥 같은 것이 붙어 있게 됩니다. 두피에 생기는 지루성 피부염은 아이의 머리를 매일 감겨주는 부모라도 모르고 지나치기 쉽습니다. 두피에 생긴 딱지는 억지로 떼려고 하지 말고 머리를 감길 때 샴푸로 살살 문지르면서 벗겨내면 됩니다. 그리고 머리를 감길 때 좀 더 신경 써서 그 부위를 감겨주면 며칠 내로 사라지게 됩니다. 지루성 피부염에는 약한 스테로이드를 단기간 치료에 사용하기도 합니다. 지루성 피부염은 완치 방법이 없고 단지 증상을 완화시키는 것을 치료 목표로 합니다.

초보 부모를 위한 TIP

땀띠 🖉

아이를 키우면서 아마 가장 많이 보게 되는 피부 질환은 땀띠입니다. 땀띠는 땀구멍이 막혀 땀이 잘 배출되지 못해 발진, 물집이 생기는 경우를 말합니다. 아이들의 경우에는 땀샘의 밀도가 높고, 체표면적당 나는 땀이 어른보다 많아 땀띠에 쉽게 걸릴 수 있습니다. 땀띠는 얼굴뿐만 아니라 두피와 목 부위에도 같이 생길 수 있는데, 넓은 범위에 투명한 물집이 광범위하게 퍼져 있는 것이 특징입니다. 특히 여름에 태어난 신생아들은 땀띠가 자주 생길 수 있으며 하룻밤 사이에 돋기도 하고 크게 번지기도 합니다. 하지만 실내 온도를 시원하게 맞춰주고 옷을 헐렁하게 입혀 땀이 차지 않게 해주고, 잘 씻겨준 후 시원하게 말려주면 땀띠 증상이 금방 완화되니 너무 걱정할 필요는 없습니다.

피부 질환

의사 엄마의 처방전

간단한 피부 질환은 보습을 충분히 해주고 연고 등을 발라주면 쉽게 나을 수 있습니다. 하지만 아토피 피부염의 경우에는 면역학적 원인, 유전적 원인, 환경적 요인 및 스트레스 등 다양한 요소가 원인이 되는 복잡한 질환이기 때문에 다각적인 접근이 필요합니다. 아토피 피부염은 원인이나 악화 요인을 감별하기 위해 알레르기를 일으키는 알레르겐을 찾기 위한 검사를 실시하기도 합니다. 주로 혈청 내 총 면역 글로불린 E 검사Total IgE Test나 특이 면역 글로불린 E 검사Specific IgE Test, 첩포 검사(원인으로 추정되는 물질을 붙여서 반응을 확인하는 검사) 및 피부단자 검사 등을 실시합니다.

피부 질환에 처방하는 다양한 연고

피부 질환이 있을 때 처방하는 연고는 스테로이드, 항생제, 항진균제 등 다양합니다. 연고는 원인과 종류에 따라 다른 것들을 처방받아 바르게 되는데, 아이는 체표면적이 넓고 피부층이 얇아 약물의 투과가 쉽게 일어납니다. 따라서 보호자 임의대로 많이 바르거나 연고를 바꾸지 않도록 주의해야 합니다. 또한, 성분이 같아도 제형에 따라 효능이 다릅니다. 일반적으로 연고가 가장 세고 그다음으로 크림, 로션 순입니다. 로션이 가장 순하다고 볼 수 있습니다. 보습력을 오래 유지하기 위해서는 연고가 더욱 효과적입니다.

비판텐Bepanthen(바이엘)은 스테로이드, 방부제, 색소, 향료 등이 첨가되지 않아 아이에게 안전하게 사용할 수 있는 약품입니다. 텍스판테놀이라는 프로비타민을 함유하고 있어 피부의 건조함이나 가려움을 개선시켜주고 피부 보습력을 높이는 데 효과가 있습니다. 기저귀 발진이나 상처 외에도 습진, 갈라짐, 급·만성 피부염 등에 큰 부작용 없이 가볍게 사용할 수 있습니다.

스테로이드 연고는 피부 염증을 가라앉히는 데 큰 효과가 있기 때문에 피부 질환에 광범위하게 사용됩니다. 연고는 용량이나 용법에 맞게 사용하되 너무 과용하는 것은 좋지 않습니다. 또한, 너무 꺼려서 사용해야 할 때를 놓치는 것도 좋지 않습니다. 스테로이드 연고는 약효가 가장 약한 7단계부터 가장 센 1단계까지 총 '7 class'로 나뉩니다. 보통 영유아에게도 처방하는, 1% 하이드로코르티손Hydrocortisone 성분이 포함된 락티케어로션Lacticare(한국파마)이나 하티손연고 Hatison(한미약품) 등이 7단계 스테로이드 연고에 해당합니다. 또한, 습진이나 피부염이 있을 때 사용하는 리도멕스Lidomex(삼아제약), 보송크림Bosong(안국약품), 더마톱Dermatop(한독) 등은 5단계, 데스원Deswon(대원제약), 데스오웬Desowen(갈마더코리아) 등은 6단계에 해당됩니다.

보습을 충분히 해주자

피부가 안 좋을 때는 기본적으로 보습을 충분히 해주는 것이 가장 중요합니다. 보습만 잘해도 가벼운 증상은 충분히 개선될 수 있으므로 피부를 촉촉하게 유지하는 것이 좋습니다. 또한, 필요한 경우에는 연고나 스테로이드제를 처방받아 사용하지만, 이 역시도 충분한 보습이 유지되지 않으면 피부장벽이 무너져 악순환이 나타날 수 있습니다.

아토피 피부염은 의사와 상담하자

아토피 피부염은 가려움이 매우 심합니다. 따라서 자주 긁게 되면 피부가 일어나고 염증이 심해져 진물이 납니다. 이런 과정이 반복되면 태선화(피부 조직이 단단해지고 거칠어지는 현상)도 진행됩니다. 따라서 아이가 아토피 피부염을 앓고 있다면 손톱을 짧게 잘라줘서 상처가 나지 않게 주의해야 합니다.

스테로이드제는 아토피 피부염에 보편적으로 사용할 수 있는데, 넓은 부위보다는 국소적 부위에 한정되게 사용하는 것이 좋으며, 부위에 따라 약의 용량이나 강도는 달라질 수 있습니다. 물론 심한 경우에는 강한 스테로이드제를 사용하기도 하지만, 장기 이용 시에는 부작용이 심할 수 있고, 사용을 중단할 경우 증상이 다시 악화되기 때문에 조심해서 사용합니다. 면역 조절제나 억제제를 사용하는 경우도 있는데 이는 스테로이드 치료로 효과를 보지 못했거나 부작용이 나타날 경우에 사용합니다. 면역 조절제나 억제제는 스테로이드제보다 효과가 빨라 사용이 점차 증가하는 추세입니다. 가려움이 심한 경우에는 항히스타민제도 사용하게 됩니다.

체질적으로 똑같이 모기에 물려도 피부가 잘 붓는 아이가 있는가 하면, 작은 긁힘에도 긁힌 부위가 유난히 오래가고 붉은 아이가 있습니다. 또한, 컨디션이 안 좋고 몸이 약할 때 늘 피부에 트러블이 잘 생기는 아이가 있습니다. 체질적으로 피부가 약한 아이가 스트레스나 환경, 영양 등의 이유로 면역력이 떨어지게 되면 다른 곳보다 피부에 증상이 나타나는 경향이 있는 것이지요.

피부 질환은 소화기계, 호흡기계와 연결되어 있다

한의학에서 피부는 폐나 비위의 기운과 연관된다고 봅니다. '폐주피모肺主皮毛'라고 하여 호흡기는 피부를 주관한다고 했고, 대장大腸과 피부는 표리表裏관계가 있어 소화 기능이 좋지 않으면 외부인 피부에 그 상태가 표현된다고 보는 것입니다. 아이들 중에서도 소화기가 약하거나 민감한 아이는 두드러기나 피부 트러블이 잘 생기고, 비염이나 천식이 있는 아이들은 알려진 바와 같이 아토피 피부염을 함께 겪는 경우를 자주 봅니다.

두드러기나 피부 발진이 하루 만에 급작스럽게 돋거나 얼굴에만 뾰루지나 수포가 잘 생긴다면 주로 위장의 문제로 볼 수 있습니다. 이러한 경우 특정 음식이나 단백질이 맞지 않아 속에서 잘 받아들이지 못해 피부 질환이 생긴 것으로 봅니다. 영유아에게 이러한 증상이 보이면 반드시 섭취했던 음식을 체크해볼 필요가 있습니다. 만약 이유식을 끝내고 어른과 비슷한 식사를 할 수 있는 나이 즈음의 아이에게 피부 증상이 자주 일어난다면 식품첨가물이나 방부제가 든 인스턴트식품을 피하고, 냉동식품이나 통조림 등으로 만든 음식도 피하는 것이 좋습니다.

습진이나 아토피 피부염처럼 피부 질환이 몸 전체적으로 생기면서 서서히 진행된다면 호흡기의 문제와 연관해서 생각해봐야 합니다. 이런 경우에는 감기를 달고 사는지, 비염이나 천식이 있는지를 살펴본 후 전체적으로 치료를 해야 피부 기능이 개선될 수 있습니다. 또한, 미세먼지나 매연, 나쁜 공기에 노출되면 증상이 더욱 심해지니 환경적인 요소도 신경 써야 합니다.

원인이 되는 것은 피하자

아토피 피부염 등 피부 질환이 있는 경우에는 집 먼지 진드기나 동물의 털, 꽃가루 등 알레르기 유발 물질을 제거해줘야 합니다. 질환을 일으키는 원인에 자꾸 노출되면 증상이 반복되고 치료 반응을 더디게 합니다. 또한, 강한 자극성 비누나 과다한 목욕은 피하고 옷 역시 순한 면 제품을 사용하는 것이 좋습니다. 세탁 후에는 세제가 남지 않도록 깨끗하게 헹궈 피부 자극을 막아야 합니다.

가벼운 증상은 간단한 약으로 해결이 가능하지만, 근본적으로는 시간이 걸리더라도 몸의 자연적인 치유력으로 이겨낼 수 있도록 치료해야 합니다. 가려움이나 습진 등의 증상을 완화하는 약재를 처방해 증상이 호전된 후에는 근본적으로 면역력을 높이는 치료를 하고 동시에 호흡기나 소화기를 튼튼하게 하여 몸의 회복력을 증진시켜야 몸의 상태가 원천적으로 개선됩니다. 또한, 스트레스는 아토피를 악화시키는 요인으로 작용하므로 지나친 긴장이나 스트레스를 받지 않도록 가족을 비롯한 주위의 배려와 노력이 필요합니다.

이물질 흡입 및
화상을 입었을 때

"하진 할아버지, 애한테 손 소독제를 줬어요?"

"아니, 준 게 아니라 잘 가지고 놀길래 보고 있었는데, 잠깐 사이에 그만……"

"아니, 애들은 당연히 눈에 보이면 뭐든지 입에 넣는데 그걸 가지고 놀게 하면 어떻게 해요."

"나도 그럴 줄 몰랐지. 잠깐 한눈파는 사이에……"

어느 날 돌을 막 지난 첫째가 집에 있는 손 소독제를 가지고 놀다가 입에 넣고 덜컥 먹어버렸습니다. 그것을 옆에서 미처 막지 못한 할아버지는 할머니와 가족의 원망을 들어야만 했고, 위장 소독까지 고려할 만큼 상황이 심각했던 적이 있습니다.

요즘은 코로나19로 인해 손 소독제가 집에는 물론 어린이집, 유치원, 학교

곳곳에 비치되어 있고 휴대용을 들고 다니게도 할 만큼 생활필수품이 됐습니다. 손 소독제는 알코올과 화학약품으로 구성되어 있어 아이가 모르고 흡입하는 경우 소화기계의 손상 및 피부 발진 등의 문제가 생길 수 있습니다. 눈에 튀는 경우에는 안구의 각막 화상을 유발할 수도 있습니다.

삼킬 만한 것은 미리 치워두자

최근에는 손 소독제 사고의 50% 이상이 14세 이하의 어린이에게서 발생한다고 하니 더욱 조심해야 합니다. 손 소독제는 아이의 손이 닿지 않는 곳에 놔두고 집에서는 되도록 물과 비누로 손을 씻게 합니다. 또한, 손 소독제는 함부로 만지면 안 되는 위험한 것이라고 교육시켜야 합니다. 혹시라도 눈에 들어가게 되면 비비지 말고 고개를 옆으로 돌리게 한 다음, 생리식염수나 물을 이용해 눈 안에서 눈 바깥쪽으로 흐르게 해서 씻어내도록 해야 합니다.

그 외에도 아이들은 무엇이든 손에 닿는 물건을 입으로 가져가려는 습성이 있기 때문에 어린아이가 있는 집이라면 그게 무엇이든 간에 작고 위험해 보이는 것을 늘 치워둬야 합니다.

넷째가 세 살쯤이던 어느 날, 야외에서 놀다가 아이가 코가 막혔는지 킁킁거리다가 울기 시작한 적이 있습니다. 왜 그런가 했더니 놀다가 한쪽 코에 무언가가 들어갔는데, 코로 숨이 잘 안 쉬어지니 무서워서 갑자기 울기 시작한 것이었습니다. 급히 병원으로 데리고 가 흡입기를 코에 대고 빨아들이니 코에서 커다란 콩이 불쑥하고 튀어나왔습니다. 만일 조금 더 큰 것을 코에 집어넣었거나,

입으로 삼켰으면 어땠을까 하고 가슴을 쓸어내리며 아찔해했던 기억이 납니다.

아이들은 호기심에 눈에 보이는 물건을 입에 넣거나 코에 넣기도 합니다. 특히 딱딱한 것을 삼킨 경우에는 기도 폐쇄를 일으킬 수 있기 때문에 혹시라도 아이가 딱딱한 것을 삼켰다면 아이의 얼굴이 파래지는지, 숨 쉬기 힘들어하는지, 쉰 울음소리가 나는지, 침을 흘리는지 등을 즉각적으로 살피고 판단해 빨리 병원에 데리고 가야 합니다.

또한, 가시와 같이 날카로운 것을 삼킨 경우에는 저절로 빠져나오기가 힘들기 때문에 병원에 가서 엑스레이를 찍어 확인해본 후 제거해야 합니다. 종종 아이들이 장난치느라 비닐봉지를 얼굴에 쓰고 놀다가 비닐봉지가 벗겨지지 않아 기도 폐쇄를 일으키는 경우도 있습니다. 따라서 위험한 결과가 예상되는 행동은 장난으로라도 하지 못하게 알려줘야 합니다.

화상을 입었을 때 대처법

유아의 화상은 부모가 잠깐 방심하는 틈을 타 순간적으로 빈번히 일어납니다. 한 보고에 따르면, 만 1세 이하의 영유아 화상 중 79.2%가 집에서 일어난다고 합니다. 또한, 그중 절반 이상은 주방에서 발생했습니다. 부엌에서 음식을 준비하다가 아이가 뒤에 있는 줄 모르고 뜨거운 프라이팬을 들고 뒤로 돌다 부딪쳐서 아이에게 화상을 입히는 경우, 호기심 많은 아이들이 밥솥에서 나오는 증기가 신기해서 손으로 잡으려다가 화상을 입는 경우, 뜨거운 물을 쏟는 경우 등입니다.

아이의 화상을 피하는 가장 근본적인 방법은 아이를 다치게 할 만한 전열 제품은 아이 손이 닿지 않는 곳에 두는 것입니다. 또한, 가열 요리를 하거나 물을 데울 때는 아이가 주위에 있는지 몇 번이고 확인하는 수밖에 없습니다.

화상을 입고 나면 무엇보다 흐르는 찬물로 아이가 다친 부분을 10분 정도 식혀주는 것이 좋습니다. 물에 담그기가 힘들다면 거즈나 천을 찬물에 적셔서 환부를 식혀주는 것이 좋습니다. 얼굴이나 손 부위에 화상을 입거나 물집이 잡혔다면 절대 터트리지 말고 병원에 가서 치료를 받아야 합니다. 화상 부위에 소주를 붓거나 된장을 바르는 등 잘못된 정보에 기인한 처치는 절대 삼가야 합니다. 피부 연고 등도 바르지 말고 가급적 빨리 병원에 가도록 합니다. 아이의 화상은 그 부위와 종류에 따라 상처가 깊을 수도 있고, 정도에 따라 성장에도 영향을 미치며 평생 흉터로 남을 수 있기 때문에 간단한 처치 후 바로 병원으로 가서 정확하게 진단을 받고 치료해야 합니다.

초보 부모를 위한 TIP

화상의 단계 ✏️

- **1도 화상:** 강한 햇볕에 오래 노출되거나 뜨거운 액체나 가스에 순간적으로 접촉해서 표피층만 상하는 경우로 전체적으로 피부가 붉게 됩니다. 이때는 물집이 생기지 않고 시간이 경과하면 흔적 없이 회복됩니다. 1도 화상을 입었다면 화상 부위를 찬물에 담가 열감을 식히도록 합니다.
- **2도 화상:** 끓는 물에 데어 물집이 잡힌 상태로, 감염되지 않으면 1~2주 정도 지나 호전됩니다. 화상 부위를 찬물에 담그거나 찬물에 적신 거즈로 환부를 식혀주고, 물집을 터트리지 않은 상태에서 병원에 내원하도록 합니다.

- **3도 화상:** 기름이나 화학약품으로 피부 깊숙이 손상된 경우로 피부 이식 등의 외과적 처치가 필요합니다. 감염 방지를 위해 마른 거즈를 상처 부위에 덮어주고 옷을 입고 있는 상태에서 화상을 입었다면 옷을 억지로 벗기지 말고 가위로 절개한 다음 병원에 신속히 내원합니다.

기타 - 코피, 땀

아이가 코피를 흘리거나 땀을 심하게 흘릴 때

"여보, 하진이가 오전에 갑자기 코피가 났어."

"손으로 후비거나 찔린 것도 아닌데? 그럼 코피 말고 다른 증상은 없었어?"

"월요일부터 나던 열은 거의 내렸는데 밤에 땀을 좀 흘리고 얼굴에 뭐가 좀 났어."

"음, 다른 증상이 없었다면 크게 걱정할 필요는 없을 거 같아. 코피가 열을 내려주는 효과도 있는데, 얼굴에 열꽃이 핀 것 보니까 열 내리려고 그랬나 보네."

아이가 갑작스럽게 코피를 흘리거나 밤에 잘 때 땀을 뻘뻘 흘린다면 부모는 당황하게 됩니다. 예전부터 코피를 자주 흘리거나 땀을 많이 흘리면 아이가 허약하다는 인식이 있어서인지 혹시나 부모가 모르는 병을 앓고 있는 것은 아닌가 싶어 걱정되기도 합니다. 하지만 코피와 땀이 나는 것이 무조건 나쁜 것만은 아닙니다. 원인이 있어서 코피가 나거나 땀을 흘리는 경우도 있지만, 대부분은 크게 걱정할 만한 이유들이 아닙니다. 오히려 코피나 땀이 나는 것은 열을 내려주는 작용을 하기 때문에 인체에 이로울 때도 있습니다.

코피의 원인

코피는 기후가 건조하거나 코 점막이 건조할 때, 또는 손으로 코 안에 자극을 가했을 때 모세혈관층이 손상되면서 발생합니다. 코 질환, 혈우병, 백혈병, 신장 질환이나 간장 질환 등 다양한 원인에 의해 나타날 수도 있지만, 콧속을 후비거나 코를 풀면서 생기는 국소적 자극이 주된 원인입니다. 코를 부딪친 경우나 특별한 기저 질환 없이 흘러내리는 코피는 손으로 10분 정도 압박하면 지혈이 되니 크게 걱정할 필요는 없습니다. 하지만 코피의 양이 많고 너무 자주 흘린다면 혈우병이나 혈소판 감소증 등 다른 원인을 의심할 수도 있으니 병원에 내원하여 검사를 받는 것이 좋습니다.

과도한 땀의 원인

땀은 활동을 많이 하거나 뜨거운 음식을 먹을 때 날 수 있는 정상적인 생리적 반응입니다. 운동이나 높은 온도로 인해서 체온이 올라가면 우리 몸은 체온을 정상화시키기 위해 땀을 분비하는데, 땀이 증발하면서 체온을 감소시키는 효과를 냅니다. 특히 아이들의 경우에는 어른보다 땀을 더 많이 흘리는 편인 데다가 긴장을 많이 하게 되면 심리적인 요인으로 땀을 흘리기도 합니다. 하지만 온몸이 흠뻑 젖을 정도로 과다하게 땀이 나거나 특정한 부위에만 나는 경우, 겨울철에도 땀이 나거나 이유 없이 땀이 나는 경우에는 원인을 찾아보는 것이 좋습니다. 심장 질환이 있거나 갑상선 질환 혹은 소모성 질환 등이 있을 때 땀이 많이 날 수도 있으니 이런 경우에는 병원에 내원하여 검사를 받는 것이 좋습니다.

한의학에서 보는 코피와 땀

한의학에서는 열이 위로 치솟아 코피가 나기도 하지만 허약해서 코피가 난다고도 봅니다. 평소에 눈의 충혈이 잦고 얼굴색이 붉은 경우 등 체질적으로 열이 많아 코피가 잘 나는 것일 수도 있고, 감기나 독감에 걸린 후 체내에 있는 열 기운을 빼내기 위해 코피가 날 수도 있는데 이런 경우들은 크게 걱정할 필요가 없습니다. 반면, 얼굴이 누렇고 잘 체하고 기운이 없으며 식욕부진이 있는 아이라면 허약해서 코피를 흘리는 경우로 볼 수 있습니다. 체질적으로 열이 많아 코피가 나는 경우에는 서각지황탕犀角地黃湯을, 허약해서 코피가 나는 경우에는 향사평위산香砂平胃散이라는 한약을 사용해서 치료할 수 있습니다.

한의학에서는 아이들이 땀을 많이 흘리는 것은 피부가 유약하고 조밀하지 못하며 장부가 완성되지 못해 그런 것이라고 봅니다. 하지만 이유 없이 땀이 나거나 시도 때도 없이 땀이 난다면 '자한自汗'이라고 하여 치료해야 합니다. 잘 때 옷이나 베개가 푹 젖을 정도로 땀이 나는 경우도 '도한盜汗'이라고 해서 치료를 받아야 합니다. 자한증에는 옥병풍산玉屏風散이나 황기탕黃芪湯을, 도한증엔 당귀육황탕當歸六黃湯 등의 한약을 처방하여 치료할 수 있습니다.

아이가 밤에 깨서 소리 지르고 울 때

"현수는 증상이 어떤가요?"

"특별히 목이나 다리가 아프다고 하지는 않는데 사고 난 이후부터 밤에 깨서 울거나 소리를 지르다 다시 잠들고 해요. 왜 이런 거죠? 사실 좀 무서워요."

"매일 그런가요? 잠에서 깼던 걸 현수가 기억은 하나요?"

"아니요, 기억은 못 해요. 가끔은 깨서 서성이기도 하고 크게 울기도 하는데 정신과에 가봐야 하나요?"

얼마 전 교통사고 치료를 받으러 온 현수는 무릎이나 어깨, 목의 통증은 없지만 사고가 난 이후부터 밤에 깨서 소리를 크게 지르고 방을 서성이며 울다가 잠이 드는 증상이 생겼다고 했습니다. 이러한 증상이 며칠 반복되자 부모님은 정신과를 가야 하는지, 어떤 치료를 해야 하는지, 큰 문제가 생긴 것은 아닌지 걱정이 이만저만이 아니었습니다.

교통사고가 난 경우가 아니라도 야제夜啼가 있는 아이들이 많습니다. 야제는 밤에 깨서 우는 아이들에게 나타나는 증상을 가리키는데, 일반적인 아이들에게도 생각보다 적지 않게 나타납니다. 심각한 경우에는 밤에 깨서 소리를 지르고 걷다가 울다가 잠이 드는데, 나중에 깨어나면 이를 기억하지 못합니다. 의학적으로는 수면장애 범주에 넣어서 생각하거나, 악몽 또는 야경증과 유사하다고 봅니다.

아이에게 편안한 환경을 만들어주자

영유아의 경우 나이가 어릴수록 작은 소리에도 조심해야 한다는 말을 많이 합니다. 가령, 집 안에서 물건이 큰 소리를 내며 떨어지거나 문이 쾅 닫히는 경우, 벨이 크게 울리는 경우도 아이들에게는 큰 자극이 될 수 있습니다. 그 자극이 신체에 영향을 줘 자꾸 깨서 울거나, 잠을 잘 못 자거나, 토하거나 밥을 안 먹으려고 하는 증상까지도 나타날 수 있는 것이지요. 이런 아이들을 살펴보면, 자면서 꿈쩍꿈쩍 놀라기도 하고 푸른 변을 보기도 합니다.

영유아가 아니더라도 교통사고 등으로 인한 충격으로 야제가 나타날 수 있습니다. 큰 사고가 아닌 작은 접촉 사고라고 해도 아이가 놀라게 되면 밤에 깨서 자기도 모르게 울거나 울다가 잠드는 경우가 있습니다. 그렇기 때문에 아이가 이유 없이 자꾸 보채고 울고 잠들기를 반복하며 힘들어한다면 낮에 놀란 일이 있는지 생각해보고, 아이에게 자극이 가해지지 않도록 늘 신경 써야 합니다.

아이의 열을 다스리자

한의학에서는 야제의 원인을 다양하게 보는데 크게 4가지 경우로 나눕니다. 먼저 크게 놀란 경우客忤, 둘째, 소화기관이 약한 경우脾寒, 셋째, 속에 열이 많은 경우心熱, 마지막으로 구창중설口瘡重舌, 즉 입안에 염증이 있는 경우입니다. 실제로 야제에 걸린 아이들 중에는 크게 놀란 아이들이 가장 많고, 속에 열이 과다한 경우도 많습니다. 열이 많아서 야제가 있는 아이들은 얼굴이 붉고 울음소리가 예리합니다. 소화기관이 약해서 야제가 있는 경우에는 대변에서 냄새가 심하게 나거나 하루 종일 우는 특징을 보입니다. 구창중설이 있는 경우에는 입안에 구내염이 있을 확률이 높습니다. 야제가 있는 아이에게는 놀랄 때 쓰는 포룡환이나 기응환, 경우에 따라 속에 있는 열을 내리기 위해 도적산導赤散 같은 한약을 처방할 수 있습니다.

초보 부모를 위한 TIP

이갈이 ✏️

수면 중 이갈이를 하는 원인은 명확하지 않습니다. 다만, 유전이나 부정교합, 스트레스 등을 이갈이의 원인이라고 추정합니다. 알레르기 비염과 이갈이의 생리학적인 상관관계를 찾기는 힘들지만, 알레르기 비염이 있는 아이들의 경우 이갈이가 동반되는 경우가 많습니다. 알레르기 비염이 있으면 코가 막혀 입을 벌리고 자게 됩니다. 지속적으로 입을 벌리고 수면하는 습관이 들게 되면 성장기에 구강 구조의 변형이 생겨 구강의 배열이나 교합에 문제를 일으키면서 이갈이가 생기는 경우가 많습니다.

스트레스가 많은 아이들은 긴장을 자주 하고 주위의 눈치를 보기 때문에 무의식적으로 입을 꽉 다물게 되면서 이갈이가 나타날 수도 있습니다. 만약 이갈이가 나타난다면 구조적인 문제가 동반되지 않는 한, 스트레스 상태에 놓여 있는지 혹은 알레르기 비염이 있는지를 확인해봐야 합니다.

아이가 또래보다
말이 늦다고 느낄 때

"하민이는 말이 굉장히 빠르네요? 저희 애는 아직 말을 제대로 못해서 걱정이에요."

"아무래도 집에 누나와 형이 있으니 말이 조금 빠를 수도 있을 것 같아요. 근데 단어나 문장도 말을 잘 못하나요?"

"네, 단어는 말하는데 아직 문장은 잘 못해요. 혹시라도 문제가 있을까 봐 걱정이긴 해요."

"언어 발달은 지능과 연관되어 있으니 혹시 너무 말이 늦으면 상담을 한번 받아보는 것도 좋을 것 같아요. 혹시 언어 말고 행동에 다른 문제는 없죠?"

"네, 특별히 다른 것은 잘 모르겠어요. 조금 더 지켜보다가 한번 상담을 해야겠어요. 감사합니다."

아이가 자라면서 또래 아이들보다 말이 늦거나 더디면 부모는 여러 가지 걱

347

정이 생깁니다. '시간이 지나면 서서히 좋아지겠지'라고 생각하는 부모들도 있지만, 혹시 단순한 언어 지연이 아니라 발달장애가 있는 것은 아닌가 싶어 불안감에 휩싸이는 부모들도 적지 않습니다.

언어장애란?

일반적인 발달 단계에 따르면 생후 12개월까지 의미 있는 단어 3~4개를 발화해야 하고, 생후 24개월까지는 의사 표현을 위해 단어 3개를 조합할 수 있어야 합니다. 만약 이 정도의 넓은 기준을 벗어나지 않는다면 아이의 말이 늦더라도 부모가 좀 더 지켜보면서 기다릴 것을 권합니다.

그러나 정상적인 발달 과정과 차이가 있는 의사소통 문제를 보이면 언어장애를 의심해봐야 합니다. 또래에 비해 언어 발달이 늦다면 여러 가지 감각과 경험을 통해 정서 및 인지능력의 발달이 이루어져야 하는 시기를 놓치게 되면서 사회성과 지능 발달이 연쇄적으로 늦어질 수 있습니다. 그렇기 때문에 언어 발달이 늦다고 판단되면 되도록 빨리 상담과 치료를 실시하는 것이 좋습니다.

언어장애만 있는 것인지, 다른 증상을 동반하는지 구분하는 것도 중요합니다. 특별한 원인이 없다면 언어 지연이라고 판단하지만, 다른 증상이 동반된다면 언어장애라고 볼 수 있습니다. 자폐증이나 뇌성마비, 지적장애 등은 언어장애를 동반할 수 있습니다.

만약 아이가 언어 발달 외에도 전반적으로 발달이 느린 경향을 보이거나 보호자 및 다른 사람과의 의사소통에 어려움을 겪는 경우, 지능이 낮아 언어 학습에 문제가 있는 경우에는 병원에 내원하여 검사를 받아야 합니다.

언어장애의 치료

언어장애는 지적장애나 자폐증 등 동반 질환을 평가한 후 복합적이고 통합적인 의료 계획을 수립해야 합니다. 주기적인 증상에 대한 평가가 필요하고 부모와 의료기관이 다각적인 접근을 통해 치료에 임해야 합니다. 만일 단순히 언어만 늦고 다른 기질적 문제가 없는 언어 지연인 경우에는 부모의 역할이 더욱 강조됩니다. 아이에게 언어 지연을 유발하게 할 만한 스트레스 요인 등이 없는지 지속적인 관심과 대화를 통해 지켜보는 것이 좋습니다.

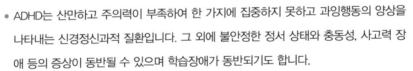

초보 부모를 위한 TIP
ADHD(주의력결핍 과잉행동장애)와 틱장애

- ADHD는 산만하고 주의력이 부족하여 한 가지에 집중하지 못하고 과잉행동의 양상을 나타내는 신경정신과적 질환입니다. 그 외에 불안정한 정서 상태와 충동성, 사고력 장애 등의 증상이 동반될 수 있으며 학습장애가 동반되기도 합니다.
ADHD는 전체 어린이의 5~8% 정도에서 발생하고 있으나 우리나라에서는 2017년에서 2021년 사이 최근 5년간 환자 수가 51.8% 증가했다는 보고가 있을 만큼 증가 속도가 빠릅니다. 이런 질환은 특히 뇌의 전두엽 문제와 도파민 같은 신경조절물질의 과다 분비 같은 기전으로 흔히 설명되는데, 여러 연구들이 진행되고 있기는 하지만 아직까지 그 원인이나 치료에 대해서는 명확하지 않은 것이 현실입니다.

- 틱장애는 특별한 이유 없이 한 군데의 근육을 사용하여 같은 행동이나 음성을 반복하는 습관성 장애에 속하는 증후군입니다. 틱장애의 원인은 정확히 알 수 없고 환경적·유전적 요인에 의해 나타난다는 정도로 보고 있습니다. 틱장애가 가장 흔하게 나타나는 부위는 손, 얼굴 등의 근육으로 입맛을 다시거나 눈썹을 깜빡깜빡하거나 미간을 찡그리거나 '흠흠' 하는 소리를 내는 경우가 많습니다. 영유아보다는 학령기 아동에게서 주로 나타나고 나이가 들면서 서서히 좋아지는 경우가 많습니다.

소중한 우리 아이,
제대로 약 먹이는 방법

"이제 하민이가 잘 노는 걸 보니 다 나았나 봐. 타이레놀 안 먹여도 되지 않을까?"

"지금 잘 노는 건 해열제를 써서 열이 내리니까 컨디션이 좋아져서 잘 노는 거야. 일시적으로 열이 내려서 괜찮은 듯 보이는 것뿐이니 약은 먹여야지."

"그럼 용량을 좀 줄여서 먹이면 안 돼?"

"그것도 안 되지. 아이들 약 용량은 보호자가 임의로 줄이거나 늘리면 아이가 위험해질 수 있으니 절대 그래서는 안 돼. 용법에 맞춰서 먹이자."

아이에게 약을 복용시킬 때는 부모가 임의적으로 약을 먹이면 안 됩니다. 아이는 어른과 생리적·병리적 특징이 다르고, 약물의 흡수 및 대사 속도가 다르기 때문에 항상 약물 복용 시간과 용량을 지켜야 합니다.

처방약과 상비약

약은 의사의 처방이 있어야만 살 수 있는 약과 처방 없이도 약국에서 간단하게 살 수 있는 일반 상비약으로 나뉩니다. 처방전이 있어야 하는 약들은 아이에게 미치는 영향을 고려할 때 보다 조심스럽게 다루어져야 하기 때문에 제한을 둔 것입니다. 반면, 손쉽게 구입할 수 있는 일반 상비약의 경우 처방약보다는 가벼운 접근이 가능합니다. 그렇다고 해도 명시되어 있는 복용법을 반드시 지켜야 합니다. 가장 주의해서 볼 것은 복용 간격과 용량입니다. 약물마다 약효 지속 시간이나 반응 정도가 다르기 때문에 이를 꼭 지키는 편이 좋습니다.

처방받은 약은 아침, 점심, 저녁마다 표시된 양만큼 정확히 계량해서 먹입니다. 부모가 어림잡아 '이 정도면 괜찮겠지' 하고 약의 용량을 줄이거나 많이 먹이는 것도 피해야 합니다. 알레르기 증상으로 항히스타민제를 처방받았다면 과일 주스와 같이 복용하지 않습니다. 주스가 약 흡수를 방해해서 효과가 떨어지기 때문입니다. 또한, 중이염이나 장염 등으로 항생제를 처방받았다면 항생제가 유산균도 파괴시킬 수 있으므로 복용 중인 유산균이 있다면 항생제 복용 후약 2시간 정도 차이를 두고 유산균을 먹도록 합니다.

영유아의 경우 약을 분유에 타서 먹이면 아이가 분유를 다 안 먹을 경우, 분유 속의 약을 얼마나 먹었는지 알 수 없으므로 이를 주의해야 합니다. 어쩔 수 없이 분유에 타 먹여야 한다면 평소 먹이던 양보다 꼭 적게 분유를 타서 아이가 약을 탄 분유를 다 먹을 수 있게 해야 합니다. 또한, 아이가 분유를 다 먹고 나서 토하지 않도록 신경 써야 합니다.

아이를 위한 우리 집 상비약 리스트 7가지

① **해열 진통제:** 갑자기 고열이 날 때, 감기나 중이염 등으로 아이가 급하게 울 때 꼭 필요합니다. 타이레놀 계열과 부루펜, 맥시부펜 계열이 주로 사용되므로 교차 복용이 가능한 2가지 계열의 해열 진통제를 상비약으로 구비해둡니다. 1회용 팩으로 된 제품이나 시럽 등이 아이가 복용하기에 편합니다.

② **한방 소화제:** 아이가 갑자기 밤에 배가 아프다고 하거나 체했을 때, 혹은 토할 때를 위해 구비해둡니다. 다만, 2세 미만의 아이에게는 일반 상비약을 사용하지 않고 처방받은 약을 사용할 것을 권합니다. 생약 성분으로 만든 한방 소화제는 나이에 크게 구애받지 않기 때문에 위급할 때 사용하기에 용이합니다. 약국에서 많이 판매하는 백초 시럽Baekcho-DS(녹십자) 등도 급할 때 상비약으로 사용이 가능합니다. 조금 더 큰 아이들이라면 꼬마 활명수 같은 제품도 있습니다. 집에서 가까운 한의원에서 아이들에게 사용할 수 있는 내소산內消散이나 평위산平胃散 등 소화에 도움을 주는 한약을 미리 처방받아두어 구비해도 좋습니다.

③ **정장제:** 열이 없이 아이가 계속 묽은 변을 보거나 심한 설사를 하는 경우 지사제가 필요할 수 있습니다. 스멕타Smecta(대웅제약) 같은 약품을 약국에서 구입해도 되지만, 2세 미만의 아이에게는 사용하지 않습니다. 한방약으로는 이중탕理中湯 같은 약을 쓸 수 있습니다.

④ **한방 진정제:** 아이가 크게 놀랐을 때 사용할 수 있습니다. 크게 놀라서 울

353

거나 잠을 자지 못하는 경우 포룡환이나 소아청심환 등을 약국이나 인근 한의
원에서 구입할 수 있습니다.

⑤ **연고:** 후시딘Fucidin(동화약품)이나 마데카솔Madecassol(동국제약) 등을 구비해
두고 다치거나 상처가 났을 때 사용합니다. 염증이 심한 경우에는 항생제 성분
에 스테로이드 성분까지 포함되어 있는 마데카솔이 효과가 더 좋습니다.

⑥ **기저귀 발진 연고:** 기저귀 발진이 생기면 비판텐 같은 발진 연고를 사용할
수 있습니다. 벌레에 물렸을 때를 대비해 버물리 등도 구비해두면 좋습니다.

⑦ **습윤밴드:** 아이를 키우다 보면 뾰족한 것에 긁히거나 순간적으로 상처가
생기는 경우도 자주 생깁니다. 이때 빠르게 습윤밴드를 붙여주면 상처가 금방
아물고 세균 감염으로부터도 보호할 수 있습니다. 듀오덤 같은 습윤밴드가 가
장 많이 사용됩니다. 상처 부위가 지저분할 경우에 생리식염수가 있으면 세척
하는 데 도움이 됩니다.

약 보관하기

어린이용 해열제나 감기약 등은 특별한 지시가 없다면 상온 보관이 좋습니
다. 유통기한이 지난 약을 무조건 버려야 하는 것은 아닙니다. 사실 약이 보관
된 상태, 약의 성분, 약의 유형(알약, 가루약, 시럽 등)에 따라 약의 변질 정도에 차이

가 나기 때문입니다. 유통기한이 지나면 약이 상한다기보다는 약효가 떨어지는 경우가 대부분이나 냄새가 이상하다거나 변질된 느낌이 있으면 바로 버려야 합니다. 일반적으로 처방받은 가루약은 제조한 날로부터 6개월, 시럽은 1달 정도를 사용 기한으로 봅니다. 연고와 크림은 6개월까지 사용이 가능합니다.

그러나 항생제가 포함된 경우 일부 항생제가 시간이 지나면서 변질되어 위험성이 있는 독성 물질로 변할 수 있으므로 정해진 기한 안에 다 복용하고 남은 것은 버리는 것을 추천합니다. 일반 상비약 중에 개봉을 하지 않은 약들은 1년을 놔두어도 괜찮습니다. 약을 폐기할 때는 일반쓰레기로 버리면 환경에 영향을 미칠 수 있기 때문에 약국에 비치된 폐의약품 수거함에 버리도록 합니다.

초보 부모를 위한 TIP

보다 수월하게 아이에게 약 먹이는 법 ✏️

아이가 알약이나 특정 제형의 약을 먹지 못한다면 약을 조제할 때 씹어 먹거나, 가루로 녹여 먹는 약으로 제형을 바꿔줄 수 있는지 문의합니다. 또한, 약을 먹일 때는 물에 타서 먹이는 것이 좋으나 이를 아이가 거부하면 과즙이나 시럽을 첨가하는 것도 방법입니다. 요거트 위에 뿌려주거나 좋아하는 주스에 섞어서 주는 방법도 있으나 최근에는 부작용의 우려로 추천하지 않습니다. 또한, 약을 잘 먹고 나면 좋아하는 젤리나 사탕, 스티커 등을 줘서 보상을 통해 긍정적인 강화를 하는 것도 사용해봄직한 방법입니다.

알아두면 좋은 한의학: 오장 허약아

한의학에는 '오장허약아五臟虛弱兒'라는 개념이 있습니다. 아이의 건강 상태를 평가하는 도구로 우리 몸의 5개의 장기인 오장五臟, 즉 간장肝臟, 심장心臟, 비장脾臟, 폐장肺臟, 신장腎臟 중에서 어느 부분이 약한지를 판단하는 구분법입니다. 이렇게 구분한 다음, 약한 부분을 보완하여 아이가 건강하게 클 수 있도록 돕는 치료법입니다.

이런 치료법에는 2가지 의미가 포함되어 있습니다. 첫째, 아이의 건강은 대부분 부모에게서 물려받은 특성이 많이 나타난다는 것입니다. 성인의 건강은 나이가 들면서 식습관이나 생활 요소에 의해 많은 영향을 받지만, 아이의 건강 상태는 환경적인 요소보다는 부모에게서 받은 유전적인 요소로 인한 영향을 더욱 많이 받습니다.

둘째, 부모에게 물려받은 아이의 본래 체질은 성장을 해도 많이 변하지 않는다는 것입니다. 그렇기 때문에 약한 부분은 어릴 때부터 적극적으로 관리해서 일어나지 않은 질병도 미리 예방하고자 하는 의미가 있습니다.

비계脾系 허약아

비계 허약아는 말 그대로 비위계통이 허약한 아이를 말하는데, 쉽게 말해 밥을 잘 안 먹는 아이를 가리킵니다. 밥을 잘 안 먹는 원인에는 여러 가지가 있습니다. 한의학에서는 그중에서도 예민한 기질, 잘못된 식습관, 다른 다양한 요인에 의해 밥을 안 먹는다기보다는 타고나면서부터 비위계통이 허약하여 소화에 어려움을 겪거나 입맛이 없기 때문이라고 생각합니다.

비계 허약아는 키가 잘 자라지 않는 아이들 중 가장 많은 유형입니다. 비위가 허약해 소화 흡수 능력이 떨어져 영양 섭취가 부족해지는 경우라고 할 수 있습니다. 그로 인해 2차적으로 면역력 및 체력 저하, 피로 및 무기력, 질병에 대한 저항력 저하 등이 함께 발생할 수 있습니다.

이런 상태의 아이는 안색이 노랗고 선명하지 않으며, 식욕이 없어 잘 먹지 않고, 먹더라도 음식을 입안에 머금고 있거나 잘 삼키지 않는 특징이 있습니다. 잦은 복통이나 설사, 변비 등의 증상을 일으키며 쉽게 토하고, 입안의 혀 모습이 지도처럼 보이기도 합니다. 비계 허약아는 마른 체형에 움직이기 싫어하고 누워 있으려 하며, 늘 힘들어하는 특성도 자주 보입니다.

비계 허약아는 평소 자극적인 음식이나 아이스크림, 청량음료 등 찬 음식, 가공식품이나 인스턴트제품을 피하게 하고, 담백하고 영양이 많은 음식 위주로 식단을 조절해줘야 합니다. 식사를 거르지 않고 규칙적으로 하게 하는 것도 꼭 챙겨야 할 일입니다. 이러한 아이는 비위계통이 약해서 음식을 먹고자 하려는 생각이 별로 없고, 소화시키기가 힘들어 식사를 잘 하지 않으려 하는 것이므로 단순히 과자를 좋아하는 아이와 식사 습관이 잘 잡히지 않는 아이와는 구별되어야 합니다. 따라서 식사를 기피한다고 혼을 내거나 억지로 먹이기보다는 속이 편한 음식을 먹을 수 있도록 하는 것을 최우선으로 생각하고 아이의 특성과 체질에 따라 섭생하는 것이 필요합니다.

심계心系 허약아

심계 허약아는 심장 기능이 상대적으로 약하게 태어난 아이들을 말합니다. 이는 심장에 큰 문제가 있다기보다는 심장이 수행하는 기능적·물리적 작용이 약하거나 이로 인해 다른 증상이 나타나는 경우를 말합니다. 한의학에서 심장의 주된 기능은 혈액순환을 나타내는 심주혈맥心主血脈, 의식 수준을 유지한다는 심주신명心主神明을 포함하는 단어로 표현됩니다. 즉, 심장이 약하면 혈액순환장애 및 정신과 관련된 증상이 나타나기 쉽다고 봅니다.

심계 허약아는 심장계통이 허약하고 기능이 떨어지다 보니 안색이 창백하며 깊은 잠에 들지 못하거나, 자다가도 깜짝깜짝 놀라는 경우가 많고, 평소 가슴이 두근거리는 느낌을 자주 호소합니다. 예민하고, 신경질을 자주 내며, 식은땀을 잘 흘리고, 주의가 산만하다는 지적을 받기도 합니다. 커서는 손발 시림, 여아의 경우 심한 생리통이나 어지러움을 호소하는데 이런 증상이 나타나는 아이는 대부분 심계 허약아라고 볼 수 있습니다.

아이가 예민하고 신경질을 자주 부리고 짜증이 많다면 심장 기능이 허약해서 생기는 성격적 특성일 수도 있으니 무작정 혼내거나 걱정하기보다는 '심장 기능이 약해서 그럴 수도 있겠구나' 하며 아이를 대하는 것이 좋습니다. 또한, 갑작스러운 자극이나 불필요한 소음 등이 유발되는 상황은 가급적 피하게 하는 것이 좋습니다. 무서운 것, 불안을 유발할 수 있는 것에 노출을 피하고 조용하고 안정된 분위기에서 자랄 수 있게 도와줘야 합니다.

간계肝系 허약아

간계 허약아는 간이나 담 계통의 허약아를 말합니다. 간은 많은 기능을 가진 장기로 한의학에서는 '모려가 나오는 곳肝者 將軍之官, 謀慮出焉이자 파극지본罷極之本이며 간주근肝主筋'이라고 표현했습니다. 이는 장군이 나라를 지키기 위해 책략을 내듯이 간이 몸을 보호하기 위해 외부의 적으로부터 몸을 지키며 피로를 이기는 능력을 가진 장기라는 의미인 동시에 근육과 관련된 기관이라는 뜻입니다.

간계 허약아는 활발하고 힘차게 뻗어나가는 봄春과 나무木의 기운이 부족해 힘이 없고 무엇보다 피곤하다는 표현을 자주 합니다. 또한, 어지럼증을 자주 호소하며 다른 아이들에 비해서 쉽게 지치는 것이 특징입니다. 간의 이상은 근筋의 여분인 손발톱에 나타나기 때문에 간의 기능이 부족하면 손발톱이 거칠고 얇아지며 건조하고 색깔이 없습니다. 심한 경우, 손발톱의 형태가 변하고 부러지며 갈라지는 특징이 나타나기도 합니다. 또한, 간의 기운은 눈으로도 통하므로, 간 기운이 허약하면 눈의 피로를 잘 느끼며 시력이 좋지 않은 경우도 많습니다.

성격적으로 간계 허약아는 짜증이 많은 편으로 쉽게 화를 내고 자기도 모르게 신경질을 내는 경우가 많으니 아이가 쉽게 짜증을 내는 성격이라면 간계 허약아임을 고려해볼 수 있습니다. 이런 아이들은 무엇보다 충분한 휴식과 영양 섭취가 중요합니다. 간계 허약아는 커가면서도 혈행장애, 조혈 기능장애, 근육 및 관절 질환, 피로, 정신적 스트레스 상태 등이 되기 쉬우므로 충분한 영양 공급, 휴식, 정서적인 안정 등을 꼭 염두에 두며 양육해야 합니다. 증상이 심하거나 지속적일 경우에는 간 기능을 돕는 시호청간탕柴胡淸肝湯이나 용담사간탕龍膽瀉肝湯 등의 약을 복용하는 것이 좋습니다.

폐계肺系 허약아

폐계 허약아는 호흡기계통이 허약한 아이를 말합니다. 폐계는 폐와 호흡기 외에도 피부와 대장까지 포함하므로 폐계 허약아는 피부와 대장이 약한 증상이 동반될 수 있습니다. 감기를 달고 사는 아이, 콧물, 기침, 코막힘 등과 관련된 비염, 천식, 기관지염, 편도선염, 인후염 등에 쉽게 걸리는 아이들이 폐계 허약아에 속합니다. 아토피 피부염과 두드러기 등 알레르기 질환에 쉽게 걸리는 아이들도 폐계 허약아라고 표현할 수 있습니다.

폐계 허약아들은 얼굴이 창백하고 기운이 없으며 눈 밑에 울혈이 일어나 다크 서클처럼 붉고 검은 경우가 많습니다. 일반적으로 연약하고 감기나 잔병치레가 많아 기운이 없어 보이고 병약해 보이며, 어린이집이나 유치원에서 유행하는 독감이나 수족구병 같은 질환에도 쉽게 이환되는 특징이 있습니다.

이런 아이들은 무엇보다 외부 온도와 환경에 민감하므로 온도와 습도에 신경을 써줘야 하며 찬바람을 피하는 것이 좋습니다. 또한, 차가운 음료나 찬물 등은 폐 기운을 상하게 하니 피해야 합니다. 그렇다고 너무 덥게 키우게 되면 외부 환경에 단련되기 어려우니 햇볕을 자주 쬐어주고 산책을 자주 시켜 환경 변화에 대한 적응력을 키워줘야 합니다.

신계腎系 허약아

한의학에서 '신腎'은 의학적으로 비뇨생식기계를 가리키기도 하지만 호르몬과 유전, 발육과 관련된 광범위한 개념으로 사용되고 있습니다. 따라서 신계 허약아는 쉽게 요로감염에 걸리고 기질적으로 신장이나 방광 자체에 질병이 있는 아이를 뜻하기도 하지만, 발육이 더딘 질환이나 유전적 질환, 골격계 질환을 호소하는 아이들도 이 범주에 포함합니다.

이런 아이들은 빈뇨, 야뇨증, 배뇨장애 등의 증상을 보이기도 하고, 선천적으로 약한 유전적 요인을 갖고 태어났다고 볼 수 있으므로 골격이 작고 약하기도 합니다. 또한, 머리카락이 얇고 치아의 발육 상태가 불안정하고 성격적으로는 겁이 많을 수 있습니다. 종종 다리나 무릎이 아프다는 표현을 하기도 하고 아침에 일어나면 체내 수액의 흐름이 불량해 눈 주위가 붓거나 부종이 잘 생기기도 합니다.

신계 허약아들은 적절하고 꾸준한 운동을 통해 뼈와 근육을 튼튼하게 만들어줘야 합니다. 또한, 종아리나 등, 목 등을 마사지를 통해 풀어주거나 하체 운동을 시키는 것을 추천합니다. 아랫배를 차지 않게 해주고 찬 음식이나 단 음식을 피하는 것이 좋습니다.

알아두면 좋은 한의학: 양자십법

옛날에도 아이를 키우는 것은 쉬운 일이 아니었습니다. 《동의보감》에서는 어떻게 아이를 키워야 하는지, 무엇을 조심해야 하는지를 두고 '양자십법養子十法'이라는 10가지 원칙을 세워 아이를 키울 때 따르도록 했습니다.

1. 등을 따뜻하게 해야 한다要背暖

한의학에서는 외부의 바이러스와 같은 사기邪氣가 등을 통해 들어온다고 생각해 정기精氣를 보호하기 위해서는 등을 따뜻하게 해야 된다고 했습니다. 등을 따뜻하게 해야 외부의 자극으로부터 보호된다는 말은 아이들의 경우 외부의 자극이나 세균, 바이러스에 취약하기 때문에 이들이 침입할 수 있는 경로를 차단해야 한다는 뜻으로 해석할 수 있습니다.

2. 배를 따뜻하게 해야 한다要肚暖

배를 따뜻하게 한다는 것은 물리적으로 아이들의 배를 따뜻하게 해주라는 의미입니다. 이불을 덮지 않거나 찬 것을 좋아하면 쉽게 배가 차가워지고 이는 복통, 설사와 같은 질환을 유발하기 쉬우므로 이를 막기 위해서 배를 따뜻하게 해야 한다는 뜻입니다.

3. 발을 따뜻하게 해야 한다 要足暖

발은 심장에서 가장 먼 곳에 있는 부위로 발이 차가우면 혈액순환의 문제가 발생할 수 있기 때문에 발을 따뜻하게 하여 그 흐름을 원활하게 하는 것이 좋습니다. 심장에서 먼 곳에 있는 손 역시 비슷합니다. 손과 발 같은 사지의 말단을 따뜻하게 해서 혈액순환을 조화롭게 해야 합니다.

4. 머리를 서늘하게 해야 한다 要頭凉

한의학에서 머리는 특별한 의미를 가진 부위로 기운이 가장 많이 모이는 곳인 동시에 혈액이 충만한 곳으로 보았습니다. 따라서 머리를 서늘하게 한다는 뜻은 두뇌를 청명하게 유지해서 혈액순환을 잘되게 하고 기운이 잘 퍼질 수 있도록 하자는 뜻으로 이해할 수 있습니다.

5. 가슴을 서늘하게 해야 한다 要心胸凉

가슴은 박동을 주관하는 심장이 있는 부위이며 혈액의 순환이 시작되는 곳이니 머리를 서늘하게 하는 것과 유사한 의미로 볼 수 있습니다. 오늘날의 관점에서 본다면 안정된 맥박과 평정심과 항상성, 일정한 혈류의 순환을 유지하는 것이 중요하다는 뜻으로 볼 수 있습니다.

6. 낯선 사람이나 이상한 물건을 보이지 않게 한다要勿見傀物

아이들은 작은 것에 쉽게 놀라고 이는 많은 증상을 유발할 수 있기 때문에 조심해야 합니다. 특히 아이들은 놀라게 되면 수면장애와 소화기 문제, 경기 등의 다양한 증상이 유발될 수 있습니다. 낯선 사람이나 이상한 물건은 아이들을 놀라게 하는 것들로 큰 소리나 충격 등을 의미한다고 볼 수 있습니다.

7. 비위를 따뜻하게 해야 한다脾胃常要溫

비위를 따뜻하게 해야 한다는 것은 비위가 탈이 나지 않게 조심해야 한다는 뜻입니다. 장기를 따뜻하게 한다는 것은 장기의 온도를 높여야 한다는 것이 아니라 찬 것을 많이 먹으면 쉽게 소화장애를 일으킬 수 있으므로 찬 음식을 멀리하여 건강한 장을 유지하자는 뜻으로 볼 수 있습니다.

8. 소아가 울 때 젖이나 음식을 먹이지 말아야 한다啼未定勿變飲乳飲

아이가 울 때 울음을 멈추게 하기 위해 젖이나 음식을 먹이는 것은 좋은 방법이 아닙니다. 울 때 음식이나 젖을 먹이면 호흡기로 들어가 질식할 위험이 있고, 소화기에도 좋지 않습니다. 또한, 아이가 좋은 기분과 바른 상태에서 먹어야 하는데 울 때마다 보상으로 젖이나 음식을 먹이게 되면 감정상으로도 좋지 않습니다. 엄마도 감정적으로 좋지 않는 상태에서는 아이에게 젖을 물리지 않는 것이 낫습니다.

9. 강한 약을 함부로 복용시키지 말아야 한다勿服輕粉朱砂

아이는 신체 발달이 미숙하고 장이 연약하기 때문에 강한 약을 멀리해야 합니다. 예전에는 심신을 안정시키기 위해 '경분輕粉'과 '주사朱砂'라고 하는 약재를 사용했는데 이 약들은 매우 찬 성질을 지니고 있어 아이에게 사용할 때 보다 신중하게 사용하고 과용하는 것을 경계했습니다. 오늘날 역시 아이에게 과다한 항생제 등을 사용하게 되면 아이의 기운을 손상시키게 되는데 이와 같은 맥락에서 이해할 수 있습니다.

10. 목욕을 너무 자주 시키지 않아야 한다少洗浴

소아는 기육肌肉이 완성되지 않고 피부가 연약하므로 목욕을 자주 시켜 자극을 주는 것을 피하는 편이 좋습니다. 아이들의 경우 반복된 자극은 피부의 저항력을 약하게 하여 감염의 위험을 높일 수 있습니다. 문자 그대로 목욕을 덜 시켜 지저분하게 키워야 한다는 뜻이 아니라 아이가 가지고 있는 원기와 기능을 최대한 살리고 보전하자는 뜻으로 해석할 수 있습니다.

의학이 발전하고 지식이 늘어남에 따라 육아법도 날로 새로워지고 있지만, 건강하고 튼튼한 아이를 키우기 위한 선조들의 오랜 경험이 축적된 양자십법의 법칙은 여전히 되새겨봄직한 육아의 원칙입니다. 문자 그대로 받아들이기보다는 현대적으로 폭넓게 해석한다면 아이를 건강하게 키우는 데 큰 도움이 될 것입니다.

'부모 되기'의 기쁨과 행복을
오롯이 느끼시길 바라며

한 명의 아이를 키우는 데는 많은 노력과 수고가 필요합니다. 누구나 아이를 키우는 것은 처음이기에 그 과정에서 시행착오도 많이 겪게 되고 좌충우돌합니다. 특히 아이가 태어난 직후에는 하나부터 열까지 모르는 것투성이라 아이가 아프기라도 하면 어찌할 바를 알지 못해 부모는 불안하고 걱정하기 마련입니다.

우리 부부도 아이가 계속 칭얼거리거나 잠을 잘 못 자거나 하면 무엇이 문제인지, 우리가 뭔가 잘못하고 있는 것은 아닌지 끊임없이 되돌아보며 염려했습니다. 각각 한의사이자 산부인과 의사로서 쌓아온 임상 경험과 이론적인 지식이 있었음에도 불구하고, 실제 아이를 키우는 것은 엄연히 다른 영역이었지요. 하지만 네 아이를 키우는 과정이 어렵고 고되기만 한 것은 아니었습니다. 아이들을 키우는 동안 책에서 보고 배웠던 내용들을 실제 경험과 견줘보며 이론과 실제를 통합해나가는 경험을 할 수 있었고, 이는 의료인으로서 내공이 깊어지

366

는 데에도 큰 도움이 되었습니다. 물론 아직도 의료인으로서, 부모로서 배워야 할 부분이 많음을 알고 있지만요.

원고를 써나가는 동안 의료인으로서 전문적인 지식의 전달에만 치우치기보다는 네 명의 아이를 기르는 부모의 입장에서 글을 쓰고자 애썼습니다. 또한, 임신·출산·육아 과정을 둘러싼 방대한 의료 지식 중에서도 예비 부모를 비롯해 어린아이를 키우는 부모들이 의학적으로 꼭 알아두었으면 하는 기본 정보만을 엄선하고 추려서 정리하고자 노력했습니다.

많은 부모가 세상 그 무엇보다 소중한 내 아이에게 좋은 환경과 기회를 제공해주려고 노력합니다. 우리 부부는 그중에서도 건강을 물려주는 것이 중요하다고 생각합니다. '돈을 잃으면 조금 잃는 것이요, 명예를 잃으면 많이 잃는 것이요, 건강을 잃으면 모두 잃는 것이다'라는 격언처럼 건강은 아이가 세상을 살아나가는 동안 자신 앞에 놓인 다양한 장애물을 넘어설 수 있게 해주는 가장 큰 힘입니다. 건강한 몸과 마음은 부모가 자식에게 물려줄 수 있는 가장 좋은 선물이자 유산입니다.

그리고 아이의 건강은 엄마의 배 속에 있는 시절부터 신경을 써야 합니다. 또한, 건강한 태아는 건강한 엄마 아빠로부터 비롯된다는 사실을 명심해야 합니다. 부모 자신부터 몸과 마음이 건강한 사람이 되는 것. 그것이 건강하고 행복하고 안전한 임신·출산·육아의 첫걸음이라는 사실을 꼭 기억하셨으면 좋겠습니다.

세상에 '부모 되기'만큼 힘들지만 보람된 과업이 과연 있을까요? 이 책을 읽는 모든 부모님들께서 임신·출산·육아의 기쁨과 행복을 온전히 누리실 수 있기를 희망합니다.

시기별
성장 발달 가이드

시기별 신체 발달

시기	평균 체중	체중 증가 배수	평균 신장	신장 증가 배수
출생 시	3.3kg	1배	50cm	1배
3개월	6.6kg	2배		
1년	10kg	3배	75cm	1.5배
2년	13kg	4배		
4년	16kg	5배	100cm	2배
6년	20kg	6배		
8년	25kg	8배	125cm	2.5배
10년	30kg	10배		
12년	40kg	12배	150cm	3배

0~3개월

- 출생 시 평균 몸무게는 약 3.3kg이며 2.6~4.4kg 정도는 정상 범위에 속합니다.
- 생후 3~4일 동안은 태변과 소변의 배설, 폐와 피부를 통한 수분 손실로 인해 초기 체중보다 5~10% 정도 감소할 수 있습니다.

- 생후 3개월이 되면 출생 시 몸무게의 2배인 약 6.6kg 정도의 체중이 됩니다.
- 출생 시 평균 신장은 약 50cm이며 머리 크기가 전체 키의 1/3을 차지합니다.

1~2년

- 생후 1년이 되면 평균 몸무게는 출생 시의 3배인 10kg, 2년이 되면 4배인 13kg가량이 됩니다.
- 생후 1년이 되면 평균 신장은 출생 시의 1.5배 정도인 75cm가량이 됩니다.

4~12년

- 생후 4년이 되면 평균 몸무게는 출생 시의 5배인 16kg, 10년이 되면 10배인 30kg, 12년이 되면 12배인 40kg가량이 됩니다.
- 생후 4년이 되면 평균 신장은 출생 시의 2배인 100cm, 8년이 되면 2.5배인 125cm, 12년이 되면 3배인 150cm가량이 됩니다.

시기별 운동 발달

시기	운동 발달	시기	운동 발달
3~4개월	목을 가눈다	18개월	손을 잡고 층계를 올라간다
5~6개월	물건을 붙잡는다	2세	잘 뛴다
6~7개월	뒤집는다		계단을 오르내린다
7~8개월	혼자서 앉는다	3세	세발자전거를 탄다
8~9개월	기어다닌다		혼자 계단을 내려온다
9~10개월	붙잡고 선다		한쪽 발로 잠깐 선다
12~13개월	혼자서 선다	4세	한쪽 발로 뛴다
14~15개월	혼자서 걷는다	5세	줄넘기를 한다

3~4개월: 목을 가눈다

- 생후 3개월 정도가 되면 엎어놓았을 때 목을 가눌 수 있다.
- 빠른 아이들은 2~3개월에 목을 가누기도 한다.
- 5개월까지 목을 가누지 못하면 발달 지연을 의심해야 한다.
- 목을 가누기 전에는 아기띠를 하거나 아이를 뒤로 엎으면 아이의 목이 꺾일 수도 있으니 조심해야 한다.

5~6개월: 물건을 붙잡는다

- 5개월 정도가 되면 손으로 물건을 잡는다.
- 9개월이 되면 엄지와 검지를 사용하여 물건을 잡는다.
- 7~8개월이 지나도 물건을 잡지 못하면 발달장애를 의심해야 한다.
- 부모의 손가락을 아이의 손에 가져다 대면 꽉 잡는다.

6~7개월: 뒤집는다

- 생후 5~6개월 이후면 몸을 뒤집을 수 있다.
- 빠른 아이들은 4개월 때부터 몸을 뒤집기도 한다.
- 7~8개월 이후에도 뒤집기가 안 되면 발달 지연을 의심해야 한다.
- 뒤집기는 중추신경계와 복부 근육이 정상적으로 발달해야 할 수 있다.

7~8개월: 혼자서 앉는다

- 7개월이 되면 혼자서 앉을 수 있다.
- 빠른 아이들은 5~6개월이 되면 벽에 기대고 앉거나 양손으로 바닥을 지탱한 채 앉는다.
- 10개월이 되어도 앉지 못하면 중추신경 이상을 의심해야 한다.

- 앉을 수 있다는 것은 허리 근육과 척추가 튼튼해졌음을 의미한다.

8~9개월: 기어다닌다

- 생후 8개월이 되면 혼자서 배밀이를 한다.
- 빠른 아이들은 7개월이 되면 혼자서 기어다닐 수 있다.
- 방향감각이 발달하고 시야가 넓어지는 시기다.

9~10개월: 붙잡고 선다

- 9개월이 지나면 벽이나 물건을 붙잡고 일어선다.
- 빠른 아이들은 6개월이 지나면 붙잡고 설 수 있다.
- 11개월 이후에도 붙잡고 일어나지 못하면 발달 지연을 의심해야 한다.
- 혼자서 설 수는 있지만 돌아다닐 수 없는 이때가 아이의 돌 사진을 찍기에 가장 적합하다.

12~13개월: 혼자서 선다

- 12개월이 지나면 혼자서 설 수 있다.

- 14개월 이후에도 혼자서 일어날 수 없다면 검사를 받아야 한다.

14~15개월: 혼자서 걷는다

- 14개월이 지나면 혼자서 걸을 수 있다.
- 빠른 아이들은 생후 10~11개월이 되면 어른의 손을 잡고 한 걸음씩 걸을 수 있다.
- 18개월 이후에도 혼자서 걸을 수 없으면 검사를 받아야 한다.
- 걷는다는 것은 다리의 힘과 근육의 균형이 종합적으로 이루어지는 과정이다.

시기별 인지 발달 및 사회성 발달

시기	인지·사회성 발달	시기	인지·사회성 발달
1개월	얼굴을 빤히 쳐다본다 소리에 반응한다	15개월	손가락질을 한다 집안일을 돕는다
2개월	주위 자극에 반응하여 미소를 짓는다 (social smile)	18개월	음식을 흘리면서 혼자 먹는다 소변을 보고 알려준다
4개월	낯선 환경을 알아차린다 음식을 보면 좋아한다	2세	숟가락질을 한다 간단한 옷은 혼자 벗는다
7개월	발을 입에 가져간다 낯선 사람을 보면 부끄럼을 탄다	3세	양말과 신발을 신는다 손을 씻는다
10개월	"까꿍", "짝짜꿍", "빠이빠이"를 한다	4세	양치질과 세수를 한다 다른 어린이와 협조적으로 논다
12개월	옷을 입힐 때 협조한다 컵으로 물이나 음료를 마신다	5세	혼자 옷을 입고 벗는다 다른 어린이와 경쟁적 놀이를 한다

0~1개월

- 엄마가 젖을 준다는 것을 인지한다.
- 대상 영속성 개념이 없어 시야에서 대상이 사라지면 보는 것을 중단한다.
- 1개월이 되면 상대방과 눈을 맞출 수 있다.

2~4개월

- 울면 양육자가 안아줄 것을 안다.
- 거울에 자신이 비치면 방긋 웃는다.
- 엄마 아빠를 조금씩 알아본다.
- 애착 관계가 생기는데 누구라도 곁에 있으면 편안해한다.

4~8개월

- 낯선 사람을 경계한다.
- 대상 영속성의 개념이 생겨 보이던 것이 갑자기 안 보이면 찾기 시작한다.
- 원인과 결과를 인식할 수 있다.
- 혼자 있기를 싫어하고 낯선 사람을 만나면 부모의 가슴에 얼굴을 묻는다.

8~12개월

- 애착 대상을 가까이 하려고 한다.
- 사물을 적극적으로 찾는다.
- 방에서 양육자가 나가면 다시 돌아올 것이라고 생각할 수 있다.
- 무엇이 허용되는지 이해하기 시작한다.

18~24개월

- 질문을 던지면 생각하고 기억력이 향상된다.
- 모든 사물의 영속성을 이해하고 보이지 않는 사람을 생각할 수 있다.
- '조금 이따'라는 시간의 개념이 생긴다.
- 형제자매를 모방하려고 하고, 의사소통이 활발해진다.
- 친구의 개념이 생긴다.

36개월 이후

- 복잡하고 풍부한 관계가 발달하고 양육자의 감정을 이해한다.
- 읽기나 그리기를 좋아한다.
- 머릿속으로 문제를 해결할 수 있다.

시기별 언어 발달

시기	언어 발달	시기	언어 발달
4개월	옹알이를 한다 짧게 재잘거린다	2세	짧은 문장을 말한다 그림을 보고 이름을 말할 수 있다
10개월	이름을 부르면 반응을 한다 '엄마', '아빠'를 말한다	3세	자신의 성별, 이름을 말한다 셋까지 숫자를 센다
12개월	'엄마', '아빠' 이외의 단어를 말한다	4세	본인의 의사대로 이야기한다 전치사나 반대말을 안다
15개월	3~5개의 단어를 말한다 신체 부위를 말한다	5세	기본색을 안다 단어의 의미를 물어본다
18개월	10개 정도의 단어를 말한다		

4개월: 옹알이 단계

- 1개월에는 상대의 얼굴 등을 보고 웃는다.
- 4개월이 지나면 옹알이를 시작한다.
- 6개월 이후에도 옹알이를 하지 않거나 반응이 없으면 검사를 받아야 한다.

10~12개월: 한 단어 말하기 단계

- 10개월이 지나면 '엄마'와 같은 한 단어를 말할 수 있다.
- 빠른 아이들은 7~9개월이 되면 '마마'와 같은 말을 한다.
- 9개월 이후에는 자기 이름이나 '안 돼'라는 말에 반응한다.
- 12개월이 되면 '엄마', '아빠' 외의 단어를 말한다.
- 18개월까지 한 단어를 말하지 못하면 검사를 받아야 한다.

18~24개월: 두 단어 결합시키기 단계

- 15개월 이후에는 3~5개의 단어를 섞어서 사용하고 신체 부위를 말한다.
- 18개월에는 어휘력이 급격하게 발달하여 10개 정도의 단어를 말한다.
- 20개월이 지나면 2개의 단어를 결합하여 말한다.

24개월 이후

- 서너 개의 단어로 된 짧은 문장을 말할 수 있다.
- 이야기의 흐름을 이해하고 그림을 보고 이름을 말한다.
- 30개월이 지나면 제법 많은 단어를 사용하여 말한다.

시기별 시각 발달

시기	시각 발달	시기	시각 발달
1개월	빛의 밝기를 구분한다 20~30cm 거리에 초점을 맞춘다	9~12개월	그림이나 카드를 정확히 본다
2~3개월	흑백을 구분한다 물체의 움직임에 따라 움직인다	9세 이후	성인 수준의 시력에 도달한다
4~6개월	색을 구분한다		
※ 눈의 초점이 맞지 않고 노려보거나 눈을 치켜뜬다면 검진을 받아봐야 한다.			

0~1개월

- 2주 정도면 빛의 밝기를 구분한다.

- 1개월이 되면 20~30cm 거리의 물체에 초점을 맞출 수 있다.

2~3개월

- 흑백 패턴과 같은 명암을 구분한다.

- 물체의 움직임에 따라 시선이 잘 따라간다.
- 성인의 1/15 수준의 시력을 갖는다.

4~6개월

- 4개월이 되면 색을 서서히 구분한다.
- 성인의 1/8 수준의 시력을 갖는다.

9~12개월

- 시력이 매우 좋아져서 좋아하는 그림이나 카드를 정확하게 쳐다본다.
- 성인의 1/4 수준의 시력을 갖는다.

9세 이후

- 성인 수준의 시력에 도달한다.

시기별 청각 발달

시기	청각 발달	시기	청각 발달
0~1개월	이미 소리를 듣는다 음색을 판별한다	4~8개월	엄마의 목소리를 구분한다 소리 나는 방향을 구분한다
1~2개월	소리가 나는 쪽으로 고개를 돌린다	9~12개월	자신의 이름에 반응한다 듣는 소리를 이해한다
3~4개월	부르면 웃는다 멜로디를 구분한다	2세 이후	성인의 수준에 도달한다

0~1개월

- 임신 8개월이 되면 태아는 배 속에서 소리를 들을 수 있다.
- 음색을 판별할 수 있다.

1~2개월

- 1개월에는 청각이 발달한다.
- 2개월이 되면 소리가 나는 쪽으로 고개를 돌린다.

3~4개월

- 엄마가 부르면 '킥킥' 하고 웃기도 한다.
- 청력이 매우 발달하고 멜로디를 구분할 수 있다.

4~8개월

- 엄마의 목소리를 구분할 수 있다.
- 소리 나는 방향을 정확히 구분한다.

9~12개월

- 아이의 이름을 부르면 반응한다.
- 듣는 소리를 이해하고 '안 돼'라는 말에 반응한다.

2세 이후

- 일상생활에서 나는 소리를 구분할 수 있다.
- 성인의 수준으로 청각이 발달한다.

시기별 미각 발달

시기	미각 발달	시기	미각 발달
0~1개월	기본적인 맛을 구분한다 엄마의 냄새를 구분한다	5~6개월	미각이 발달한다 좋아하는 냄새를 안다
2~3개월	다양한 맛을 느낀다		

0~1개월

- 2주 정도에는 짠맛, 단맛, 쓴맛, 신맛 등 기본적인 맛을 구분한다.
- 태어난 후 엄마의 냄새를 구별할 수 있다.

2~3개월

- 모유 이외의 맛을 구별할 수 있다.
- 다양한 맛을 느끼고 기억한다.

5~6개월

- 미각이 빠르게 발달한다.
- 좋아하는 냄새를 구별할 수 있다.

시기별 지능 발달을 위한 장난감

시기	추천 장난감
0~3개월	오감이 발달하기 시작하는 시기 흑백 모빌, 딸랑이, 뮤직 박스, 깨지지 않는 거울, 커다란 오색걸이, 오뚝이
4~6개월	근육을 적절하게 사용할 수 있도록 움직임을 돕는 장난감이 좋음, 까꿍 놀이를 좋아함 치발기, 부드러운 면을 사용하여 만든 공이나 책
7~9개월	손을 많이 움직이는 놀이를 좋아함 큰 인형, 컬러 공, 링 쌓기 놀이, 목욕탕에서 가지고 놀 수 있는 장난감
10~12개월	색조의 대비가 강하고 차츰 복잡성을 띠는 장난감을 좋아함 장난감 자동차, 막대에 고리 끼우기와 간단한 공놀이
13~18개월	호기심이 많아지고 활동 반경이 넓어짐 장난감 전화기, 모래상자, 탬버린 같은 간단한 악기, 비눗방울 놀이
19~24개월	단순 조작이나 구성에 큰 관심을 보임, 모양 맞추기 놀이가 적당함 바퀴 달린 장난감, 흔들말, 간단한 퍼즐, 교육완구, 찰흙 놀이, 숨바꼭질
2세	공동으로 하는 놀이에 관심을 보이기 시작함 실로폰, 길 찾기, 모양꽂이, 소꿉놀이, 동물 피아노, 세발자전거
3세	활동이 활발해져 바깥 놀이가 중요해짐 그네 타기, 병원 놀이, 고리 던지기, 소형 농구대, 바느질 놀이, 그림책 놀이
4세	사회성과 집중력을 길러주는 블록, 퍼즐 등이 적당함 공구 세트, 어린이용 카세트, 구슬 꿰기, 노래 교실, 퍼즐, 모자이크
5세	낱말 학습기 등 교육적인 효과가 있는 장난감이 좋음 보조 바퀴가 달린 두발자전거, 운동 놀이, 주사위 놀이, 낱말 학습기

시기별 지능 발달을 위한 놀이

시기	놀이	시기	놀이
0~1개월	신체 접촉을 늘리기 위한 마사지와 체조	6~7개월	근육 발달을 위한 도리도리와 짝짜꿍 놀이
2~3개월	근육 발달과 균형 잡기를 위한 엎어놓기	7~8개월	탐구심 개발을 위한 다양한 재질의 오감 놀이
3~4개월	시각과 청각 발달을 위한 모빌이나 딸랑이	8~9개월	평형감각 발달을 위한 들어주기
4~5개월	대상 영속성의 인지를 위한 까꿍 놀이	9~10개월	소근육 발달을 위한 손가락 놀이
5~6개월	감성과 정서의 안정을 위한 노래 불러주기	10개월 이후	호기심 충족을 위한 블록 놀이와 산책

시기별 발육 표준치

보건복지부와 대한소아청소년과학회는 1967년부터 약 10년마다 우리나라 소아청소년들의 성장도표를 공동으로 제정·발표하고 있습니다. 여기에 실린 시기별 발육 표준치는 가장 최근에 발표된 자료인 〈2017 소아청소년 성장도표〉의 내용 중 부모님들이 가장 궁금해하는 '연령별 신장, 체중 통합 성장곡선', '연령별 신장', '연령별 체중', '연령별 머리둘레 성장곡선'의 백분위수 자료들만 선별하여 실었습니다. 그 외의 더욱 상세한 〈2017 소아청소년 성장도표〉의 내용들은 다음의 QR코드를 통해 질병관리청 국민건강영양조사 홈페이지에 접속하여 확인이 가능합니다.

2017 소아청소년 성장도표 자료

남자 0-35개월 백분위수

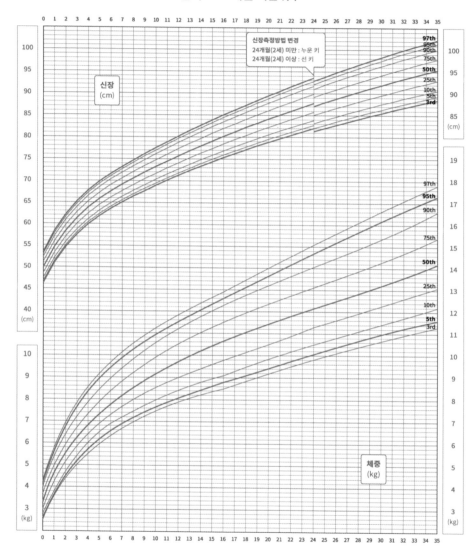

여자 0-35개월 백분위수

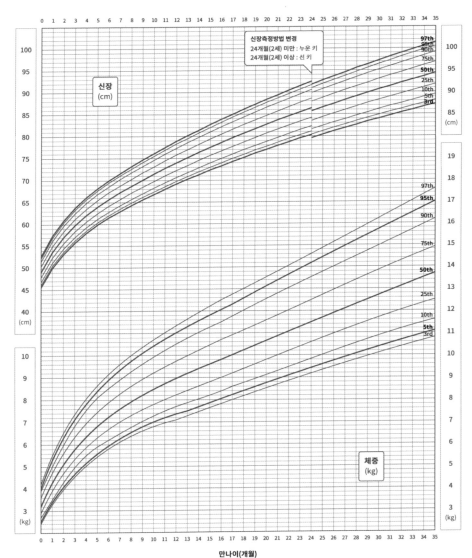

남자 3-18세 백분위수

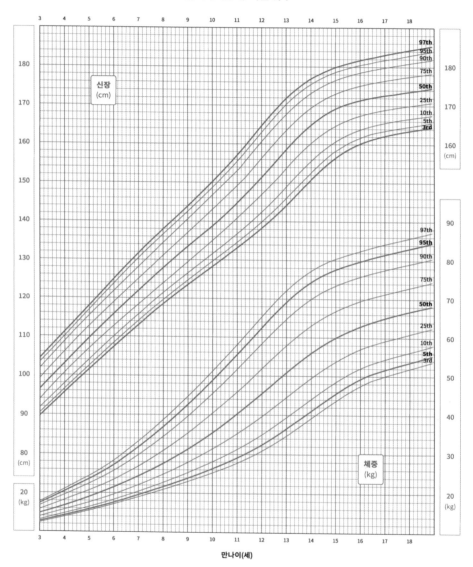

여자 3-18세 백분위수

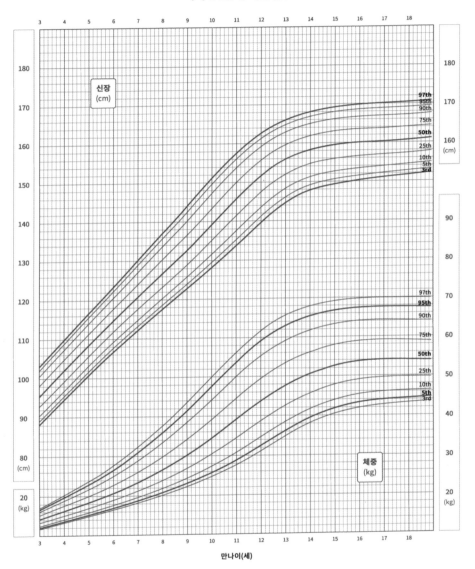

만나이(세)

남자 0-35개월 신장 백분위수

만나이 (세)	만나이 (개월)	신장(cm) 백분위수										
		3rd	5th	10th	15th	25th	50th	75th	85th	90th	95th	97th
0	0	46.3	46.8	47.5	47.9	48.6	49.9	51.2	51.8	52.3	53.0	53.4
	1	51.1	51.5	52.2	52.7	53.4	54.7	56.0	56.7	57.2	57.9	58.4
	2	54.7	55.1	55.9	56.4	57.1	58.4	59.8	60.5	61.0	61.7	62.2
	3	57.6	58.1	58.8	59.3	60.1	61.4	62.8	63.5	64.0	64.8	65.3
	4	60.0	60.5	61.2	61.7	62.5	63.9	65.3	66.0	66.6	67.3	67.8
	5	61.9	62.4	63.2	63.7	64.5	65.9	67.3	68.1	68.6	69.4	69.9
	6	63.6	64.1	64.9	65.4	66.2	67.6	69.1	69.8	70.4	71.1	71.6
	7	65.1	65.6	66.4	66.9	67.7	69.2	70.6	71.4	71.9	72.7	73.2
	8	66.5	67.0	67.8	68.3	69.1	70.6	72.1	72.9	73.4	74.2	74.7
	9	67.7	68.3	69.1	69.6	70.5	72.0	73.5	74.3	74.8	75.7	76.2
	10	69.0	69.5	70.4	70.9	71.7	73.3	74.8	75.6	76.2	77.0	77.6
	11	70.2	70.7	71.6	72.1	73.0	74.5	76.1	77.0	77.5	78.4	78.9
1	12	71.3	71.8	72.7	73.3	74.1	75.7	77.4	78.2	78.8	79.7	80.2
	13	72.4	72.9	73.8	74.4	75.3	76.9	78.6	79.4	80.0	80.9	81.5
	14	73.4	74.0	74.9	75.5	76.4	78.0	79.7	80.6	81.2	82.1	82.7
	15	74.4	75.0	75.9	76.5	77.4	79.1	80.9	81.8	82.4	83.3	83.9
	16	75.4	76.0	76.9	77.5	78.5	80.2	82.0	82.9	83.5	84.5	85.1
	17	76.3	76.9	77.9	78.5	79.5	81.2	83.0	84.0	84.6	85.6	86.2
	18	77.2	77.8	78.8	79.5	80.4	82.3	84.1	85.1	85.7	86.7	87.3
	19	78.1	78.7	79.7	80.4	81.4	83.2	85.1	86.1	86.8	87.8	88.4
	20	78.9	79.6	80.6	81.3	82.3	84.2	86.1	87.1	87.8	88.8	89.5
	21	79.7	80.4	81.5	82.2	83.2	85.1	87.1	88.1	88.8	89.9	90.5
	22	80.5	81.2	82.3	83.0	84.1	86.0	88.0	89.1	89.8	90.9	91.6
	23	81.3	82.0	83.1	83.8	84.9	86.9	89.0	90.0	90.8	91.9	92.6
2	24*	81.4	82.1	83.2	83.9	85.1	87.1	89.2	90.3	91.0	92.1	92.9
	25	82.1	82.8	84.0	84.7	85.9	88.0	90.1	91.2	92.0	93.1	93.8
	26	82.8	83.6	84.7	85.5	86.7	88.8	90.9	92.1	92.9	94.0	94.8
	27	83.5	84.3	85.5	86.3	87.4	89.6	91.8	93.0	93.8	94.9	95.7
	28	84.2	85.0	86.2	87.0	88.2	90.4	92.6	93.8	94.6	95.8	96.6
	29	84.9	85.7	86.9	87.7	88.9	91.2	93.4	94.7	95.5	96.7	97.5
	30	85.5	86.3	87.6	88.4	89.6	91.9	94.2	95.5	96.3	97.5	98.3
	31	86.2	87.0	88.2	89.1	90.3	92.7	95.0	96.2	97.1	98.4	99.2
	32	86.8	87.6	88.9	89.7	91.0	93.4	95.7	97.0	97.9	99.2	100.0
	33	87.4	88.2	89.5	90.4	91.7	94.1	96.5	97.8	98.6	99.9	100.8
	34	88.0	88.8	90.1	91.0	92.3	94.8	97.2	98.5	99.4	100.7	101.5
	35	88.5	89.4	90.7	91.6	93.0	95.4	97.9	99.2	100.1	101.4	102.3

* 2세(24개월)부터 누운 키에서 선 키로 신장 측정 방법 변경

394

여자 0-35개월 신장 백분위수

만나이 (세)	만나이 (개월)	신장(cm) 백분위수										
		3rd	5th	10th	15th	25th	50th	75th	85th	90th	95th	97th
0	0	45.6	46.1	46.8	47.2	47.9	49.1	50.4	51.1	51.5	52.2	52.7
	1	50.0	50.5	51.2	51.7	52.4	53.7	55.0	55.7	56.2	56.9	57.4
	2	53.2	53.7	54.5	55.0	55.7	57.1	58.4	59.2	59.7	60.4	60.9
	3	55.8	56.3	57.1	57.6	58.4	59.8	61.2	62.0	62.5	63.3	63.8
	4	58.0	58.5	59.3	59.8	60.6	62.1	63.5	64.3	64.9	65.7	66.2
	5	59.9	60.4	61.2	61.7	62.5	64.0	65.5	66.3	66.9	67.7	68.2
	6	61.5	62.0	62.8	63.4	64.2	65.7	67.3	68.1	68.6	69.5	70.0
	7	62.9	63.5	64.3	64.9	65.7	67.3	68.8	69.7	70.3	71.1	71.6
	8	64.3	64.9	65.7	66.3	67.2	68.7	70.3	71.2	71.8	72.6	73.2
	9	65.6	66.2	67.0	67.6	68.5	70.1	71.8	72.6	73.2	74.1	74.7
	10	66.8	67.4	68.3	68.9	69.8	71.5	73.1	74.0	74.6	75.5	76.1
	11	68.0	68.6	69.5	70.2	71.1	72.8	74.5	75.4	76.0	76.9	77.5
1	12	69.2	69.8	70.7	71.3	72.3	74.0	75.8	76.7	77.3	78.3	78.9
	13	70.3	70.9	71.8	72.5	73.4	75.2	77.0	77.9	78.6	79.5	80.2
	14	71.3	72.0	72.9	73.6	74.6	76.4	78.2	79.2	79.8	80.8	81.4
	15	72.4	73.0	74.0	74.7	75.7	77.5	79.4	80.3	81.0	82.0	82.7
	16	73.3	74.0	75.0	75.7	76.7	78.6	80.5	81.5	82.2	83.2	83.9
	17	74.3	75.0	76.0	76.7	77.7	79.7	81.6	82.6	83.3	84.4	85.0
	18	75.2	75.9	77.0	77.7	78.7	80.7	82.7	83.7	84.4	85.5	86.2
	19	76.2	76.9	77.9	78.7	79.7	81.7	83.7	84.8	85.5	86.6	87.3
	20	77.0	77.7	78.8	79.6	80.7	82.7	84.7	85.8	86.6	87.7	88.4
	21	77.9	78.6	79.7	80.5	81.6	83.7	85.7	86.8	87.6	88.7	89.4
	22	78.7	79.5	80.6	81.4	82.5	84.6	86.7	87.8	88.6	89.7	90.5
	23	79.6	80.3	81.5	82.2	83.4	85.5	87.7	88.8	89.6	90.7	91.5
2	24*	79.6	80.4	81.6	82.4	83.5	85.7	87.9	89.1	89.9	91.0	91.8
	25	80.4	81.2	82.4	83.2	84.4	86.6	88.8	90.0	90.8	92.0	92.8
	26	81.2	82.0	83.2	84.0	85.2	87.4	89.7	90.9	91.7	92.9	93.7
	27	81.9	82.7	83.9	84.8	86.0	88.3	90.6	91.8	92.6	93.8	94.6
	28	82.6	83.5	84.7	85.5	86.8	89.1	91.4	92.7	93.5	94.7	95.6
	29	83.4	84.2	85.4	86.3	87.6	89.9	92.2	93.5	94.4	95.6	96.4
	30	84.0	84.9	86.2	87.0	88.3	90.7	93.1	94.3	95.2	96.5	97.3
	31	84.7	85.6	86.9	87.7	89.0	91.4	93.9	95.2	96.0	97.3	98.2
	32	85.4	86.2	87.5	88.4	89.7	92.2	94.6	95.9	96.8	98.2	99.0
	33	86.0	86.9	88.2	89.1	90.4	92.9	95.4	96.7	97.6	99.0	99.8
	34	86.7	87.5	88.9	89.8	91.1	93.6	96.2	97.5	98.4	99.8	100.6
	35	87.3	88.2	89.5	90.5	91.8	94.4	96.9	98.3	99.2	100.5	101.4

* 2세(24개월)부터 누운 키에서 선 키로 신장 측정 방법 변경

남자 3-18세 신장 백분위수

만나이 (세)	만나이 (개월)	신장(cm) 백분위수										
		3rd	5th	10th	15th	25th	50th	75th	85th	90th	95th	97th
3	36*	89.7	90.5	91.8	92.6	93.9	96.5	99.2	100.7	101.8	103.4	104.4
	37	90.2	91.0	92.3	93.2	94.5	97.0	99.8	101.3	102.3	103.9	105.0
	38	90.7	91.5	92.8	93.7	95.0	97.6	100.3	101.8	102.9	104.5	105.6
	39	91.2	92.0	93.3	94.2	95.5	98.1	100.9	102.4	103.5	105.1	106.1
	40	91.7	92.5	93.8	94.7	96.1	98.7	101.4	103.0	104.0	105.6	106.7
	41	92.2	93.0	94.3	95.3	96.6	99.2	102.0	103.5	104.6	106.2	107.2
	42	92.7	93.5	94.9	95.8	97.1	99.8	102.6	104.1	105.1	106.7	107.8
	43	93.2	94.0	95.4	96.3	97.7	100.3	103.1	104.6	105.7	107.3	108.4
	44	93.7	94.5	95.9	96.8	98.2	100.9	103.7	105.2	106.3	107.9	108.9
	45	94.2	95.0	96.4	97.3	98.7	101.4	104.2	105.8	106.8	108.4	109.5
	46	94.7	95.5	96.9	97.9	99.3	102.0	104.8	106.3	107.4	109.0	110.1
	47	95.2	96.0	97.4	98.4	99.8	102.5	105.3	106.9	108.0	109.6	110.6
4	48	95.6	96.5	97.9	98.9	100.3	103.1	105.9	107.5	108.5	110.1	111.2
	49	96.1	97.0	98.5	99.4	100.9	103.6	106.5	108.0	109.1	110.7	111.7
	50	96.6	97.5	99.0	99.9	101.4	104.2	107.0	108.6	109.6	111.3	112.3
	51	97.1	98.0	99.5	100.5	101.9	104.7	107.6	109.1	110.2	111.8	112.9
	52	97.6	98.6	100.0	101.0	102.5	105.3	108.1	109.7	110.8	112.4	113.4
	53	98.1	99.1	100.5	101.5	103.0	105.8	108.7	110.3	111.3	112.9	114.0
	54	98.6	99.6	101.0	102.0	103.5	106.3	109.2	110.8	111.9	113.5	114.6
	55	99.1	100.1	101.5	102.5	104.0	106.9	109.8	111.4	112.5	114.1	115.1
	56	99.6	100.6	102.0	103.1	104.6	107.4	110.3	111.9	113.0	114.6	115.7
	57	100.1	101.1	102.6	103.6	105.1	108.0	110.9	112.5	113.6	115.2	116.3
	58	100.6	101.6	103.1	104.1	105.6	108.5	111.5	113.1	114.1	115.8	116.8
	59	101.1	102.1	103.6	104.6	106.2	109.1	112.0	113.6	114.7	116.3	117.4
5	60	101.6	102.5	104.1	105.1	106.7	109.6	112.6	114.2	115.3	116.9	118.0
	61	102.0	103.0	104.6	105.6	107.2	110.1	113.1	114.7	115.8	117.5	118.6
	62	102.5	103.5	105.1	106.1	107.7	110.7	113.7	115.3	116.4	118.1	119.1
	63	103.0	104.0	105.6	106.6	108.2	111.2	114.2	115.8	117.0	118.6	119.7
	64	103.5	104.5	106.1	107.1	108.7	111.7	114.8	116.4	117.5	119.2	120.3
	65	104.0	105.0	106.6	107.7	109.2	112.2	115.3	117.0	118.1	119.8	120.9
	66	104.5	105.5	107.1	108.2	109.8	112.8	115.8	117.5	118.7	120.4	121.5
	67	105.0	106.0	107.6	108.7	110.3	113.3	116.4	118.1	119.2	120.9	122.1
	68	105.5	106.5	108.1	109.2	110.8	113.8	116.9	118.6	119.8	121.5	122.6
	69	105.9	107.0	108.6	109.7	111.3	114.4	117.5	119.2	120.3	122.1	123.2
	70	106.4	107.5	109.1	110.2	111.8	114.9	118.0	119.7	120.9	122.7	123.8
	71	106.9	108.0	109.6	110.7	112.3	115.4	118.6	120.3	121.5	123.3	124.4
6	72	107.4	108.4	110.1	111.2	112.8	115.9	119.1	120.8	122.0	123.8	125.0
	73	107.9	108.9	110.5	111.6	113.3	116.4	119.6	121.4	122.6	124.4	125.6
	74	108.3	109.4	111.0	112.1	113.8	117.0	120.2	121.9	123.2	125.0	126.1
	75	108.8	109.9	111.5	112.6	114.3	117.5	120.7	122.5	123.7	125.5	126.7
	76	109.3	110.4	112.0	113.1	114.8	118.0	121.3	123.0	124.3	126.1	127.3
	77	109.8	110.8	112.5	113.6	115.3	118.5	121.8	123.6	124.8	126.7	127.9
	78	110.3	111.3	113.0	114.1	115.8	119.0	122.3	124.1	125.4	127.2	128.4
	79	110.7	111.8	113.5	114.6	116.3	119.5	122.8	124.7	125.9	127.8	129.0
	80	111.2	112.3	113.9	115.1	116.8	120.0	123.4	125.2	126.4	128.3	129.5
	81	111.7	112.7	114.4	115.6	117.3	120.5	123.9	125.7	127.0	128.9	130.1
	82	112.1	113.2	114.9	116.1	117.8	121.0	124.4	126.2	127.5	129.4	130.6
	83	112.6	113.7	115.4	116.5	118.3	121.6	124.9	126.8	128.0	129.9	131.2

* 3세(36개월)부터 「WHO Growth Standards」에서 「2017 소아청소년 성장도표」로 변경

남자 3-18세 신장 백분위수

만나이 (세)	만나이 (개월)	신장(cm) 백분위수										
		3rd	5th	10th	15th	25th	50th	75th	85th	90th	95th	97th
7	84	113.1	114.2	115.9	117.0	118.8	122.1	125.4	127.3	128.6	130.5	131.7
	85	113.5	114.6	116.3	117.5	119.2	122.5	126.0	127.8	129.1	131.0	132.3
	86	114.0	115.1	116.8	118.0	119.7	123.0	126.5	128.3	129.6	131.5	132.8
	87	114.4	115.6	117.3	118.4	120.2	123.5	127.0	128.8	130.1	132.1	133.3
	88	114.9	116.0	117.7	118.9	120.7	124.0	127.5	129.4	130.7	132.6	133.9
	89	115.4	116.5	118.2	119.4	121.2	124.5	128.0	129.9	131.2	133.1	134.4
	90	115.8	116.9	118.7	119.9	121.6	125.0	128.5	130.4	131.7	133.6	134.9
	91	116.3	117.4	119.1	120.3	122.1	125.5	129.0	130.9	132.2	134.1	135.4
	92	116.7	117.8	119.6	120.8	122.6	126.0	129.5	131.4	132.7	134.6	135.9
	93	117.1	118.3	120.0	121.2	123.0	126.5	130.0	131.9	133.2	135.1	136.4
	94	117.6	118.7	120.5	121.7	123.5	126.9	130.4	132.4	133.7	135.7	136.9
	95	118.0	119.2	121.0	122.2	124.0	127.4	130.9	132.9	134.2	136.2	137.5
8	96	118.5	119.6	121.4	122.6	124.4	127.9	131.4	133.3	134.7	136.6	137.9
	97	118.9	120.0	121.8	123.1	124.9	128.3	131.9	133.8	135.1	137.1	138.4
	98	119.3	120.5	122.3	123.5	125.3	128.8	132.4	134.3	135.6	137.6	138.9
	99	119.8	120.9	122.7	124.0	125.8	129.3	132.8	134.8	136.1	138.1	139.4
	100	120.2	121.4	123.2	124.4	126.3	129.7	133.3	135.3	136.6	138.6	139.9
	101	120.6	121.8	123.6	124.9	126.7	130.2	133.8	135.8	137.1	139.1	140.4
	102	121.0	122.2	124.0	125.3	127.2	130.7	134.3	136.2	137.6	139.6	140.9
	103	121.5	122.6	124.5	125.7	127.6	131.1	134.7	136.7	138.1	140.1	141.4
	104	121.9	123.1	124.9	126.2	128.0	131.6	135.2	137.2	138.5	140.6	141.9
	105	122.3	123.5	125.4	126.6	128.5	132.1	135.7	137.7	139.0	141.0	142.4
	106	122.7	123.9	125.8	127.1	128.9	132.5	136.2	138.1	139.5	141.5	142.9
	107	123.2	124.4	126.2	127.5	129.4	133.0	136.6	138.6	140.0	142.0	143.4
9	108	123.6	124.8	126.6	127.9	129.8	133.4	137.1	139.1	140.5	142.5	143.9
	109	124.0	125.2	127.1	128.3	130.2	133.9	137.6	139.6	141.0	143.0	144.4
	110	124.4	125.6	127.5	128.8	130.7	134.3	138.0	140.1	141.5	143.6	144.9
	111	124.8	126.0	127.9	129.2	131.1	134.8	138.5	140.6	142.0	144.1	145.4
	112	125.2	126.4	128.3	129.6	131.5	135.2	139.0	141.0	142.4	144.6	146.0
	113	125.6	126.8	128.7	130.0	132.0	135.6	139.4	141.5	142.9	145.1	146.5
	114	126.0	127.2	129.1	130.4	132.4	136.1	139.9	142.0	143.4	145.6	147.0
	115	126.4	127.6	129.5	130.9	132.8	136.6	140.4	142.5	143.9	146.1	147.5
	116	126.8	128.0	130.0	131.3	133.3	137.0	140.9	143.0	144.5	146.6	148.1
	117	127.2	128.4	130.4	131.7	133.7	137.5	141.4	143.5	145.0	147.2	148.6
	118	127.6	128.8	130.8	132.1	134.1	137.9	141.8	144.0	145.5	147.7	149.1
	119	128.0	129.2	131.2	132.5	134.6	138.4	142.3	144.5	146.0	148.2	149.7
10	120	128.4	129.7	131.6	133.0	135.0	138.8	142.8	145.0	146.5	148.7	150.2
	121	128.8	130.1	132.1	133.4	135.4	139.3	143.3	145.5	147.0	149.3	150.8
	122	129.2	130.5	132.5	133.8	135.9	139.8	143.8	146.0	147.5	149.8	151.3
	123	129.6	130.9	132.9	134.3	136.3	140.3	144.3	146.5	148.1	150.4	151.9
	124	130.0	131.3	133.3	134.7	136.8	140.7	144.8	147.1	148.6	150.9	152.4
	125	130.4	131.7	133.7	135.1	137.2	141.2	145.3	147.6	149.1	151.4	153.0
	126	130.8	132.1	134.2	135.6	137.7	141.7	145.8	148.1	149.7	152.0	153.6
	127	131.2	132.5	134.6	136.0	138.2	142.2	146.4	148.7	150.2	152.6	154.1
	128	131.6	132.9	135.0	136.5	138.6	142.7	146.9	149.2	150.8	153.2	154.7
	129	132.0	133.4	135.5	136.9	139.1	143.2	147.4	149.7	151.3	153.7	155.3
	130	132.4	133.8	135.9	137.4	139.5	143.7	147.9	150.3	151.9	154.3	155.9
	131	132.8	134.2	136.3	137.8	140.0	144.2	148.5	150.8	152.4	154.9	156.5

남자 3–18세 신장 백분위수

만나이 (세)	만나이 (개월)	신장(cm) 백분위수										
		3rd	5th	10th	15th	25th	50th	75th	85th	90th	95th	97th
11	132	133.2	134.6	136.8	138.3	140.5	144.7	149.0	151.4	153.0	155.5	157.1
	133	133.6	135.0	137.2	138.7	141.0	145.2	149.6	152.0	153.6	156.1	157.7
	134	134.0	135.5	137.7	139.2	141.5	145.8	150.2	152.6	154.2	156.7	158.3
	135	134.4	135.9	138.1	139.7	141.9	146.3	150.7	153.2	154.8	157.3	159.0
	136	134.8	136.3	138.6	140.1	142.4	146.8	151.3	153.8	155.4	157.9	159.6
	137	135.2	136.7	139.0	140.6	142.9	147.4	151.9	154.3	156.0	158.5	160.2
	138	135.7	137.2	139.5	141.1	143.5	147.9	152.5	155.0	156.7	159.2	160.8
	139	136.1	137.6	140.0	141.6	144.0	148.5	153.1	155.6	157.3	159.8	161.5
	140	136.5	138.1	140.5	142.1	144.5	149.1	153.7	156.2	157.9	160.5	162.1
	141	136.9	138.5	140.9	142.6	145.1	149.7	154.3	156.8	158.6	161.1	162.8
	142	137.4	139.0	141.4	143.1	145.6	150.2	154.9	157.5	159.2	161.8	163.4
	143	137.8	139.4	141.9	143.6	146.1	150.8	155.6	158.1	159.8	162.4	164.1
12	144	138.2	139.9	142.4	144.1	146.7	151.4	156.2	158.7	160.5	163.0	164.7
	145	138.7	140.4	143.0	144.7	147.2	152.0	156.8	159.4	161.1	163.7	165.4
	146	139.2	140.9	143.5	145.2	147.8	152.6	157.4	160.0	161.7	164.3	166.0
	147	139.6	141.3	144.0	145.8	148.4	153.2	158.1	160.6	162.4	165.0	166.6
	148	140.1	141.8	144.5	146.3	149.0	153.8	158.7	161.3	163.0	165.6	167.3
	149	140.6	142.3	145.0	146.8	149.5	154.4	159.3	161.9	163.7	166.2	167.9
	150	141.1	142.9	145.6	147.4	150.1	155.0	159.9	162.5	164.2	166.8	168.5
	151	141.6	143.4	146.1	148.0	150.7	155.6	160.5	163.1	164.8	167.4	169.1
	152	142.1	143.9	146.7	148.6	151.3	156.2	161.1	163.7	165.4	168.0	169.6
	153	142.6	144.4	147.2	149.1	151.9	156.8	161.7	164.3	166.0	168.6	170.2
	154	143.1	145.0	147.8	149.7	152.4	157.4	162.3	164.9	166.6	169.2	170.8
	155	143.6	145.5	148.4	150.3	153.0	158.1	162.9	165.5	167.2	169.8	171.4
13	156	144.2	146.1	148.9	150.8	153.6	158.6	163.5	166.1	167.8	170.3	171.9
	157	144.7	146.6	149.5	151.4	154.2	159.2	164.1	166.6	168.3	170.8	172.4
	158	145.2	147.1	150.0	152.0	154.7	159.8	164.6	167.1	168.8	171.3	172.8
	159	145.8	147.7	150.6	152.5	155.3	160.3	165.2	167.7	169.3	171.8	173.3
	160	146.3	148.2	151.2	153.1	155.9	160.9	165.7	168.2	169.9	172.3	173.8
	161	146.8	148.8	151.7	153.7	156.5	161.5	166.3	168.8	170.4	172.8	174.3
	162	147.4	149.3	152.3	154.2	157.0	162.0	166.7	169.2	170.8	173.2	174.7
	163	147.9	149.9	152.8	154.8	157.6	162.5	167.2	169.6	171.3	173.6	175.1
	164	148.5	150.4	153.4	155.3	158.1	163.0	167.7	170.1	171.7	174.0	175.5
	165	149.0	151.0	153.9	155.9	158.6	163.5	168.2	170.5	172.1	174.4	175.8
	166	149.5	151.5	154.5	156.4	159.2	164.0	168.6	171.0	172.5	174.8	176.2
	167	150.1	152.1	155.0	157.0	159.7	164.5	169.1	171.4	173.0	175.2	176.6
14	168	150.6	152.6	155.5	157.4	160.2	165.0	169.5	171.8	173.3	175.5	176.9
	169	151.2	153.1	156.0	157.9	160.6	165.4	169.8	172.1	173.6	175.8	177.2
	170	151.7	153.6	156.5	158.4	161.1	165.8	170.2	172.5	174.0	176.1	177.5
	171	152.2	154.2	157.0	158.9	161.5	166.2	170.6	172.8	174.3	176.4	177.8
	172	152.8	154.7	157.5	159.4	162.0	166.6	171.0	173.2	174.6	176.7	178.0
	173	153.3	155.2	158.0	159.9	162.5	167.0	171.3	173.5	174.9	177.0	178.3
	174	153.8	155.6	158.4	160.2	162.8	167.4	171.6	173.8	175.2	177.3	178.6
	175	154.2	156.1	158.8	160.6	163.2	167.7	171.9	174.0	175.4	177.5	178.8
	176	154.7	156.5	159.3	161.0	163.6	168.0	172.2	174.3	175.7	177.7	179.0
	177	155.2	157.0	159.7	161.4	163.9	168.3	172.4	174.6	175.9	178.0	179.2
	178	155.6	157.4	160.1	161.8	164.3	168.6	172.7	174.8	176.2	178.2	179.5
	179	156.1	157.9	160.5	162.2	164.6	169.0	173.0	175.1	176.4	178.4	179.7

남자 3-18세 신장 백분위수

만나이 (세)	만나이 (개월)	신장(cm) 백분위수										
		3rd	5th	10th	15th	25th	50th	75th	85th	90th	95th	97th
15	180	156.5	158.2	160.8	162.5	164.9	169.2	173.2	175.3	176.6	178.6	179.9
	181	156.8	158.6	161.1	162.8	165.2	169.4	173.4	175.5	176.8	178.8	180.0
	182	157.2	158.9	161.4	163.1	165.4	169.6	173.6	175.6	177.0	179.0	180.2
	183	157.6	159.2	161.7	163.4	165.7	169.9	173.8	175.8	177.2	179.1	180.4
	184	158.0	159.6	162.0	163.6	166.0	170.1	174.0	176.0	177.4	179.3	180.6
	185	158.3	159.9	162.3	163.9	166.2	170.3	174.2	176.2	177.6	179.5	180.7
	186	158.6	160.2	162.6	164.1	166.4	170.5	174.3	176.4	177.7	179.6	180.9
	187	158.9	160.5	162.8	164.4	166.6	170.6	174.5	176.5	177.8	179.8	181.0
	188	159.2	160.7	163.0	164.6	166.8	170.8	174.6	176.6	178.0	179.9	181.2
	189	159.5	161.0	163.3	164.8	167.0	171.0	174.8	176.8	178.1	180.1	181.3
	190	159.8	161.3	163.5	165.0	167.2	171.1	174.9	176.9	178.3	180.2	181.5
	191	160.1	161.5	163.8	165.2	167.4	171.3	175.1	177.1	178.4	180.3	181.6
16	192	160.3	161.7	163.9	165.4	167.5	171.4	175.2	177.2	178.5	180.5	181.7
	193	160.5	161.9	164.1	165.5	167.7	171.5	175.3	177.3	178.6	180.6	181.8
	194	160.7	162.1	164.3	165.7	167.8	171.6	175.4	177.4	178.7	180.7	182.0
	195	160.9	162.3	164.4	165.9	167.9	171.8	175.5	177.5	178.8	180.8	182.1
	196	161.2	162.5	164.6	166.0	168.1	171.9	175.6	177.6	179.0	180.9	182.2
	197	161.4	162.7	164.8	166.2	168.2	172.0	175.7	177.7	179.1	181.0	182.3
	198	161.5	162.8	164.9	166.3	168.3	172.1	175.8	177.8	179.2	181.1	182.4
	199	161.6	163.0	165.0	166.4	168.4	172.2	175.9	177.9	179.3	181.3	182.5
	200	161.8	163.1	165.1	166.5	168.5	172.3	176.0	178.0	179.4	181.4	182.6
	201	161.9	163.2	165.2	166.6	168.6	172.4	176.1	178.1	179.5	181.5	182.8
	202	162.0	163.3	165.3	166.7	168.7	172.5	176.2	178.2	179.6	181.6	182.9
	203	162.1	163.4	165.5	166.8	168.8	172.6	176.3	178.3	179.7	181.7	183.0
17	204	162.2	163.5	165.5	166.9	168.9	172.6	176.4	178.4	179.7	181.8	183.1
	205	162.3	163.6	165.6	167.0	169.0	172.7	176.5	178.5	179.8	181.9	183.2
	206	162.4	163.7	165.7	167.1	169.1	172.8	176.5	178.6	179.9	182.0	183.3
	207	162.5	163.8	165.8	167.1	169.1	172.9	176.6	178.6	180.0	182.0	183.4
	208	162.6	163.9	165.9	167.2	169.2	173.0	176.7	178.7	180.1	182.1	183.5
	209	162.7	164.0	166.0	167.3	169.3	173.0	176.8	178.8	180.2	182.2	183.6
	210	162.8	164.1	166.1	167.4	169.4	173.1	176.9	178.9	180.3	182.3	183.7
	211	162.9	164.2	166.1	167.5	169.5	173.2	177.0	179.0	180.4	182.4	183.8
	212	163.0	164.3	166.2	167.6	169.6	173.3	177.0	179.1	180.5	182.5	183.9
	213	163.1	164.3	166.3	167.7	169.6	173.4	177.1	179.2	180.6	182.6	184.0
	214	163.2	164.4	166.4	167.7	169.7	173.4	177.2	179.3	180.7	182.7	184.1
	215	163.3	164.5	166.5	167.8	169.8	173.5	177.3	179.3	180.7	182.8	184.2
18	216	163.3	164.6	166.6	167.9	169.9	173.6	177.4	179.4	180.8	182.9	184.3
	217	163.4	164.7	166.7	168.0	170.0	173.7	177.5	179.5	180.9	183.0	184.4
	218	163.5	164.8	166.7	168.1	170.0	173.8	177.5	179.6	181.0	183.1	184.5
	219	163.6	164.9	166.8	168.2	170.1	173.8	177.6	179.7	181.1	183.2	184.6
	220	163.7	165.0	166.9	168.2	170.2	173.9	177.7	179.8	181.2	183.3	184.7
	221	163.8	165.1	167.0	168.3	170.3	174.0	177.8	179.9	181.3	183.4	184.8
	222	163.9	165.1	167.1	168.4	170.4	174.1	177.9	179.9	181.3	183.5	184.8
	223	164.0	165.2	167.2	168.5	170.4	174.2	177.9	180.0	181.4	183.6	184.9
	224	164.1	165.3	167.3	168.6	170.5	174.2	178.0	180.1	181.5	183.7	185.0
	225	164.2	165.4	167.3	168.6	170.6	174.3	178.1	180.2	181.6	183.7	185.1
	226	164.3	165.5	167.4	168.7	170.7	174.4	178.2	180.3	181.7	183.8	185.2
	227	164.4	165.6	167.5	168.8	170.8	174.5	178.3	180.4	181.8	183.9	185.3

399

여자 3-18세 신장 백분위수

만나이 (세)	만나이 (개월)	신장(cm) 백분위수										
		3rd	5th	10th	15th	25th	50th	75th	85th	90th	95th	97th
3	36*	88.1	89.0	90.4	91.4	92.8	95.4	98.1	99.5	100.5	102.0	103.0
	37	88.7	89.6	90.9	91.9	93.3	95.9	98.6	100.1	101.1	102.6	103.5
	38	89.2	90.1	91.5	92.4	93.8	96.5	99.2	100.6	101.6	103.1	104.1
	39	89.7	90.6	92.0	93.0	94.4	97.0	99.7	101.2	102.2	103.7	104.7
	40	90.2	91.1	92.5	93.5	94.9	97.6	100.3	101.8	102.8	104.3	105.3
	41	90.8	91.7	93.1	94.0	95.4	98.1	100.8	102.3	103.3	104.8	105.8
	42	91.3	92.2	93.6	94.5	96.0	98.6	101.4	102.9	103.9	105.4	106.4
	43	91.8	92.7	94.1	95.1	96.5	99.2	101.9	103.4	104.5	106.0	107.0
	44	92.4	93.3	94.7	95.6	97.0	99.7	102.5	104.0	105.0	106.5	107.6
	45	92.9	93.8	95.2	96.1	97.6	100.3	103.0	104.5	105.6	107.1	108.1
	46	93.4	94.3	95.7	96.7	98.1	100.8	103.6	105.1	106.1	107.7	108.7
	47	93.9	94.8	96.2	97.2	98.6	101.4	104.1	105.7	106.7	108.3	109.3
4	48	94.5	95.4	96.8	97.7	99.2	101.9	104.7	106.2	107.3	108.8	109.8
	49	95.0	95.9	97.3	98.3	99.7	102.4	105.2	106.8	107.8	109.4	110.4
	50	95.5	96.4	97.8	98.8	100.2	103.0	105.8	107.3	108.4	110.0	111.0
	51	96.0	96.9	98.4	99.3	100.8	103.5	106.3	107.9	108.9	110.5	111.6
	52	96.6	97.5	98.9	99.9	101.3	104.1	106.9	108.4	109.5	111.1	112.1
	53	97.1	98.0	99.4	100.4	101.8	104.6	107.4	109.0	110.1	111.6	112.7
	54	97.6	98.5	99.9	100.9	102.4	105.1	108.0	109.5	110.6	112.2	113.3
	55	98.1	99.1	100.5	101.5	102.9	105.7	108.5	110.1	111.2	112.8	113.8
	56	98.7	99.6	101.0	102.0	103.4	106.2	109.1	110.7	111.7	113.3	114.4
	57	99.2	100.1	101.5	102.5	104.0	106.8	109.6	111.2	112.3	113.9	115.0
	58	99.7	100.6	102.1	103.0	104.5	107.3	110.2	111.8	112.8	114.5	115.5
	59	100.2	101.2	102.6	103.6	105.0	107.8	110.7	112.3	113.4	115.0	116.1
5	60	100.7	101.7	103.1	104.1	105.6	108.4	111.3	112.9	114.0	115.6	116.7
	61	101.2	102.2	103.6	104.6	106.1	108.9	111.8	113.4	114.5	116.1	117.2
	62	101.7	102.7	104.1	105.1	106.6	109.4	112.4	114.0	115.1	116.7	117.8
	63	102.2	103.2	104.6	105.6	107.1	110.0	112.9	114.5	115.6	117.3	118.3
	64	102.7	103.7	105.2	106.2	107.7	110.5	113.4	115.0	116.2	117.8	118.9
	65	103.3	104.2	105.7	106.7	108.2	111.0	114.0	115.6	116.7	118.4	119.5
	66	103.7	104.7	106.2	107.2	108.7	111.6	114.5	116.1	117.3	118.9	120.0
	67	104.2	105.2	106.7	107.7	109.2	112.1	115.1	116.7	117.8	119.5	120.6
	68	104.7	105.7	107.2	108.2	109.7	112.6	115.6	117.2	118.4	120.0	121.1
	69	105.2	106.1	107.7	108.7	110.2	113.2	116.1	117.8	118.9	120.6	121.7
	70	105.6	106.6	108.2	109.2	110.7	113.7	116.7	118.3	119.4	121.1	122.2
	71	106.1	107.1	108.6	109.7	111.3	114.2	117.2	118.9	120.0	121.7	122.8
6	72	106.6	107.6	109.1	110.2	111.8	114.7	117.8	119.4	120.5	122.2	123.3
	73	107.1	108.1	109.6	110.7	112.3	115.2	118.3	120.0	121.1	122.8	123.9
	74	107.5	108.5	110.1	111.2	112.8	115.8	118.8	120.5	121.6	123.3	124.5
	75	108.0	109.0	110.6	111.7	113.3	116.3	119.4	121.0	122.2	123.9	125.0
	76	108.5	109.5	111.1	112.2	113.8	116.8	119.9	121.6	122.7	124.5	125.6
	77	108.9	110.0	111.6	112.6	114.3	117.3	120.4	122.1	123.3	125.0	126.1
	78	109.4	110.4	112.0	113.1	114.8	117.8	121.0	122.7	123.8	125.6	126.7
	79	109.9	110.9	112.5	113.6	115.2	118.3	121.5	123.2	124.4	126.1	127.3
	80	110.3	111.4	113.0	114.1	115.7	118.8	122.0	123.7	124.9	126.7	127.9
	81	110.8	111.8	113.4	114.6	116.2	119.3	122.5	124.3	125.5	127.3	128.4
	82	111.2	112.3	113.9	115.0	116.7	119.8	123.1	124.8	126.0	127.8	129.0
	83	111.7	112.8	114.4	115.5	117.2	120.3	123.6	125.3	126.6	128.4	129.6

* 3세(36개월)부터 「WHO Growth Standards」에서 「2017 소아청소년 성장도표」로 변경

400

여자 3-18세 신장 백분위수

만나이 (세)	만나이 (개월)	신장(cm) 백분위수										
		3rd	5th	10th	15th	25th	50th	75th	85th	90th	95th	97th
7	84	112.2	113.2	114.8	116.0	117.6	120.8	124.1	125.9	127.1	128.9	130.2
	85	112.6	113.7	115.3	116.4	118.1	121.3	124.6	126.4	127.6	129.5	130.7
	86	113.1	114.1	115.8	116.9	118.6	121.8	125.1	126.9	128.2	130.1	131.3
	87	113.5	114.6	116.2	117.4	119.0	122.3	125.6	127.5	128.7	130.6	131.9
	88	114.0	115.0	116.7	117.8	119.5	122.8	126.1	128.0	129.3	131.2	132.5
	89	114.4	115.5	117.1	118.3	120.0	123.3	126.7	128.5	129.8	131.8	133.0
	90	114.8	115.9	117.6	118.7	120.5	123.8	127.2	129.1	130.4	132.3	133.6
	91	115.3	116.4	118.0	119.2	120.9	124.2	127.7	129.6	130.9	132.9	134.2
	92	115.7	116.8	118.5	119.6	121.4	124.7	128.2	130.1	131.4	133.4	134.8
	93	116.2	117.2	118.9	120.1	121.8	125.2	128.7	130.6	132.0	134.0	135.3
	94	116.6	117.7	119.4	120.6	122.3	125.7	129.2	131.2	132.5	134.6	135.9
	95	117.0	118.1	119.8	121.0	122.8	126.2	129.7	131.7	133.1	135.1	136.5
8	96	117.5	118.6	120.3	121.5	123.2	126.7	130.2	132.2	133.6	135.7	137.1
	97	117.9	119.0	120.7	121.9	123.7	127.2	130.8	132.8	134.1	136.2	137.6
	98	118.4	119.5	121.2	122.4	124.2	127.6	131.3	133.3	134.7	136.8	138.2
	99	118.8	119.9	121.7	122.9	124.7	128.1	131.8	133.8	135.2	137.4	138.8
	100	119.3	120.4	122.1	123.3	125.1	128.6	132.3	134.4	135.8	137.9	139.4
	101	119.7	120.8	122.6	123.8	125.6	129.1	132.8	134.9	136.3	138.5	139.9
	102	120.1	121.3	123.0	124.2	126.1	129.6	133.3	135.4	136.9	139.1	140.5
	103	120.6	121.7	123.5	124.7	126.5	130.1	133.9	136.0	137.4	139.6	141.1
	104	121.0	122.2	123.9	125.2	127.0	130.6	134.4	136.5	138.0	140.2	141.7
	105	121.5	122.6	124.4	125.6	127.5	131.1	134.9	137.1	138.5	140.8	142.3
	106	121.9	123.1	124.9	126.1	128.0	131.6	135.5	137.6	139.1	141.4	142.9
	107	122.4	123.5	125.3	126.6	128.5	132.1	136.0	138.2	139.7	141.9	143.5
9	108	122.8	124.0	125.8	127.1	129.0	132.6	136.5	138.7	140.2	142.5	144.1
	109	123.3	124.4	126.3	127.5	129.5	133.2	137.1	139.3	140.8	143.1	144.7
	110	123.7	124.9	126.7	128.0	129.9	133.7	137.6	139.8	141.4	143.7	145.2
	111	124.1	125.3	127.2	128.5	130.4	134.2	138.2	140.4	141.9	144.3	145.8
	112	124.6	125.8	127.7	129.0	130.9	134.7	138.7	141.0	142.5	144.9	146.4
	113	125.0	126.2	128.1	129.5	131.4	135.3	139.3	141.5	143.1	145.5	147.0
	114	125.5	126.7	128.6	130.0	132.0	135.8	139.9	142.1	143.7	146.1	147.6
	115	125.9	127.2	129.1	130.5	132.5	136.4	140.4	142.7	144.3	146.6	148.2
	116	126.4	127.6	129.6	131.0	133.0	136.9	141.0	143.3	144.9	147.2	148.8
	117	126.8	128.1	130.1	131.5	133.5	137.5	141.6	143.9	145.4	147.8	149.4
	118	127.3	128.6	130.6	132.0	134.0	138.0	142.2	144.4	146.0	148.4	150.0
	119	127.7	129.0	131.1	132.5	134.5	138.6	142.7	145.0	146.6	149.0	150.6
10	120	128.2	129.5	131.6	133.0	135.1	139.1	143.3	145.6	147.2	149.6	151.2
	121	128.6	130.0	132.1	133.5	135.6	139.7	143.9	146.2	147.8	150.2	151.7
	122	129.1	130.4	132.6	134.0	136.1	140.2	144.5	146.8	148.4	150.7	152.3
	123	129.5	130.9	133.0	134.5	136.7	140.8	145.0	147.3	148.9	151.3	152.9
	124	130.0	131.4	133.5	135.0	137.2	141.4	145.6	147.9	149.5	151.9	153.4
	125	130.5	131.9	134.0	135.5	137.7	141.9	146.2	148.5	150.1	152.5	154.0
	126	130.9	132.3	134.6	136.0	138.3	142.5	146.7	149.1	150.6	153.0	154.5
	127	131.4	132.8	135.1	136.6	138.8	143.0	147.3	149.6	151.2	153.5	155.1
	128	131.9	133.3	135.6	137.1	139.3	143.6	147.8	150.2	151.7	154.1	155.6
	129	132.3	133.8	136.1	137.6	139.9	144.1	148.4	150.7	152.3	154.6	156.1
	130	132.8	134.3	136.6	138.1	140.4	144.7	149.0	151.3	152.8	155.1	156.6
	131	133.3	134.8	137.1	138.6	140.9	145.2	149.5	151.8	153.4	155.7	157.2

여자 3-18세 신장 백분위수

만나이 (세)	만나이 (개월)	신장(cm) 백분위수										
		3rd	5th	10th	15th	25th	50th	75th	85th	90th	95th	97th
11	132	133.8	135.3	137.6	139.2	141.5	145.8	150.0	152.3	153.9	156.1	157.6
	133	134.2	135.8	138.1	139.7	142.0	146.3	150.5	152.8	154.3	156.6	158.1
	134	134.7	136.3	138.6	140.2	142.5	146.8	151.1	153.3	154.8	157.1	158.5
	135	135.2	136.8	139.1	140.7	143.1	147.3	151.6	153.8	155.3	157.6	159.0
	136	135.7	137.3	139.6	141.2	143.6	147.9	152.1	154.3	155.8	158.0	159.5
	137	136.2	137.8	140.2	141.8	144.1	148.4	152.6	154.8	156.3	158.5	159.9
	138	136.7	138.2	140.6	142.3	144.6	148.9	153.1	155.3	156.7	158.9	160.3
	139	137.1	138.7	141.1	142.7	145.1	149.4	153.5	155.7	157.2	159.3	160.7
	140	137.6	139.2	141.6	143.2	145.6	149.8	154.0	156.1	157.6	159.7	161.1
	141	138.1	139.7	142.1	143.7	146.1	150.3	154.4	156.6	158.0	160.1	161.5
	142	138.6	140.2	142.6	144.2	146.5	150.8	154.9	157.0	158.4	160.5	161.9
	143	139.1	140.7	143.1	144.7	147.0	151.3	155.3	157.4	158.9	160.9	162.3
12	144	139.5	141.1	143.5	145.1	147.5	151.7	155.7	157.8	159.2	161.3	162.6
	145	140.0	141.6	144.0	145.6	147.9	152.1	156.1	158.2	159.6	161.6	162.9
	146	140.5	142.1	144.4	146.0	148.3	152.5	156.5	158.5	159.9	162.0	163.3
	147	140.9	142.5	144.9	146.5	148.8	152.9	156.8	158.9	160.3	162.3	163.6
	148	141.4	143.0	145.3	146.9	149.2	153.3	157.2	159.3	160.6	162.6	163.9
	149	141.9	143.4	145.8	147.3	149.6	153.7	157.6	159.6	161.0	163.0	164.2
	150	142.3	143.8	146.2	147.7	150.0	154.0	157.9	159.9	161.3	163.2	164.5
	151	142.7	144.2	146.6	148.1	150.3	154.3	158.2	160.2	161.6	163.5	164.8
	152	143.1	144.6	146.9	148.5	150.7	154.7	158.5	160.5	161.8	163.8	165.0
	153	143.5	145.0	147.3	148.8	151.0	155.0	158.8	160.8	162.1	164.1	165.3
	154	143.9	145.4	147.7	149.2	151.4	155.3	159.1	161.1	162.4	164.3	165.6
	155	144.3	145.8	148.1	149.6	151.8	155.7	159.4	161.4	162.7	164.6	165.8
13	156	144.7	146.2	148.4	149.9	152.0	155.9	159.7	161.6	162.9	164.8	166.0
	157	145.0	146.5	148.7	150.2	152.3	156.2	159.9	161.8	163.1	165.0	166.2
	158	145.3	146.8	149.0	150.5	152.6	156.4	160.1	162.1	163.3	165.2	166.4
	159	145.7	147.1	149.3	150.7	152.8	156.7	160.3	162.3	163.6	165.4	166.7
	160	146.0	147.4	149.6	151.0	153.1	156.9	160.6	162.5	163.8	165.7	166.9
	161	146.3	147.7	149.9	151.3	153.4	157.2	160.8	162.7	164.0	165.9	167.1
	162	146.5	148.0	150.1	151.5	153.6	157.3	161.0	162.9	164.2	166.0	167.2
	163	146.8	148.2	150.3	151.7	153.8	157.5	161.1	163.0	164.3	166.2	167.4
	164	147.0	148.4	150.5	151.9	154.0	157.7	161.3	163.2	164.5	166.3	167.5
	165	147.2	148.6	150.7	152.1	154.1	157.8	161.5	163.4	164.6	166.5	167.7
	166	147.5	148.8	150.9	152.3	154.3	158.0	161.6	163.5	164.8	166.6	167.8
	167	147.7	149.1	151.1	152.5	154.5	158.2	161.8	163.7	164.9	166.8	168.0
14	168	147.9	149.2	151.3	152.6	154.6	158.3	161.9	163.8	165.0	166.9	168.1
	169	148.0	149.4	151.4	152.8	154.8	158.4	162.0	163.9	165.2	167.0	168.2
	170	148.2	149.5	151.5	152.9	154.9	158.6	162.1	164.0	165.3	167.1	168.3
	171	148.3	149.6	151.7	153.1	155.0	158.7	162.2	164.1	165.4	167.2	168.4
	172	148.4	149.8	151.8	153.2	155.2	158.8	162.4	164.2	165.5	167.3	168.5
	173	148.6	149.9	152.0	153.3	155.3	158.9	162.5	164.3	165.6	167.4	168.6
	174	148.7	150.0	152.1	153.4	155.4	159.0	162.6	164.4	165.7	167.5	168.7
	175	148.8	150.1	152.2	153.5	155.5	159.1	162.6	164.5	165.8	167.6	168.8
	176	148.9	150.2	152.3	153.6	155.6	159.2	162.7	164.6	165.8	167.7	168.9
	177	149.0	150.3	152.4	153.7	155.7	159.3	162.8	164.7	165.9	167.8	168.9
	178	149.1	150.5	152.5	153.8	155.8	159.4	162.9	164.7	166.0	167.8	169.0
	179	149.2	150.6	152.6	153.9	155.8	159.4	163.0	164.8	166.1	167.9	169.1

여자 3-18세 신장 백분위수

만나이 (세)	만나이 (개월)	신장(cm) 백분위수										
		3rd	5th	10th	15th	25th	50th	75th	85th	90th	95th	97th
15	180	149.3	150.6	152.6	154.0	155.9	159.5	163.0	164.9	166.1	168.0	169.2
	181	149.4	150.7	152.7	154.0	156.0	159.5	163.1	164.9	166.2	168.0	169.2
	182	149.5	150.8	152.8	154.1	156.0	159.6	163.1	165.0	166.3	168.1	169.3
	183	149.6	150.9	152.8	154.2	156.1	159.7	163.2	165.1	166.3	168.2	169.4
	184	149.7	151.0	152.9	154.2	156.2	159.7	163.2	165.1	166.4	168.2	169.4
	185	149.8	151.0	153.0	154.3	156.2	159.8	163.3	165.2	166.4	168.3	169.5
	186	149.9	151.1	153.1	154.4	156.3	159.8	163.3	165.2	166.5	168.3	169.6
	187	149.9	151.2	153.1	154.4	156.3	159.9	163.4	165.2	166.5	168.4	169.6
	188	150.0	151.3	153.2	154.5	156.4	159.9	163.4	165.3	166.6	168.4	169.7
	189	150.1	151.3	153.2	154.5	156.4	159.9	163.4	165.3	166.6	168.5	169.7
	190	150.2	151.4	153.3	154.6	156.5	160.0	163.5	165.4	166.6	168.5	169.8
	191	150.2	151.5	153.3	154.6	156.5	160.0	163.5	165.4	166.7	168.6	169.8
16	192	150.3	151.5	153.4	154.7	156.5	160.0	163.5	165.4	166.7	168.6	169.8
	193	150.4	151.6	153.4	154.7	156.6	160.0	163.6	165.4	166.7	168.6	169.9
	194	150.4	151.6	153.5	154.7	156.6	160.1	163.6	165.5	166.7	168.6	169.9
	195	150.5	151.7	153.5	154.8	156.6	160.1	163.6	165.5	166.8	168.7	169.9
	196	150.6	151.7	153.6	154.8	156.6	160.1	163.6	165.5	166.8	168.7	169.9
	197	150.6	151.8	153.6	154.8	156.7	160.1	163.6	165.5	166.8	168.7	170.0
	198	150.7	151.8	153.7	154.9	156.7	160.1	163.6	165.5	166.8	168.7	170.0
	199	150.7	151.9	153.7	154.9	156.7	160.2	163.6	165.5	166.8	168.7	170.0
	200	150.8	152.0	153.7	154.9	156.8	160.2	163.6	165.5	166.8	168.8	170.0
	201	150.9	152.0	153.8	155.0	156.8	160.2	163.7	165.5	166.8	168.8	170.0
	202	150.9	152.1	153.8	155.0	156.8	160.2	163.7	165.6	166.9	168.8	170.1
	203	151.0	152.1	153.9	155.1	156.8	160.2	163.7	165.6	166.9	168.8	170.1
17	204	151.0	152.2	153.9	155.1	156.9	160.2	163.7	165.6	166.9	168.8	170.1
	205	151.1	152.2	154.0	155.1	156.9	160.3	163.7	165.6	166.9	168.9	170.1
	206	151.1	152.3	154.0	155.2	157.0	160.3	163.8	165.7	167.0	168.9	170.2
	207	151.2	152.3	154.0	155.2	157.0	160.4	163.8	165.7	167.0	168.9	170.2
	208	151.3	152.4	154.1	155.3	157.0	160.4	163.8	165.7	167.0	169.0	170.2
	209	151.3	152.4	154.1	155.3	157.1	160.4	163.9	165.7	167.0	169.0	170.3
	210	151.4	152.5	154.2	155.4	157.1	160.5	163.9	165.8	167.1	169.0	170.3
	211	151.4	152.5	154.2	155.4	157.1	160.5	163.9	165.8	167.1	169.0	170.3
	212	151.4	152.5	154.3	155.4	157.2	160.5	163.9	165.8	167.1	169.1	170.3
	213	151.5	152.6	154.3	155.5	157.2	160.5	164.0	165.9	167.1	169.1	170.4
	214	151.5	152.6	154.3	155.5	157.3	160.6	164.0	165.9	167.2	169.1	170.4
	215	151.6	152.7	154.4	155.5	157.3	160.6	164.0	165.9	167.2	169.1	170.4
18	216	151.6	152.7	154.4	155.6	157.3	160.6	164.1	165.9	167.2	169.2	170.4
	217	151.7	152.8	154.5	155.6	157.4	160.7	164.1	166.0	167.3	169.2	170.5
	218	151.7	152.8	154.5	155.7	157.4	160.7	164.1	166.0	167.3	169.2	170.5
	219	151.8	152.9	154.5	155.7	157.4	160.8	164.2	166.0	167.3	169.3	170.5
	220	151.8	152.9	154.6	155.7	157.5	160.8	164.2	166.1	167.3	169.3	170.6
	221	151.9	152.9	154.6	155.8	157.5	160.8	164.2	166.1	167.4	169.3	170.6
	222	151.9	153.0	154.7	155.8	157.6	160.9	164.3	166.1	167.4	169.3	170.6
	223	152.0	153.0	154.7	155.9	157.6	160.9	164.3	166.2	167.4	169.4	170.6
	224	152.0	153.1	154.8	155.9	157.6	160.9	164.3	166.2	167.5	169.4	170.7
	225	152.1	153.1	154.8	156.0	157.7	161.0	164.4	166.2	167.5	169.4	170.7
	226	152.1	153.2	154.9	156.0	157.7	161.0	164.4	166.3	167.5	169.5	170.7
	227	152.2	153.2	154.9	156.1	157.8	161.1	164.4	166.3	167.6	169.5	170.8

남자 0−35개월 체중 백분위수

만나이 (세)	만나이 (개월)	체중(kg) 백분위수										
		3rd	5th	10th	15th	25th	50th	75th	85th	90th	95th	97th
0	0	2.5	2.6	2.8	2.9	3.0	3.3	3.7	3.9	4.0	4.2	4.3
	1	3.4	3.6	3.8	3.9	4.1	4.5	4.9	5.1	5.3	5.5	5.7
	2	4.4	4.5	4.7	4.9	5.1	5.6	6.0	6.3	6.5	6.8	7.0
	3	5.1	5.2	5.5	5.6	5.9	6.4	6.9	7.2	7.4	7.7	7.9
	4	5.6	5.8	6.0	6.2	6.5	7.0	7.6	7.9	8.1	8.4	8.6
	5	6.1	6.2	6.5	6.7	7.0	7.5	8.1	8.4	8.6	9.0	9.2
	6	6.4	6.6	6.9	7.1	7.4	7.9	8.5	8.9	9.1	9.5	9.7
	7	6.7	6.9	7.2	7.4	7.7	8.3	8.9	9.3	9.5	9.9	10.2
	8	7.0	7.2	7.5	7.7	8.0	8.6	9.3	9.6	9.9	10.3	10.5
	9	7.2	7.4	7.7	7.9	8.3	8.9	9.6	10.0	10.2	10.6	10.9
	10	7.5	7.7	8.0	8.2	8.5	9.2	9.9	10.3	10.5	10.9	11.2
	11	7.7	7.9	8.2	8.4	8.7	9.4	10.1	10.5	10.8	11.2	11.5
1	12	7.8	8.1	8.4	8.6	9.0	9.6	10.4	10.8	11.1	11.5	11.8
	13	8.0	8.2	8.6	8.8	9.2	9.9	10.6	11.1	11.4	11.8	12.1
	14	8.2	8.4	8.8	9.0	9.4	10.1	10.9	11.3	11.6	12.1	12.4
	15	8.4	8.6	9.0	9.2	9.6	10.3	11.1	11.6	11.9	12.3	12.7
	16	8.5	8.8	9.1	9.4	9.8	10.5	11.3	11.8	12.1	12.6	12.9
	17	8.7	8.9	9.3	9.6	10.0	10.7	11.6	12.0	12.4	12.9	13.2
	18	8.9	9.1	9.5	9.7	10.1	10.9	11.8	12.3	12.6	13.1	13.5
	19	9.0	9.3	9.7	9.9	10.3	11.1	12.0	12.5	12.9	13.4	13.7
	20	9.2	9.4	9.8	10.1	10.5	11.3	12.2	12.7	13.1	13.6	14.0
	21	9.3	9.6	10.0	10.3	10.7	11.5	12.5	13.0	13.3	13.9	14.3
	22	9.5	9.8	10.2	10.5	10.9	11.8	12.7	13.2	13.6	14.2	14.5
	23	9.7	9.9	10.3	10.6	11.1	12.0	12.9	13.4	13.8	14.4	14.8
2	24	9.8	10.1	10.5	10.8	11.3	12.2	13.1	13.7	14.1	14.7	15.1
	25	10.0	10.2	10.7	11.0	11.4	12.4	13.3	13.9	14.3	14.9	15.3
	26	10.1	10.4	10.8	11.1	11.6	12.5	13.6	14.1	14.6	15.2	15.6
	27	10.2	10.5	11.0	11.3	11.8	12.7	13.8	14.4	14.8	15.4	15.9
	28	10.4	10.7	11.1	11.5	12.0	12.9	14.0	14.6	15.0	15.7	16.1
	29	10.5	10.8	11.3	11.6	12.1	13.1	14.2	14.8	15.2	15.9	16.4
	30	10.7	11.0	11.4	11.8	12.3	13.3	14.4	15.0	15.5	16.2	16.6
	31	10.8	11.1	11.6	11.9	12.4	13.5	14.6	15.2	15.7	16.4	16.9
	32	10.9	11.2	11.7	12.1	12.6	13.7	14.8	15.5	15.9	16.6	17.1
	33	11.1	11.4	11.9	12.2	12.8	13.8	15.0	15.7	16.1	16.9	17.3
	34	11.2	11.5	12.0	12.4	12.9	14.0	15.2	15.9	16.3	17.1	17.6
	35	11.3	11.6	12.2	12.5	13.1	14.2	15.4	16.1	16.6	17.3	17.8

404

여자 0–35개월 체중 백분위수

만나이 (세)	만나이 (개월)	체중(kg) 백분위수										
		3rd	5th	10th	15th	25th	50th	75th	85th	90th	95th	97th
0	0	2.4	2.5	2.7	2.8	2.9	3.2	3.6	3.7	3.9	4.0	4.2
	1	3.2	3.3	3.5	3.6	3.8	4.2	4.6	4.8	5.0	5.2	5.4
	2	4.0	4.1	4.3	4.5	4.7	5.1	5.6	5.9	6.0	6.3	6.5
	3	4.6	4.7	5.0	5.1	5.4	5.8	6.4	6.7	6.9	7.2	7.4
	4	5.1	5.2	5.5	5.6	5.9	6.4	7.0	7.3	7.5	7.9	8.1
	5	5.5	5.6	5.9	6.1	6.4	6.9	7.5	7.8	8.1	8.4	8.7
	6	5.8	6.0	6.2	6.4	6.7	7.3	7.9	8.3	8.5	8.9	9.2
	7	6.1	6.3	6.5	6.7	7.0	7.6	8.3	8.7	8.9	9.4	9.6
	8	6.3	6.5	6.8	7.0	7.3	7.9	8.6	9.0	9.3	9.7	10.0
	9	6.6	6.8	7.0	7.3	7.6	8.2	8.9	9.3	9.6	10.1	10.4
	10	6.8	7.0	7.3	7.5	7.8	8.5	9.2	9.6	9.9	10.4	10.7
	11	7.0	7.2	7.5	7.7	8.0	8.7	9.5	9.9	10.2	10.7	11.0
1	12	7.1	7.3	7.7	7.9	8.2	8.9	9.7	10.2	10.5	11.0	11.3
	13	7.3	7.5	7.9	8.1	8.4	9.2	10.0	10.4	10.8	11.3	11.6
	14	7.5	7.7	8.0	8.3	8.6	9.4	10.2	10.7	11.0	11.5	11.9
	15	7.7	7.9	8.2	8.5	8.8	9.6	10.4	10.9	11.3	11.8	12.2
	16	7.8	8.1	8.4	8.7	9.0	9.8	10.7	11.2	11.5	12.1	12.5
	17	8.0	8.2	8.6	8.8	9.2	10.0	10.9	11.4	11.8	12.3	12.7
	18	8.2	8.4	8.8	9.0	9.4	10.2	11.1	11.6	12.0	12.6	13.0
	19	8.3	8.6	8.9	9.2	9.6	10.4	11.4	11.9	12.3	12.9	13.3
	20	8.5	8.7	9.1	9.4	9.8	10.6	11.6	12.1	12.5	13.1	13.5
	21	8.7	8.9	9.3	9.6	10.0	10.9	11.8	12.4	12.8	13.4	13.8
	22	8.8	9.1	9.5	9.8	10.2	11.1	12.0	12.6	13.0	13.6	14.1
	23	9.0	9.2	9.7	9.9	10.4	11.3	12.3	12.8	13.3	13.9	14.3
2	24	9.2	9.4	9.8	10.1	10.6	11.5	12.5	13.1	13.5	14.2	14.6
	25	9.3	9.6	10.0	10.3	10.8	11.7	12.7	13.3	13.8	14.4	14.9
	26	9.5	9.8	10.2	10.5	10.9	11.9	12.9	13.6	14.0	14.7	15.2
	27	9.6	9.9	10.4	10.7	11.1	12.1	13.2	13.8	14.3	15.0	15.4
	28	9.8	10.1	10.5	10.8	11.3	12.3	13.4	14.0	14.5	15.2	15.7
	29	10.0	10.2	10.7	11.0	11.5	12.5	13.6	14.3	14.7	15.5	16.0
	30	10.1	10.4	10.9	11.2	11.7	12.7	13.8	14.5	15.0	15.7	16.2
	31	10.3	10.5	11.0	11.3	11.9	12.9	14.1	14.7	15.2	16.0	16.5
	32	10.4	10.7	11.2	11.5	12.0	13.1	14.3	15.0	15.5	16.2	16.8
	33	10.5	10.8	11.3	11.7	12.2	13.3	14.5	15.2	15.7	16.5	17.0
	34	10.7	11.0	11.5	11.8	12.4	13.5	14.7	15.4	15.9	16.8	17.3
	35	10.8	11.1	11.6	12.0	12.5	13.7	14.9	15.7	16.2	17.0	17.6

남자 3-18세 체중 백분위수

만나이 (세)	만나이 (개월)	체중(kg) 백분위수										
		3rd	5th	10th	15th	25th	50th	75th	85th	90th	95th	97th
3	36	12.3	12.6	13.0	13.3	13.8	14.7	15.7	16.3	16.7	17.3	17.7
	37	12.4	12.7	13.2	13.5	14.0	14.9	15.9	16.5	16.9	17.5	17.9
	38	12.5	12.8	13.3	13.6	14.1	15.1	16.1	16.7	17.1	17.8	18.2
	39	12.7	13.0	13.4	13.8	14.3	15.3	16.3	16.9	17.4	18.0	18.5
	40	12.8	13.1	13.6	13.9	14.4	15.4	16.5	17.2	17.6	18.3	18.7
	41	12.9	13.2	13.7	14.0	14.6	15.6	16.7	17.4	17.8	18.5	19.0
	42	13.0	13.4	13.8	14.2	14.7	15.8	16.9	17.6	18.1	18.8	19.3
	43	13.2	13.5	14.0	14.3	14.9	16.0	17.1	17.8	18.3	19.1	19.6
	44	13.3	13.6	14.1	14.5	15.0	16.1	17.3	18.0	18.5	19.3	19.8
	45	13.4	13.8	14.3	14.6	15.2	16.3	17.5	18.3	18.8	19.6	20.1
	46	13.6	13.9	14.4	14.8	15.3	16.5	17.7	18.5	19.0	19.8	20.4
	47	13.7	14.0	14.5	14.9	15.5	16.7	17.9	18.7	19.2	20.1	20.7
4	48	13.8	14.2	14.7	15.1	15.6	16.8	18.1	18.9	19.5	20.4	20.9
	49	14.0	14.3	14.8	15.2	15.8	17.0	18.4	19.1	19.7	20.6	21.2
	50	14.1	14.4	15.0	15.4	16.0	17.2	18.6	19.4	20.0	20.9	21.5
	51	14.2	14.6	15.1	15.5	16.1	17.4	18.8	19.6	20.2	21.1	21.8
	52	14.4	14.7	15.3	15.7	16.3	17.5	19.0	19.8	20.4	21.4	22.1
	53	14.5	14.8	15.4	15.8	16.4	17.7	19.2	20.0	20.7	21.7	22.3
	54	14.6	15.0	15.5	15.9	16.6	17.9	19.4	20.3	20.9	21.9	22.6
	55	14.7	15.1	15.7	16.1	16.7	18.1	19.6	20.5	21.1	22.2	22.9
	56	14.9	15.2	15.8	16.2	16.9	18.2	19.8	20.7	21.4	22.5	23.2
	57	15.0	15.4	16.0	16.4	17.1	18.4	20.0	20.9	21.6	22.7	23.5
	58	15.1	15.5	16.1	16.5	17.2	18.6	20.2	21.2	21.9	23.0	23.8
	59	15.3	15.6	16.3	16.7	17.4	18.8	20.4	21.4	22.1	23.3	24.1
5	60	15.4	15.8	16.4	16.8	17.5	19.0	20.6	21.6	22.4	23.5	24.3
	61	15.5	15.9	16.5	17.0	17.7	19.1	20.8	21.9	22.6	23.8	24.6
	62	15.7	16.1	16.7	17.1	17.9	19.3	21.0	22.1	22.9	24.1	24.9
	63	15.8	16.2	16.8	17.3	18.0	19.5	21.3	22.3	23.1	24.4	25.2
	64	15.9	16.3	17.0	17.4	18.2	19.7	21.5	22.6	23.4	24.6	25.5
	65	16.1	16.5	17.1	17.6	18.3	19.9	21.7	22.8	23.6	24.9	25.8
	66	16.2	16.6	17.3	17.8	18.5	20.1	21.9	23.1	23.9	25.2	26.2
	67	16.4	16.8	17.4	17.9	18.7	20.3	22.2	23.3	24.2	25.6	26.5
	68	16.5	16.9	17.6	18.1	18.9	20.5	22.4	23.6	24.5	25.9	26.9
	69	16.7	17.1	17.8	18.3	19.0	20.7	22.7	23.9	24.8	26.2	27.3
	70	16.8	17.2	17.9	18.4	19.2	20.9	22.9	24.1	25.1	26.5	27.6
	71	16.9	17.4	18.1	18.6	19.4	21.1	23.2	24.4	25.3	26.9	28.0
6	72	17.1	17.5	18.3	18.8	19.6	21.3	23.4	24.7	25.7	27.2	28.3
	73	17.2	17.7	18.4	19.0	19.8	21.6	23.7	25.0	26.0	27.6	28.7
	74	17.4	17.8	18.6	19.1	20.0	21.8	24.0	25.3	26.3	27.9	29.1
	75	17.5	18.0	18.8	19.3	20.2	22.0	24.2	25.6	26.6	28.3	29.5
	76	17.7	18.2	18.9	19.5	20.4	22.3	24.5	25.9	27.0	28.7	29.9
	77	17.8	18.3	19.1	19.7	20.6	22.5	24.8	26.2	27.3	29.0	30.3
	78	18.0	18.5	19.3	19.9	20.8	22.7	25.1	26.5	27.6	29.4	30.7
	79	18.2	18.7	19.5	20.1	21.0	23.0	25.4	26.9	28.0	29.8	31.1
	80	18.3	18.8	19.6	20.2	21.2	23.2	25.7	27.2	28.3	30.2	31.5
	81	18.5	19.0	19.8	20.4	21.4	23.5	25.9	27.5	28.7	30.6	31.9
	82	18.6	19.2	20.0	20.6	21.6	23.7	26.2	27.8	29.0	30.9	32.3
	83	18.8	19.3	20.2	20.8	21.8	24.0	26.5	28.2	29.4	31.3	32.8

* 3세(36개월)부터 「WHO Growth Standards」에서 「2017 소아청소년 성장도표」로 변경

남자 3-18세 체중 백분위수

만나이 (세)	만나이 (개월)	체중(kg) 백분위수										
		3rd	5th	10th	15th	25th	50th	75th	85th	90th	95th	97th
7	84	18.9	19.5	20.4	21.0	22.0	24.2	26.9	28.5	29.7	31.7	33.2
	85	19.1	19.7	20.6	21.2	22.3	24.5	27.2	28.9	30.1	32.2	33.7
	86	19.3	19.8	20.7	21.4	22.5	24.7	27.5	29.2	30.5	32.6	34.1
	87	19.4	20.0	20.9	21.6	22.7	25.0	27.8	29.5	30.9	33.0	34.5
	88	19.6	20.2	21.1	21.8	22.9	25.3	28.1	29.9	31.2	33.4	35.0
	89	19.8	20.3	21.3	22.0	23.1	25.5	28.4	30.2	31.6	33.8	35.4
	90	19.9	20.5	21.5	22.2	23.4	25.8	28.8	30.6	32.0	34.3	35.9
	91	20.1	20.7	21.7	22.4	23.6	26.1	29.1	31.0	32.4	34.7	36.4
	92	20.2	20.9	21.9	22.6	23.8	26.4	29.4	31.4	32.8	35.2	36.8
	93	20.4	21.0	22.1	22.9	24.1	26.7	29.8	31.7	33.2	35.6	37.3
	94	20.6	21.2	22.3	23.1	24.3	26.9	30.1	32.1	33.6	36.0	37.8
	95	20.7	21.4	22.5	23.3	24.5	27.2	30.5	32.5	34.0	36.5	38.3
8	96	20.9	21.6	22.7	23.5	24.8	27.5	30.8	32.9	34.4	36.9	38.7
	97	21.1	21.8	22.9	23.7	25.0	27.8	31.2	33.3	34.8	37.4	39.2
	98	21.3	22.0	23.1	24.0	25.3	28.1	31.6	33.7	35.3	37.9	39.7
	99	21.4	22.1	23.3	24.2	25.5	28.4	31.9	34.1	35.7	38.3	40.2
	100	21.6	22.3	23.5	24.4	25.8	28.7	32.3	34.5	36.1	38.8	40.7
	101	21.8	22.5	23.7	24.6	26.0	29.1	32.7	34.9	36.5	39.2	41.1
	102	21.9	22.7	24.0	24.9	26.3	29.4	33.0	35.3	37.0	39.7	41.6
	103	22.1	22.9	24.2	25.1	26.6	29.7	33.4	35.7	37.4	40.2	42.2
	104	22.3	23.1	24.4	25.3	26.8	30.0	33.8	36.1	37.9	40.7	42.7
	105	22.5	23.3	24.6	25.6	27.1	30.3	34.2	36.6	38.3	41.1	43.2
	106	22.6	23.5	24.8	25.8	27.4	30.7	34.6	37.0	38.8	41.6	43.7
	107	22.8	23.7	25.0	26.0	27.6	31.0	35.0	37.4	39.2	42.1	44.2
9	108	23.0	23.8	25.3	26.3	27.9	31.3	35.4	37.9	39.7	42.6	44.7
	109	23.2	24.0	25.5	26.5	28.2	31.7	35.8	38.3	40.1	43.1	45.2
	110	23.3	24.2	25.7	26.8	28.5	32.0	36.2	38.7	40.6	43.6	45.7
	111	23.5	24.4	25.9	27.0	28.7	32.3	36.6	39.2	41.1	44.1	46.3
	112	23.7	24.6	26.2	27.3	29.0	32.7	37.0	39.6	41.5	44.6	46.8
	113	23.9	24.8	26.4	27.5	29.3	33.0	37.4	40.1	42.0	45.1	47.3
	114	24.1	25.0	26.6	27.8	29.6	33.4	37.8	40.5	42.5	45.7	47.9
	115	24.3	25.2	26.9	28.0	29.9	33.7	38.3	41.0	43.0	46.2	48.4
	116	24.4	25.4	27.1	28.3	30.2	34.1	38.7	41.5	43.5	46.7	49.0
	117	24.6	25.6	27.3	28.5	30.4	34.4	39.1	41.9	44.0	47.2	49.5
	118	24.8	25.9	27.6	28.8	30.7	34.8	39.5	42.4	44.5	47.8	50.1
	119	25.0	26.1	27.8	29.1	31.0	35.2	40.0	42.9	45.0	48.3	50.6
10	120	25.2	26.3	28.1	29.3	31.3	35.5	40.4	43.3	45.5	48.8	51.2
	121	25.4	26.5	28.3	29.6	31.6	35.9	40.8	43.8	46.0	49.4	51.8
	122	25.6	26.7	28.6	29.9	32.0	36.3	41.3	44.3	46.5	49.9	52.3
	123	25.8	26.9	28.8	30.2	32.3	36.7	41.7	44.8	47.0	50.5	52.9
	124	26.0	27.2	29.1	30.4	32.6	37.0	42.2	45.3	47.5	51.0	53.4
	125	26.2	27.4	29.3	30.7	32.9	37.4	42.6	45.7	48.0	51.5	54.0
	126	26.4	27.6	29.6	31.0	33.2	37.8	43.1	46.2	48.5	52.1	54.6
	127	26.6	27.9	29.9	31.3	33.5	38.2	43.6	46.7	49.0	52.7	55.1
	128	26.8	28.1	30.1	31.6	33.9	38.6	44.0	47.2	49.6	53.2	55.7
	129	27.1	28.3	30.4	31.9	34.2	39.0	44.5	47.7	50.1	53.8	56.3
	130	27.3	28.6	30.7	32.2	34.5	39.4	44.9	48.2	50.6	54.3	56.9
	131	27.5	28.8	30.9	32.5	34.9	39.8	45.4	48.7	51.1	54.9	57.5

남자 3-18세 체중 백분위수

만나이 (세)	만나이 (개월)	체중(kg) 백분위수										
		3rd	5th	10th	15th	25th	50th	75th	85th	90th	95th	97th
11	132	27.7	29.1	31.2	32.8	35.2	40.2	45.9	49.3	51.7	55.5	58.1
	133	28.0	29.3	31.5	33.1	35.6	40.6	46.4	49.8	52.2	56.1	58.7
	134	28.2	29.6	31.8	33.4	35.9	41.1	46.9	50.3	52.8	56.6	59.3
	135	28.4	29.8	32.1	33.7	36.3	41.5	47.4	50.8	53.3	57.2	59.9
	136	28.7	30.1	32.4	34.0	36.6	41.9	47.9	51.4	53.9	57.8	60.5
	137	28.9	30.3	32.7	34.3	37.0	42.3	48.3	51.9	54.4	58.4	61.1
	138	29.2	30.6	33.0	34.7	37.3	42.8	48.9	52.4	55.0	59.0	61.7
	139	29.4	30.9	33.3	35.0	37.7	43.2	49.4	53.0	55.6	59.6	62.4
	140	29.7	31.2	33.6	35.4	38.1	43.6	49.9	53.5	56.1	60.2	63.0
	141	30.0	31.5	34.0	35.7	38.5	44.1	50.4	54.1	56.7	60.8	63.6
	142	30.2	31.8	34.3	36.1	38.9	44.5	50.9	54.6	57.3	61.4	64.2
	143	30.5	32.1	34.6	36.4	39.2	45.0	51.4	55.1	57.8	62.0	64.8
12	144	30.8	32.4	35.0	36.8	39.6	45.4	51.9	55.7	58.4	62.6	65.4
	145	31.1	32.7	35.3	37.2	40.0	45.9	52.4	56.2	58.9	63.1	66.0
	146	31.4	33.1	35.7	37.5	40.4	46.3	52.9	56.8	59.5	63.7	66.6
	147	31.7	33.4	36.0	37.9	40.8	46.8	53.4	57.3	60.0	64.3	67.2
	148	32.1	33.7	36.4	38.3	41.3	47.3	53.9	57.8	60.6	64.9	67.8
	149	32.4	34.0	36.7	38.7	41.7	47.7	54.5	58.4	61.2	65.5	68.4
	150	32.7	34.4	37.1	39.1	42.1	48.2	55.0	58.9	61.7	66.0	69.0
	151	33.0	34.7	37.5	39.4	42.5	48.6	55.4	59.4	62.2	66.6	69.5
	152	33.4	35.1	37.9	39.8	42.9	49.1	55.9	59.9	62.7	67.1	70.1
	153	33.7	35.4	38.2	40.2	43.3	49.5	56.4	60.4	63.3	67.6	70.6
	154	34.0	35.8	38.6	40.6	43.7	50.0	56.9	61.0	63.8	68.2	71.2
	155	34.3	36.1	39.0	41.0	44.1	50.5	57.4	61.5	64.3	68.7	71.7
13	156	34.7	36.5	39.4	41.4	44.6	50.9	57.9	61.9	64.8	69.2	72.2
	157	35.1	36.9	39.8	41.8	45.0	51.3	58.4	62.4	65.3	69.7	72.7
	158	35.4	37.2	40.1	42.2	45.4	51.8	58.8	62.9	65.8	70.2	73.2
	159	35.8	37.6	40.5	42.6	45.8	52.2	59.3	63.4	66.2	70.7	73.6
	160	36.1	38.0	40.9	43.0	46.2	52.7	59.8	63.8	66.7	71.1	74.1
	161	36.5	38.3	41.3	43.4	46.6	53.1	60.2	64.3	67.2	71.6	74.6
	162	36.9	38.7	41.7	43.8	47.0	53.5	60.6	64.7	67.6	72.0	75.0
	163	37.2	39.1	42.1	44.2	47.4	53.9	61.1	65.1	68.0	72.4	75.4
	164	37.6	39.5	42.5	44.6	47.9	54.4	61.5	65.6	68.4	72.8	75.8
	165	38.0	39.9	42.9	45.0	48.3	54.8	61.9	66.0	68.8	73.2	76.2
	166	38.4	40.3	43.3	45.4	48.7	55.2	62.3	66.4	69.2	73.6	76.6
	167	38.8	40.7	43.7	45.8	49.1	55.6	62.7	66.8	69.7	74.0	77.0
14	168	39.2	41.0	44.1	46.2	49.5	56.0	63.1	67.1	70.0	74.4	77.3
	169	39.6	41.4	44.5	46.6	49.9	56.4	63.5	67.5	70.3	74.7	77.6
	170	39.9	41.8	44.9	47.0	50.2	56.7	63.8	67.8	70.7	75.0	77.9
	171	40.3	42.2	45.2	47.4	50.6	57.1	64.2	68.2	71.0	75.4	78.3
	172	40.7	42.6	45.6	47.8	51.0	57.5	64.5	68.5	71.4	75.7	78.6
	173	41.1	43.0	46.0	48.1	51.4	57.9	64.9	68.9	71.7	76.0	78.9
	174	41.5	43.4	46.4	48.5	51.8	58.2	65.2	69.2	72.0	76.3	79.1
	175	41.9	43.7	46.8	48.9	52.1	58.5	65.5	69.5	72.3	76.5	79.4
	176	42.2	44.1	47.1	49.2	52.4	58.9	65.8	69.8	72.5	76.8	79.6
	177	42.6	44.5	47.5	49.6	52.8	59.2	66.1	70.0	72.8	77.0	79.9
	178	43.0	44.9	47.8	49.9	53.1	59.5	66.4	70.3	73.1	77.3	80.1
	179	43.4	45.2	48.2	50.3	53.5	59.8	66.7	70.6	73.3	77.5	80.3

남자 3-18세 체중 백분위수

만나이 (세)	만나이 (개월)	체중(kg) 백분위수										
		3rd	5th	10th	15th	25th	50th	75th	85th	90th	95th	97th
15	180	43.7	45.6	48.5	50.6	53.8	60.1	66.9	70.8	73.6	77.7	80.5
	181	44.0	45.9	48.9	50.9	54.1	60.4	67.2	71.1	73.8	77.9	80.7
	182	44.4	46.2	49.2	51.2	54.4	60.7	67.4	71.3	74.0	78.1	80.9
	183	44.7	46.6	49.5	51.6	54.7	60.9	67.7	71.5	74.2	78.3	81.1
	184	45.1	46.9	49.8	51.9	55.0	61.2	67.9	71.7	74.4	78.5	81.2
	185	45.4	47.2	50.1	52.2	55.3	61.5	68.2	72.0	74.6	78.7	81.4
	186	45.7	47.5	50.4	52.5	55.6	61.7	68.4	72.1	74.8	78.9	81.6
	187	46.0	47.8	50.7	52.7	55.8	61.9	68.6	72.3	75.0	79.0	81.7
	188	46.3	48.1	51.0	53.0	56.1	62.2	68.8	72.5	75.2	79.2	81.9
	189	46.6	48.4	51.3	53.3	56.3	62.4	69.0	72.7	75.3	79.4	82.1
	190	46.9	48.7	51.6	53.5	56.6	62.6	69.2	72.9	75.5	79.5	82.2
	191	47.2	49.0	51.8	53.8	56.8	62.9	69.4	73.1	75.7	79.7	82.4
16	192	47.5	49.3	52.1	54.0	57.1	63.1	69.6	73.3	75.9	79.9	82.5
	193	47.8	49.5	52.3	54.3	57.3	63.2	69.7	73.4	76.0	80.0	82.7
	194	48.0	49.8	52.5	54.5	57.5	63.4	69.9	73.6	76.2	80.2	82.9
	195	48.3	50.0	52.8	54.7	57.7	63.6	70.1	73.8	76.4	80.4	83.0
	196	48.5	50.3	53.0	54.9	57.9	63.8	70.2	73.9	76.5	80.5	83.2
	197	48.8	50.5	53.2	55.2	58.1	64.0	70.4	74.1	76.7	80.7	83.4
	198	49.0	50.7	53.4	55.3	58.3	64.2	70.6	74.2	76.8	80.8	83.5
	199	49.2	50.9	53.6	55.5	58.4	64.3	70.7	74.4	77.0	81.0	83.7
	200	49.3	51.0	53.8	55.7	58.6	64.5	70.9	74.5	77.1	81.1	83.8
	201	49.5	51.2	53.9	55.8	58.6	64.6	71.0	74.7	77.3	81.2	83.9
	202	49.7	51.4	54.1	56.0	58.9	64.8	71.1	74.8	77.4	81.4	84.1
	203	49.9	51.6	54.3	56.2	59.1	64.9	71.3	74.9	77.5	81.5	84.2
17	204	50.1	51.7	54.4	56.3	59.2	65.0	71.4	75.1	77.7	81.7	84.3
	205	50.2	51.9	54.6	56.5	59.4	65.2	71.5	75.2	77.8	81.8	84.5
	206	50.4	52.1	54.7	56.6	59.5	65.3	71.7	75.3	77.9	81.9	84.6
	207	50.6	52.2	54.9	56.8	59.7	65.5	71.8	75.5	78.0	82.0	84.7
	208	50.7	52.4	55.1	56.9	59.8	65.6	72.0	75.6	78.2	82.2	84.8
	209	50.9	52.5	55.2	57.1	60.0	65.8	72.1	75.7	78.3	82.3	85.0
	210	51.0	52.7	55.4	57.2	60.1	65.9	72.2	75.9	78.4	82.4	85.1
	211	51.2	52.9	55.5	57.4	60.3	66.1	72.4	76.0	78.6	82.5	85.2
	212	51.4	53.0	55.7	57.5	60.4	66.2	72.5	76.1	78.7	82.7	85.4
	213	51.5	53.2	55.8	57.7	60.6	66.3	72.6	76.3	78.8	82.8	85.5
	214	51.7	53.3	56.0	57.8	60.7	66.4	72.7	76.4	79.0	82.9	85.6
	215	51.8	53.5	56.1	58.0	60.8	66.6	72.9	76.5	79.1	83.1	85.7
18	216	52.0	53.6	56.3	58.1	61.0	66.7	73.0	76.6	79.2	83.2	85.9
	217	52.1	53.8	56.4	58.3	61.1	66.9	73.1	76.8	79.3	83.3	86.0
	218	52.3	53.9	56.6	58.4	61.3	67.0	73.3	76.9	79.5	83.4	86.1
	219	52.5	54.1	56.7	58.6	61.4	67.1	73.4	77.0	79.6	83.6	86.3
	220	52.6	54.2	56.9	58.7	61.6	67.3	73.5	77.2	79.7	83.7	86.4
	221	52.8	54.4	57.0	58.9	61.7	67.4	73.7	77.3	79.9	83.8	86.5
	222	52.9	54.5	57.2	59.0	61.8	67.5	73.8	77.4	80.0	84.0	86.6
	223	53.1	54.7	57.3	59.1	62.0	67.7	73.9	77.6	80.1	84.1	86.8
	224	53.2	54.8	57.5	59.3	62.1	67.8	74.1	77.7	80.2	84.2	86.9
	225	53.4	55.0	57.6	59.4	62.3	67.9	74.2	77.8	80.4	84.3	87.0
	226	53.5	55.1	57.7	59.6	62.4	68.1	74.3	77.9	80.5	84.5	87.1
	227	53.7	55.3	57.9	59.7	62.5	68.2	74.5	78.1	80.6	84.6	87.3

여자 3-18세 체중 백분위수

만나이 (세)	만나이 (개월)	체중(kg) 백분위수										
		3rd	5th	10th	15th	25th	50th	75th	85th	90th	95th	97th
3	36*	11.7	12.0	12.4	12.8	13.3	14.2	15.2	15.7	16.1	16.6	17.0
	37	11.8	12.1	12.6	12.9	13.4	14.4	15.4	15.9	16.3	16.9	17.2
	38	11.9	12.2	12.7	13.1	13.6	14.5	15.6	16.1	16.5	17.1	17.5
	39	12.1	12.4	12.9	13.2	13.7	14.7	15.8	16.3	16.8	17.4	17.8
	40	12.2	12.5	13.0	13.3	13.9	14.9	16.0	16.6	17.0	17.6	18.1
	41	12.3	12.7	13.1	13.5	14.0	15.1	16.2	16.8	17.2	17.9	18.3
	42	12.5	12.8	13.3	13.6	14.2	15.2	16.4	17.0	17.5	18.1	18.6
	43	12.6	12.9	13.4	13.8	14.3	15.4	16.6	17.2	17.7	18.4	18.9
	44	12.7	13.1	13.6	13.9	14.5	15.6	16.8	17.4	17.9	18.7	19.2
	45	12.9	13.2	13.7	14.1	14.6	15.7	17.0	17.7	18.2	18.9	19.5
	46	13.0	13.3	13.9	14.2	14.8	15.9	17.2	17.9	18.4	19.2	19.7
	47	13.1	13.5	14.0	14.4	14.9	16.1	17.4	18.1	18.6	19.5	20.0
4	48	13.3	13.6	14.1	14.5	15.1	16.3	17.6	18.3	18.9	19.7	20.3
	49	13.4	13.7	14.3	14.7	15.2	16.4	17.8	18.5	19.1	20.0	20.6
	50	13.6	13.9	14.4	14.8	15.4	16.6	18.0	18.8	19.3	20.2	20.9
	51	13.7	14.0	14.6	15.0	15.6	16.8	18.2	19.0	19.6	20.5	21.1
	52	13.8	14.2	14.7	15.1	15.7	17.0	18.4	19.2	19.8	20.8	21.4
	53	14.0	14.3	14.9	15.2	15.9	17.1	18.6	19.4	20.0	21.0	21.7
	54	14.1	14.4	15.0	15.4	16.0	17.3	18.8	19.7	20.3	21.3	22.0
	55	14.2	14.6	15.1	15.5	16.2	17.5	19.0	19.9	20.5	21.6	22.3
	56	14.4	14.7	15.3	15.7	16.3	17.7	19.2	20.1	20.8	21.8	22.6
	57	14.5	14.8	15.4	15.8	16.5	17.8	19.4	20.3	21.0	22.1	22.9
	58	14.6	15.0	15.6	16.0	16.6	18.0	19.6	20.5	21.2	22.4	23.1
	59	14.8	15.1	15.7	16.1	16.8	18.2	19.8	20.8	21.5	22.6	23.4
5	60	14.9	15.3	15.9	16.3	17.0	18.4	20.0	21.0	21.7	22.9	23.7
	61	15.0	15.4	16.0	16.4	17.1	18.5	20.2	21.2	22.0	23.2	24.0
	62	15.2	15.5	16.1	16.6	17.3	18.7	20.4	21.5	22.2	23.4	24.3
	63	15.3	15.7	16.3	16.7	17.4	18.9	20.6	21.7	22.5	23.7	24.6
	64	15.4	15.8	16.4	16.9	17.6	19.1	20.8	21.9	22.7	24.0	24.9
	65	15.6	16.0	16.6	17.0	17.8	19.3	21.0	22.1	22.9	24.3	25.2
	66	15.7	16.1	16.7	17.2	17.9	19.5	21.3	22.4	23.2	24.6	25.5
	67	15.8	16.2	16.9	17.3	18.1	19.7	21.5	22.7	23.5	24.9	25.9
	68	16.0	16.4	17.0	17.5	18.3	19.9	21.7	22.9	23.8	25.2	26.2
	69	16.1	16.5	17.2	17.7	18.4	20.1	22.0	23.2	24.1	25.5	26.6
	70	16.2	16.6	17.3	17.8	18.6	20.2	22.2	23.4	24.4	25.8	26.9
	71	16.4	16.8	17.5	18.0	18.8	20.4	22.5	23.7	24.6	26.2	27.2
6	72	16.5	16.9	17.6	18.1	18.9	20.7	22.7	24.0	24.9	26.5	27.6
	73	16.6	17.1	17.8	18.3	19.1	20.9	23.0	24.3	25.3	26.8	28.0
	74	16.8	17.2	17.9	18.5	19.3	21.1	23.2	24.6	25.6	27.2	28.4
	75	16.9	17.4	18.1	18.6	19.5	21.3	23.5	24.9	25.9	27.5	28.7
	76	17.0	17.5	18.3	18.8	19.7	21.5	23.7	25.1	26.2	27.9	29.1
	77	17.2	17.6	18.4	19.0	19.9	21.7	24.0	25.4	26.5	28.2	29.5
	78	17.3	17.8	18.6	19.1	20.0	22.0	24.3	25.7	26.8	28.6	29.9
	79	17.5	17.9	18.7	19.3	20.2	22.2	24.6	26.0	27.2	29.0	30.3
	80	17.6	18.1	18.9	19.5	20.4	22.4	24.8	26.4	27.5	29.3	30.7
	81	17.7	18.2	19.1	19.7	20.6	22.7	25.1	26.7	27.8	29.7	31.1
	82	17.9	18.4	19.2	19.9	20.8	22.9	25.4	27.0	28.2	30.1	31.5
	83	18.0	18.5	19.4	20.0	21.0	23.1	25.7	27.3	28.5	30.5	31.9

* 3세(36개월)부터 「WHO Growth Standards」에서 「2017 소아청소년 성장도표」로 변경

여자 3-18세 체중 백분위수

만나이 (세)	만나이 (개월)	체중(kg) 백분위수										
		3rd	5th	10th	15th	25th	50th	75th	85th	90th	95th	97th
7	84	18.2	18.7	19.6	20.2	21.2	23.4	26.0	27.6	28.8	30.9	32.3
	85	18.3	18.9	19.8	20.4	21.4	23.6	26.3	28.0	29.2	31.3	32.7
	86	18.5	19.0	19.9	20.6	21.6	23.9	26.6	28.3	29.6	31.7	33.2
	87	18.6	19.2	20.1	20.8	21.9	24.1	26.9	28.6	29.9	32.1	33.6
	88	18.8	19.4	20.3	21.0	22.1	24.4	27.2	29.0	30.3	32.5	34.0
	89	18.9	19.5	20.5	21.2	22.3	24.6	27.5	29.3	30.7	32.9	34.4
	90	19.1	19.7	20.7	21.4	22.5	24.9	27.8	29.7	31.0	33.3	34.9
	91	19.3	19.9	20.9	21.6	22.7	25.2	28.2	30.0	31.4	33.7	35.3
	92	19.4	20.0	21.0	21.8	23.0	25.5	28.5	30.4	31.8	34.1	35.8
	93	19.6	20.2	21.2	22.0	23.2	25.7	28.8	30.7	32.2	34.5	36.2
	94	19.7	20.4	21.4	22.2	23.4	26.0	29.1	31.1	32.6	35.0	36.7
	95	19.9	20.5	21.6	22.4	23.6	26.3	29.5	31.5	32.9	35.4	37.1
8	96	20.1	20.7	21.8	22.6	23.9	26.6	29.8	31.8	33.4	35.8	37.6
	97	20.3	20.9	22.0	22.8	24.1	26.8	30.2	32.2	33.8	36.3	38.1
	98	20.4	21.1	22.2	23.1	24.4	27.1	30.5	32.6	34.2	36.7	38.6
	99	20.6	21.3	22.4	23.3	24.6	27.4	30.8	33.0	34.6	37.2	39.0
	100	20.8	21.5	22.6	23.5	24.8	27.7	31.2	33.4	35.0	37.6	39.5
	101	20.9	21.7	22.8	23.7	25.1	28.0	31.5	33.7	35.4	38.1	40.0
	102	21.1	21.9	23.1	23.9	25.3	28.3	31.9	34.1	35.8	38.5	40.5
	103	21.3	22.1	23.3	24.2	25.6	28.6	32.3	34.5	36.2	39.0	41.0
	104	21.5	22.3	23.5	24.4	25.9	28.9	32.6	35.0	36.7	39.5	41.5
	105	21.7	22.5	23.7	24.7	26.1	29.2	33.0	35.4	37.1	39.9	42.0
	106	21.9	22.7	24.0	24.9	26.4	29.6	33.4	35.8	37.5	40.4	42.5
	107	22.1	22.9	24.2	25.1	26.6	29.9	33.7	36.2	38.0	40.9	43.0
9	108	22.3	23.1	24.4	25.4	26.9	30.2	34.1	36.6	38.4	41.4	43.5
	109	22.5	23.3	24.7	25.6	27.2	30.5	34.5	37.0	38.9	41.9	44.0
	110	22.7	23.5	24.9	25.9	27.5	30.9	34.9	37.5	39.3	42.4	44.5
	111	22.9	23.7	25.1	26.2	27.8	31.2	35.3	37.9	39.8	42.9	45.1
	112	23.1	24.0	25.4	26.4	28.1	31.5	35.7	38.3	40.2	43.4	45.6
	113	23.3	24.2	25.6	26.7	28.3	31.9	36.1	38.7	40.7	43.9	46.1
	114	23.5	24.4	25.9	26.9	28.6	32.2	36.5	39.2	41.2	44.4	46.6
	115	23.7	24.6	26.1	27.2	28.9	32.6	37.0	39.7	41.7	44.9	47.2
	116	23.9	24.8	26.4	27.5	29.2	32.9	37.4	40.1	42.1	45.4	47.7
	117	24.1	25.1	26.6	27.7	29.5	33.3	37.8	40.6	42.6	45.9	48.3
	118	24.3	25.3	26.9	28.0	29.8	33.7	38.2	41.0	43.1	46.4	48.8
	119	24.5	25.5	27.1	28.3	30.1	34.0	38.6	41.5	43.6	46.9	49.3
10	120	24.8	25.8	27.4	28.6	30.4	34.4	39.1	42.0	44.1	47.5	49.9
	121	25.0	26.0	27.7	28.9	30.8	34.8	39.5	42.4	44.6	48.0	50.4
	122	25.2	26.2	27.9	29.1	31.1	35.2	40.0	42.9	45.1	48.5	51.0
	123	25.4	26.5	28.2	29.4	31.4	35.5	40.4	43.4	45.6	49.1	51.5
	124	25.7	26.7	28.5	29.7	31.7	35.9	40.9	43.9	46.1	49.6	52.0
	125	25.9	27.0	28.7	30.0	32.0	36.3	41.3	44.3	46.6	50.1	52.6
	126	26.1	27.2	29.0	30.3	32.4	36.7	41.7	44.8	47.0	50.6	53.1
	127	26.4	27.5	29.3	30.6	32.7	37.1	42.2	45.3	47.5	51.1	53.6
	128	26.6	27.8	29.6	31.0	33.1	37.5	42.6	45.8	48.0	51.6	54.2
	129	26.9	28.0	29.9	31.3	33.4	37.9	43.1	46.2	48.5	52.2	54.7
	130	27.1	28.3	30.2	31.6	33.8	38.3	43.6	46.7	49.0	52.7	55.2
	131	27.4	28.6	30.5	31.9	34.1	38.7	44.0	47.2	49.5	53.2	55.7

여자 3-18세 체중 백분위수

만나이 (세)	만나이 (개월)	체중(kg) 백분위수										
		3rd	5th	10th	15th	25th	50th	75th	85th	90th	95th	97th
11	132	27.7	28.9	30.8	32.2	34.5	39.1	44.4	47.7	50.0	53.7	56.2
	133	27.9	29.2	31.1	32.6	34.8	39.5	44.9	48.1	50.4	54.1	56.7
	134	28.2	29.4	31.5	32.9	39.9	45.3	48.6	50.9	54.6	57.2	
	135	28.5	29.7	31.8	33.2	35.5	40.3	45.8	49.0	51.4	55.1	57.7
	136	28.8	30.0	32.1	33.6	35.9	40.7	46.2	49.5	51.8	55.6	58.2
	137	29.0	30.3	32.4	33.9	36.2	41.1	46.6	49.9	52.3	56.1	58.7
	138	29.3	30.6	32.7	34.2	36.6	41.5	47.0	50.4	52.7	56.5	59.1
	139	29.6	30.9	33.0	34.6	36.9	41.8	47.4	50.8	53.2	56.9	59.5
	140	29.9	31.2	33.4	34.9	37.3	42.2	47.9	51.2	53.6	57.4	60.0
	141	30.2	31.5	33.7	35.2	37.7	42.6	48.3	51.6	54.0	57.8	60.4
	142	30.5	31.8	34.0	35.6	38.0	43.0	48.7	52.0	54.5	58.2	60.8
	143	30.8	32.1	34.3	35.9	38.4	43.4	49.1	52.5	54.9	58.7	61.3
12	144	31.1	32.5	34.7	36.2	38.7	43.7	49.5	52.8	55.3	59.1	61.7
	145	31.4	32.8	35.0	36.6	39.0	44.1	49.8	53.2	55.6	59.4	62.0
	146	31.7	33.1	35.3	36.9	39.4	44.4	50.2	53.6	56.0	59.8	62.4
	147	32.1	33.4	35.7	37.2	39.7	44.8	50.6	53.9	56.4	60.2	62.8
	148	32.4	33.7	36.0	37.6	40.1	45.2	50.9	54.3	56.8	60.6	63.2
	149	32.7	34.1	36.3	37.9	40.4	45.5	51.3	54.7	57.1	60.9	63.6
	150	33.0	34.4	36.6	38.2	40.7	45.8	51.6	55.0	57.4	61.3	63.9
	151	33.3	34.7	36.9	38.5	41.0	46.1	51.9	55.3	57.7	61.6	64.2
	152	33.6	35.0	37.3	38.9	41.3	46.5	52.2	55.6	58.0	61.9	64.5
	153	33.9	35.3	37.6	39.2	41.7	46.8	52.5	55.9	58.4	62.2	64.8
	154	34.3	35.6	37.9	39.5	42.0	47.1	52.8	56.2	58.7	62.5	65.1
	155	34.6	36.0	38.2	39.8	42.3	47.4	53.1	56.5	59.0	62.8	65.4
13	156	34.9	36.3	38.5	40.1	42.6	47.7	53.4	56.8	59.2	63.0	65.6
	157	35.2	36.5	38.8	40.4	42.9	47.9	53.6	57.0	59.4	63.2	65.8
	158	35.5	36.8	39.1	40.7	43.1	48.2	53.9	57.3	59.7	63.5	66.1
	159	35.8	37.1	39.4	40.9	43.4	48.5	54.2	57.5	59.9	63.7	66.3
	160	36.1	37.4	39.6	41.2	43.7	48.7	54.4	57.8	60.2	63.9	66.5
	161	36.4	37.7	39.9	41.5	44.0	49.0	54.7	58.0	60.4	64.2	66.7
	162	36.6	38.0	40.2	41.7	44.2	49.2	54.9	58.2	60.6	64.3	66.9
	163	36.9	38.2	40.4	42.0	44.4	49.4	55.1	58.4	60.8	64.5	67.1
	164	37.1	38.5	40.7	42.2	44.7	49.7	55.3	58.6	61.0	64.7	67.3
	165	37.4	38.7	40.9	42.5	44.9	49.9	55.5	58.8	61.2	64.9	67.5
	166	37.6	39.0	41.2	42.7	45.1	50.1	55.7	59.0	61.4	65.1	67.6
	167	37.9	39.2	41.4	43.0	45.4	50.3	55.9	59.2	61.6	65.3	67.8
14	168	38.1	39.5	41.6	43.2	45.6	50.5	56.1	59.4	61.7	65.4	67.9
	169	38.3	39.7	41.8	43.4	45.8	50.7	56.3	59.5	61.9	65.6	68.1
	170	38.6	39.9	42.1	43.6	46.0	50.9	56.4	59.7	62.0	65.7	68.2
	171	38.8	40.1	42.3	43.8	46.2	51.1	56.6	59.9	62.2	65.8	68.3
	172	39.0	40.3	42.5	44.0	46.4	51.3	56.8	60.0	62.3	66.0	68.5
	173	39.2	40.6	42.7	44.2	46.6	51.5	57.0	60.2	62.5	66.1	68.6
	174	39.4	40.7	42.9	44.4	46.8	51.6	57.1	60.3	62.6	66.2	68.7
	175	39.6	40.9	43.1	44.6	47.0	51.8	57.2	60.4	62.7	66.3	68.8
	176	39.8	41.1	43.2	44.8	47.1	52.0	57.4	60.6	62.8	66.4	68.9
	177	40.0	41.3	43.4	44.9	47.3	52.1	57.5	60.7	63.0	66.5	68.9
	178	40.1	41.5	43.6	45.1	47.5	52.3	57.7	60.8	63.1	66.6	69.0
	179	40.3	41.6	43.8	45.3	47.7	52.4	57.8	61.0	63.2	66.7	69.1

여자 3-18세 체중 백분위수

만나이 (세)	만나이 (개월)	체중(kg) 백분위수										
		3rd	5th	10th	15th	25th	50th	75th	85th	90th	95th	97th
15	180	40.5	41.8	43.9	45.4	47.8	52.6	57.9	61.0	63.3	66.8	69.2
	181	40.6	41.9	44.1	45.6	47.9	52.7	58.0	61.1	63.4	66.9	69.2
	182	40.8	42.1	44.2	45.7	48.1	52.8	58.1	61.2	63.5	66.9	69.3
	183	40.9	42.2	44.3	45.9	48.2	52.9	58.2	61.3	63.5	67.0	69.4
	184	41.1	42.4	44.5	46.0	48.3	53.0	58.3	61.4	63.6	67.1	69.4
	185	41.2	42.5	44.6	46.1	48.5	53.2	58.4	61.5	63.7	67.1	69.5
	186	41.3	42.6	44.7	46.2	48.5	53.2	58.5	61.6	63.8	67.2	69.5
	187	41.4	42.7	44.8	46.3	48.6	53.3	58.6	61.6	63.8	67.2	69.6
	188	41.5	42.8	44.9	46.4	48.7	53.4	58.6	61.7	63.9	67.3	69.6
	189	41.6	42.9	45.0	46.5	48.8	53.5	58.7	61.8	63.9	67.3	69.6
	190	41.8	43.1	45.1	46.6	48.9	53.6	58.8	61.8	64.0	67.4	69.7
	191	41.9	43.2	45.3	46.7	49.0	53.7	58.9	61.9	64.1	67.4	69.7
16	192	41.9	43.2	45.3	46.8	49.1	53.7	58.9	61.9	64.1	67.5	69.8
	193	42.0	43.3	45.4	46.9	49.2	53.8	58.9	62.0	64.1	67.5	69.8
	194	42.1	43.4	45.5	46.9	49.2	53.8	59.0	62.0	64.1	67.5	69.8
	195	42.2	43.5	45.5	47.0	49.3	53.9	59.0	62.0	64.2	67.5	69.8
	196	42.3	43.5	45.6	47.1	49.3	53.9	59.1	62.1	64.2	67.6	69.8
	197	42.3	43.6	45.7	47.1	49.4	54.0	59.1	62.1	64.2	67.6	69.9
	198	42.4	43.7	45.7	47.2	49.4	54.0	59.1	62.1	64.2	67.6	69.9
	199	42.5	43.7	45.8	47.2	49.5	54.0	59.1	62.1	64.2	67.6	69.9
	200	42.5	43.8	45.8	47.3	49.5	54.0	59.1	62.1	64.3	67.6	69.9
	201	42.6	43.8	45.8	47.3	49.5	54.1	59.1	62.1	64.3	67.6	69.9
	202	42.6	43.9	45.9	47.3	49.5	54.1	59.1	62.1	64.3	67.6	69.9
	203	42.7	43.9	45.9	47.4	49.6	54.1	59.1	62.1	64.3	67.6	69.9
17	204	42.7	44.0	46.0	47.4	49.6	54.1	59.1	62.1	64.3	67.6	69.9
	205	42.8	44.0	46.0	47.4	49.6	54.1	59.1	62.1	64.2	67.6	69.9
	206	42.8	44.0	46.0	47.4	49.6	54.1	59.1	62.1	64.2	67.6	69.9
	207	42.8	44.1	46.0	47.4	49.6	54.1	59.1	62.1	64.2	67.6	69.9
	208	42.9	44.1	46.1	47.5	49.6	54.1	59.1	62.1	64.2	67.6	69.9
	209	42.9	44.1	46.1	47.5	49.6	54.1	59.1	62.1	64.2	67.6	69.9
	210	43.0	44.2	46.1	47.5	49.6	54.1	59.1	62.1	64.2	67.6	69.9
	211	43.0	44.2	46.1	47.5	49.7	54.1	59.1	62.0	64.2	67.6	69.9
	212	43.0	44.2	46.1	47.5	49.7	54.1	59.1	62.0	64.2	67.6	69.9
	213	43.1	44.3	46.2	47.5	49.7	54.0	59.0	62.0	64.2	67.6	69.9
	214	43.1	44.3	46.2	47.6	49.7	54.0	59.0	62.0	64.2	67.6	69.9
	215	43.2	44.3	46.2	47.6	49.7	54.0	59.0	62.0	64.1	67.6	69.9
18	216	43.2	44.3	46.2	47.6	49.7	54.0	59.0	62.0	64.1	67.5	69.9
	217	43.2	44.4	46.3	47.6	49.7	54.0	59.0	62.0	64.1	67.5	69.9
	218	43.3	44.4	46.3	47.6	49.7	54.0	59.0	61.9	64.1	67.5	69.9
	219	43.3	44.4	46.3	47.6	49.7	54.0	58.9	61.9	64.1	67.5	69.9
	220	43.3	44.5	46.3	47.6	49.7	54.0	58.9	61.9	64.1	67.5	69.9
	221	43.4	44.5	46.3	47.6	49.7	54.0	58.9	61.9	64.1	67.5	69.9
	222	43.4	44.5	46.3	47.7	49.7	54.0	58.9	61.9	64.0	67.5	69.9
	223	43.4	44.5	46.4	47.7	49.7	54.0	58.9	61.9	64.0	67.5	69.9
	224	43.5	44.6	46.4	47.7	49.7	53.9	58.9	61.8	64.0	67.5	69.9
	225	43.5	44.6	46.4	47.7	49.7	53.9	58.8	61.8	64.0	67.5	69.9
	226	43.5	44.6	46.4	47.7	49.7	53.9	58.8	61.8	64.0	67.5	69.9
	227	43.6	44.7	46.4	47.7	49.7	53.9	58.8	61.8	64.0	67.5	69.9

남자 0-35개월 머리둘레 백분위수

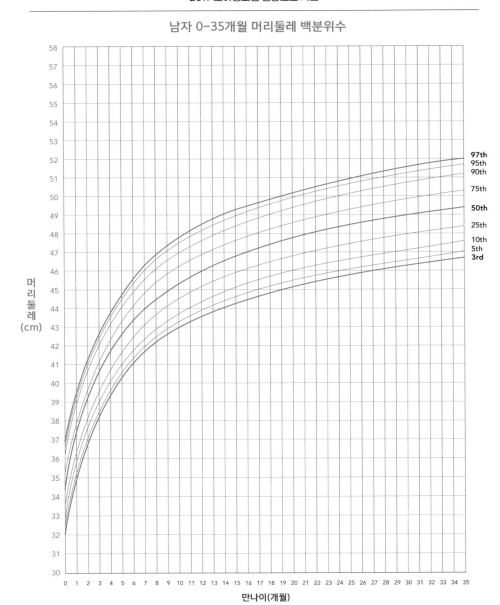

머리둘레(cm)

만나이(개월)

여자 0-35개월 머리둘레 백분위수

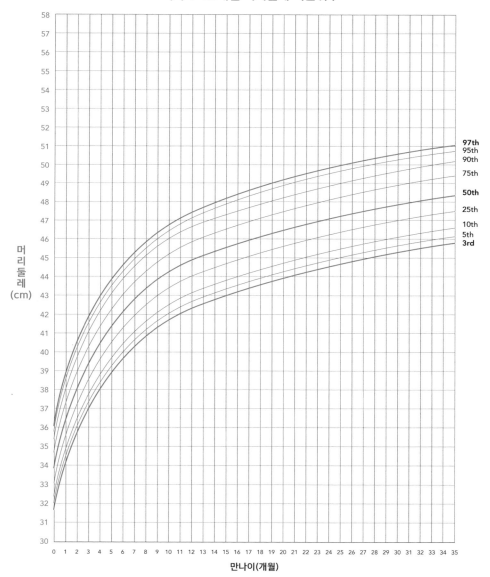

시기별 유치 형성 및 관리법

시기	6~7개월	8~9개월	10~12개월	12~14개월	14~16개월	16~18개월	18~30개월
개수	2개	4개	6개	8개	12개	16개	20개
순서	아래 앞니	위 앞니	위 옆니	아래 옆니	위아래 제1어금니	위아래 송곳니	위아래 제2어금니

- 생후 6~7개월이 되면 아래 앞니부터 나기 시작한다. 이가 나기 시작한 지 2년 6개월 정도가 지나면 좌우 5개씩 10개, 위아래 합해서 모두 20개의 유치가 난다.
- 6세가 되면 대구치가 처음 나는 것을 시작으로 12세까지 모두 32개의 영구치가 난다.
- 아이마다 발육 속도가 다르므로 돌이 지나고 이가 나기 시작하는 경우도 있다.
- 치아는 이가 나오고 나서부터는 매일 관리를 해줘야 하는데, 처음에는 거즈로 유치와 잇몸을 마사지해준다.
- 돌이 지나면 칫솔질을 해주는 것이 좋은데, 2~3세까지는 치약을 꼭 쓸 필요가 없다.
- 젖병을 문 채로 잠이 들면 쉽게 충치가 생길 수 있으므로 꼭 입을 닦아주고 재운다.

유치와 영구치 나오는 순서

유치 나는 시기

내절치: 6~8개월

외절치: 8~12개월

견치: 16~20개월

제1유구치: 12~16개월

제2유구치: 20~30개월

영구치 나는 시기

내절치: 6~8세

외절치: 7~9세

견치: 9~13세

제1소구치: 9~12세

제2소구치: 10~14세

제1대구치: 5~8세(6세구치)

제2대구치: 10~14세(12세구치)

제3대구치: 16~30세(지치)

유치

6~8개월: 내절치

8~12개월: 외절치

16~20개월: 견치

12~16개월: 제1유구치

20~30개월: 제2유구치

영구치

6~8세: 내절치

7~9세: 외절치

9~13세: 견치

9~12세: 제1소구치

10~14세: 제2소구치

5~8세(6세구치): 제1대구치

10~14세(12세구치): 제2대구치

16~30세(지치): 제3대구치

웹사이트

네이버 건강백과		대한소아청소년과학회	
삼성서울병원 질환백과		서울대학교병원 의학정보	
서울아산병원 질환백과		질병관리청 예방접종도우미	
강남차병원 임신출산대백과		통계청	

단행본

- Cunningham, 《Williams Obstetrics, 24th》, McGraw-Hill, 2014.
- National Collaborating Centre for Women's and Children's Health(UK), 《Antenatal care》, NICE, 2008.
- EBS '아기성장 보고서' 제작팀, 《아기 성장 보고서》, 위즈덤하우스, 2009.
- KBS 특집3부작 다큐멘터리 '첨단보고 뇌과학' 제작팀, 《태아성장보고서》, 마더북스, 2012.
- tvN 기획특집 '아빠의 임신' 제작팀, 《아빠의 임신》, 예담, 2012.
- 김덕곤 외, 《동의소아과학》, 정담, 2002.
- 김동일 외, 《한의부인과학》, 정담, 2001.
- 김수연, 《김수연의 아기발달 백과》, 지식너머, 2014.
- 안명옥 외, 《행복한 임신 280일》, 여성신문사, 2001.
- 안효섭, 《홍창의 소아과학》, 미래엔, 2012.
- 최혁재 외, 《내가 먹는 약이 독일까? 약일까?》, 송정, 2012.
- 편집부, 《내 생애 첫 임신 출산 육아책》, 중앙북스, 2012.
- 하정훈, 《삐뽀삐뽀 119 소아과》, 그린비라이프, 2014.
- 황인철, 《임신 출산 육아 365》, 북폴리오, 2015.

산부인과 의사 엄마와 한의사 아빠가 함께 쓴
임·출·육 완벽 가이드

한 권으로 끝내는 임신 출산 육아

초판 1쇄 발행 2023년 4월 28일

지은이 박은성·이혜란
펴낸이 민혜영
펴낸곳 (주)카시오페아 출판사
주소 서울시 마포구 월드컵북로 402, 906호
전화 02-303-5580 | **팩스** 02-2179-8768
홈페이지 www.cassiopeiabook.com | **전자우편** editor@cassiopeiabook.com
출판등록 2012년 12월 27일 제2014-000277호
편집1 이수민, 최희윤 | **편집2** 최형욱, 양다은 | **디자인** 강수진 | **본문 일러스트** 임소희
마케팅 신혜진, 조효진, 이애주, 이서우 | **경영관리** 장은옥

ⓒ박은성·이혜란, 2023
ISBN 979-11-6827-106-7 13590